流域微塑料赋存特征及其对水土环境的影响

——以黄河流域内蒙古段为例

王志超　著

中国水利水电出版社
www.waterpub.com.cn
·北京·

内 容 提 要

本书以新污染物——微塑料为研究对象，以黄河流域内蒙古段为典型代表，阐明了黄河流域内蒙古段水体、冰体、沉积物、土壤中微塑料的赋存特征及其环境效应。本书在广泛调查、野外取样、室内外实验的基础上，以翔实的数据揭示了乌梁素海、岱海水体微塑料的赋存特征并进行了风险评估；探究了不同类型、丰度、粒径微塑料赋存对冰体生消及微结构的影响；明晰了微塑料赋存与沉积物中微生物及酶活性的响应；并进一步分析了土壤中微塑料赋存对土壤水力特性、理化性质及微生物群落结构等的影响。以期为微塑料治理提供可行性思路，推动环境生态可持续发展。

本书可供环境工程、市政工程、环境科学、环境化学、湖泊、新污染物研究等专业的研究人员参考，也可供大专院校师生以及环境、市政、水利、自然资源等相关部门的管理人员及专业技术人员参考。

图书在版编目（ＣＩＰ）数据

流域微塑料赋存特征及其对水土环境的影响 ： 以黄河流域内蒙古段为例 / 王志超著. -- 北京 ： 中国水利水电出版社，2024.1
ISBN 978-7-5226-1955-2

Ⅰ．①流… Ⅱ．①王… Ⅲ．①黄河流域－塑料垃圾－影响－水环境－内蒙古②黄河流域－塑料垃圾－影响－土壤环境－内蒙古 Ⅳ．①X321.226

中国国家版本馆CIP数据核字(2023)第230715号

书　名	流域微塑料赋存特征及其对水土环境的影响 ——以黄河流域内蒙古段为例 LIUYU WEISULIAO FUCUN TEZHENG JI QI DUI SHUITU HUANJING DE YINGXIANG ——YI HUANG HE LIUYU NEIMENGGUDUAN WEILI	
作　者	王志超　著	
出版发行	中国水利水电出版社 （北京市海淀区玉渊潭南路 1 号 D 座　100038） 网址：www.waterpub.com.cn E-mail：sales@mwr.gov.cn 电话：(010) 68545888（营销中心）	
经　售	北京科水图书销售有限公司 电话：(010) 68545874、63202643 全国各地新华书店和相关出版物销售网点	
排　版	中国水利水电出版社微机排版中心	
印　刷	清淞永业（天津）印刷有限公司	
规　格	184mm×260mm　16 开本　13.75 印张　335 千字	
版　次	2024 年 1 月第 1 版　2024 年 1 月第 1 次印刷	
定　价	**88.00** 元	

符 号 对 照 表

MPs	微塑料
PE	聚乙烯
PP	聚丙烯
PS	聚苯乙烯
PVC	聚氯乙烯
PET	聚对苯二甲酸乙二醇酯
DOC	溶解有机碳
DON	溶解有机氮
DOP	溶解有机磷
Chl－a	叶绿素 a
TN	总氮
TP	总磷
COD	化学需氧量
PLI	污染负荷指数
SEM	扫描电镜
EDS	X 射线能谱分析仪
FTIR	傅里叶红外光谱

序

　　人们常说黄河是中华民族的摇篮，是中华民族的母亲河，是中华文明的主要发源地。几千年来，中华儿女热爱黄河，壮怀激烈，"黄河落天走东海，万里写入胸怀间"；保护黄河，热血深情，当代生态文明建设更由国家立法保护，对黄河流域生态保护和高质量发展作出了重大国家战略部署。习近平总书记强调"让黄河成为造福人民的幸福河"，成为流域各省区开展黄河生态保护和治理、推动经济社会高质量发展的责任使命。

　　党的十八大以来，以习近平同志为核心的党中央全面加强对生态文明建设和生态环境保护的领导，推动污染防治的措施之实、力度之大、成效之显著前所未有，污染防治攻坚战阶段性目标任务圆满完成，生态环境明显改善，人民群众获得感显著增强。随着深入打好污染防治攻坚战的全面展开，新污染物的治理成为新的历史使命。新污染物危害严重、来源广泛、影响持久、治理困难，受到党中央、国务院及社会各界的高度重视。2022 年 5 月，国务院办公厅印发《新污染物治理行动方案》，对新污染物治理工作进行全面部署。生态环境部也明确要求把新污染物治理作为国家基础研究和科技创新的重点领域。微塑料作为新污染物的典型代表，广泛赋存于空气、海洋、湖泊、土壤中，直接或间接对自然环境和人类、动物等造成伤害；目前国内外学者已在微塑料的赋存迁移、环境危害、毒理效应等方面开展了广泛研究，并取得了一定的研究成果。

　　本书立足黄河流域内蒙古段，针对其地处高寒、生态环境脆弱、污染成因多重叠加的地域特征，以水土环境中微塑料污染防治为根本出发点，围绕黄河流域生态保护与高质量发展这一战略目标，研究了内蒙古河套灌区、乌梁素海、岱海等区域微塑料赋存对水体、冰体、土壤等所带来的环境影响。作者通过多学科交叉融合与理论创新，以野外观测、室内模拟、机理分析为支撑，精准识别了乌梁素海、岱海水体及冰体中微塑料的赋存特性与生态风险；特别是针对我国北方湖泊特有的冰封现象，定性、定量评估了结冰及融冰期间微塑料赋存对湖泊冰—水环境中典型污染物迁移的影响，探究了微塑料与冰体生消及其微结构的响应关系，具有鲜明的地域特色和借鉴意义。作者还以盐碱土壤、沉积物等为切入口，阐明了微塑料赋存对土壤水分特征曲线等土壤水力特性、土壤理化性质、土壤及沉积物微生物群落结构等的影响。全书整体设计与理论方法先进，可为微塑料赋存条件下我国北方寒区大型湖泊水资源、水环境、水生态综合治理提供理论依据，也可为精准"把脉问诊"微塑料对我国北方寒区土壤环境变化的影响和研发微塑料污染消减技术提供科学支撑。

相信本书的出版，能分享以黄河流域内蒙古段为典型区域的我国北方寒区微塑料环境效应影响的研究经验，为深入进行微塑料赋存条件下水土资源的高效利用提供指导和借鉴。

中国科学院水生生物研究所　研究员
国际宇航科学院　院　士
2023 年 9 月

前　　言

习近平总书记在党的二十大报告中指出："要协同推进降碳、减污、扩绿、增长，推进生态优先、节约集约、绿色低碳发展"，为新时代环境保护事业发展擘画了蓝图、指明了方向。在全球碳减排大趋势下，塑料污染防治作为绿色转型发展领域的重要组成部分，也在碳达峰碳中和目标的驱动下越来越引起社会高度关注。然而，近年来这种"白色污染"正以一种新的形式——"微塑料"威胁着生态和环境安全。微塑料是指大块塑料经紫外线照射、碰撞磨损或工业生产等方式形成的粒径小于5mm的塑料纤维、颗粒或薄膜，微塑料在全球分布十分广泛，无论是在海洋、陆地还是在人类活动较少的岛屿、极地冰川，甚至人类日常食用的啤酒、食盐、饮用水中都有发现，并对动植物及人类健康产生巨大危害。

微塑料一旦进入食物链，会对生物特别是人类造成巨大的危害：在物理危害方面，研究发现微塑料易被浮游生物、海鸟、鱼类及蚯蚓等动物大量摄食，并对其产生物理损伤，堵塞消化道，并进入肺部，在动物体内不断富集；在化学危害方面，微塑料含有大量有毒化学物质，同时由于其比表面积大等原因容易吸附土壤与水中的有机污染物、重金属等有毒有害物质，进而对动物产生更大的毒性；在生物危害方面，微塑料吸附的病原菌可能导致摄食生物致病，甚至有研究表明，微塑料可以影响物种延续后代，可以导致包括血栓、癌症在内的众多疾病。微塑料及其潜在的危害效应沿食物链进行传递、累积，进而影响整个生态系统，并最终对人类健康产生巨大危害。黄河流域内蒙古段是内蒙古自治区重要的生态功能区，也是我国北方重要的生态安全屏障，微塑料又是近年来新污染物的研究热点，因此结合地方水土环境特点，分析黄河流域内蒙古段微塑料赋存特征及其对环境的影响具有重要意义。

本书为作者多年来研究成果的整理和提炼，依托黄河流域内蒙古段生态保护与综合利用自治区协同创新中心，理论研究和实证研究相结合、定量分析和定性分析相结合，揭示了微塑料赋存对水土环境的影响机理，明确了黄河流域内蒙古段——乌梁素海、岱海等湖泊水体、冰体、沉积物及土壤中微塑料的赋存特征，揭示了微塑料赋存对冰体结构、沉积物酶活性和微生物群落特征、土壤理化性质等的影响，多方面分析了微塑料赋存对水土环境的影响机理，为黄河流域内蒙古段微塑料污染的生态风险评估与综合治理提供科学依据。

全书分为7章：第1章主要论述了微塑料污染对环境的危害和潜在影响及不同环境（水体、沉积物、土壤）微塑料的污染现状；第2章从丰度、颜色、粒径、类型等角度分析了乌梁素海水体微塑料的赋存特征和微塑料在水体中的复合污染情况，评估和预测了微塑料对乌梁素海产生的风险；第3章以黄河流域内蒙古段典型湖泊——乌梁素海、岱海等为例，探究冰封期湖泊中微塑料的赋存特征，并分析了冻融过程对微塑料分布特征与污染物之间的响应关系，阐明了微塑料赋存对冻融的影响；第4章探究了不同特征（丰度、粒径）微塑料对冰体生消、冰体密度、冰体微结构的影响，为微塑料赋存对冰微结构的影响研究提供科学依据；第5章分析了乌梁素海沉积物中微塑料污染现状，通过室内外实验探明不同类型、丰度微塑料对湖泊沉积物酶活性及微生物的潜在功能的影响，为沉积环境中微塑料的生态毒性提供直接证据；第6章对河套灌区土壤中微塑料的赋存现状进行分析，开展不同类型、丰度微塑料对土壤水分运移及对土壤理化性质的影响，进而探究微塑料对土壤环境的作用机理，为微塑料对土壤环境的影响提供了技术支撑；第7章探究微塑料对盐渍化土壤理化性质、微生物群落的影响，探明微塑料对盐渍化土壤理化性质影响与对微生物影响之间的相关性。

全书由内蒙古科技大学王志超设计并撰写，感谢屈忠义、李卫平、杨文焕、敬双怡、高静湉、殷震育、石文静、侯晨丽、白龙等团队老师在撰写过程中给予的指导，感谢秦一鸣、孟青、杨帆、杨建林、窦雅娇、李汶璐、张博文、倪嘉轩、马钰、李哲、康延秋、张珈宁、李雅馨月、李晨曦、李嘉辰等团队成员在资料收集、整理以及后期校稿工作中的付出。

本书由国家自然科学基金项目（42007119）、内蒙古自治区高等学校青年科技英才支持计划（NJYT22066）、内蒙古自治区自然科学基金项目（2023MS05016）、内蒙古自治区直属高校基本科研业务费项目（2022038）等联合支持。

由于作者水平有限，本书难免存在不足之处，诚恳希望广大读者批评指正，提出宝贵意见。

王志超
2023 年 9 月

目　　录

第1章 绪论

1.1 研究背景及意义

从 20 世纪 50 年代开始，因塑料制品具有制造成本低、质轻耐用、化学性质稳定等诸多优点，被应用到人类生活和生产的方方面面。塑料的发明为人类社会的发展提供了诸多便利，在工农业生产以及日常生活中发挥着重要的作用，其产量一直保持着增长趋势。根据欧洲塑料协会的统计，1950—2020 年全球塑料年产量从 170 万 t 激增至 3.7 亿 t，预计 2025 年，其年产量将达到 6 亿 t。虽然塑料制品的社会经济效益不可否认，但由于一次性塑料制品的大量使用以及塑料废弃物管理水平和回收利用率较低，致使其造成了严重的环境问题。在生活垃圾领域，塑料垃圾已排在第 3 位，仅次于有机垃圾和纸类垃圾，城市固体废弃物和海洋塑料垃圾中最常见的 PE、PP、PET 和 PS 等都是包装和食品相关的塑料制品。环境中此类塑料垃圾的功能特征几乎完好无损，且可以重复使用和回收，但目前全球塑料废弃物的回收率不足 10%。随着塑料行业的发展，塑料制品的需求也越来越大。目前，全球塑料年产量 40% 的以上用于一次性包装，这是塑料废弃物的主要来源，严重影响自然环境，截至 2019 年，全球大概共产生 3 亿 t 塑料垃圾，其中 79% 未经任何处理直接进入土壤、水体环境中，这些直接暴露在环境中的塑料制品自然降解时间长，最终去向是破碎成颗粒更小、回收处理更困难、危害更大的小型塑料。

暴露在自然界中的废弃微塑料随着时间的推移，在自然中通过机械磨损和环境氧化等的作用转化成了另外一类新兴的环境污染物——微塑料（Microplastics，MPs）。微塑料这一概念首先是《Science》杂志提出的，Thompson 等人在英国部分海滩、河口和潮下带沉积物中检测到了塑料碎片（$<20\mu m$），并将微塑料定义为粒径小于 5mm 的塑料颗粒。2015 年联合国海洋环境保护专家组通过对海洋中的微塑料进行评估，提出微塑料对海洋生物的危害相当于大型海洋垃圾，微塑料引发国内外广泛关注。同样，我国在《"十四五"塑料污染治理行动方案》中提出，微塑料是塑料污染的一种，要对塑料制品整个生命周期筑起防止环境泄露的"围墙"。尤其在新冠肺炎疫情期间，一次性塑料制品的使用量不断增加，微塑料的总量在塑料生产、使用总量不断增长的情况下持续增加，会对环境产生潜在影响。

但一直以来，关于小型塑料的粒径范围因研究而异，不同尺寸的微塑料的物理性质、沉降性能、化学毒性等完全不同，不一致的定义导致研究之间无法在统一标准下进行比较分析，造成了微塑料研究的复杂性和迟滞性。以黄河流域内蒙古段为例，黄河流域是我国北方重要的生态安全屏障，也是我国重要的经济地带。2019 年习近平总书记考察内蒙古时指出，要保护好生态环境，筑牢我国北方的重要生态安全屏障。2021 年 10 月 22 日，在深入推动黄河流域生态保护和高质量发展座谈会上习近平总书记再次强调沿黄河省区要落实好黄河流域生态保护和高质量发展战略部署，坚定不移走生态优先、绿色低碳发展的现代化道路。2023 年 6 月习近平总书记来内蒙古考察时指出：筑牢我国北方重要生态安全屏障，是内蒙古必须牢记的"国之大者"。针对河套灌区水源的保护，习近平总书记指出要保护修复河套平原河湖湿地，增强水源涵养能力。黄河上中游内蒙古段北岸的冲积平原——河套灌区，是我国重要的商品粮、油生产基地，河套灌区灌溉工程有着超过 30 年的农作覆膜历史，由于回收机械不完备、回收机制不健全等原因导致大量的塑料制品长期残留在土壤中，大块塑料残膜经降解、风化等作用形成大量次级微塑料，且河套灌区特有的土壤盐碱化、冻融循环等过程更加剧了大块塑料的碎片化过程；土壤表层的微塑料可以参与地表径流，同时土壤翻耕等原因会造成微塑料向土壤深层进一步迁移，这部分微塑料会参与地下径流并通过排干进入乌梁素海，最终汇入黄河。因此，针对目前黄河流域内蒙古段典型灌区及湖泊中微塑料赋存特征不明等现状，开展微塑料赋存特征、污染生态风险评估、微塑料对环境所产生的效应等方面的研究具有重要意义，可为黄河流域内蒙古段微塑料污染治理提供指导和借鉴作用，可有力促进黄河流域高质量与可持续发展。

1.2　微塑料来源与潜在风险

1.2.1　微塑料来源

微塑料依据来源不同可分为两类，初级微塑料和次级微塑料。初级微塑料是指人类日常活动产生的微塑料或污水处理厂等排放的废水中携带的微塑料直接排放至自然环境中，主要包括来源于居民生活的化妆、清洁产品中的微珠、衣服纤维，一件化纤外套洗涤过程中会有大量塑料纤维脱落并随着废水进入环境中，以及来源于工业的微塑料树脂粉、空气喷砂机溢出的颗粒以及用于生产塑料产品的原材料。次级微塑料是指由环境中已存在的大型塑料碎片，在光裂解、磨损、生物降解等物理、化学及生物等作用下破碎成更小的微塑料。因此，塑料存在的环境条件是次级微塑料形成的主要因素，该类微塑料一般尺寸更小、成分更复杂，对于生态环境和人类健康危害更大，回收也更为困难，此类塑料的形成主要受以下三个方面的影响。

1. 物理作用

暴露在外的塑料表面会受到机械磨损、海浪、光照和风化等因素的影响，往往首先发生非生物降解，表面呈现磨损和裂纹等碎片化现象，且生成的微（纳）米塑料比表面积大，比中、大型塑料的降解速度更快。不同环境中的塑料物理老化程度也存在差异，有研究表明微塑料在土壤环境中易与土壤团聚体（0.25～10mm）吸附在一起，Zhang 等在采集的土壤样品中发现有 72% 的 MPs 颗粒带有土壤团聚体，28% 的处于分散状态，基于土壤环境相对封闭，紫外线和空气不足，且土壤团聚体的多孔结构能降低微塑料与其他物质的碰撞频率等原因，这可能会使填埋的塑料降解较慢。水体环境中的塑料因风浪作用行径范围广、碰撞频率高，表面易表征出破碎现象，Corcoran 等发现在夏威夷考艾岛海滩采集的塑料因受机械外力的作用表面存在凹陷和棱角变圆等老化痕迹，这与 Song 等采用紫外线辐射和机械磨损条件模拟 PE 和 PP 的老化结果一致，且机械磨损在物理老化中起主要作用，甚至会产生纳米颗粒，而短期紫外线辐射无法使其破损，这表明水体环境中的塑料在长期受到海浪和砂砾岩石碰撞等作用后，表面会发生物理破损，进而碎片化形成微（纳）米塑料。经物理作用形成的微（纳）米塑料，粒径变小，表征出更大的比表面积，吸附外界污染物的能力也显著增强，同时暴露出更多的接触位点和化学键，为化学作用和微生物附着并进一步降解提供反应场所。

2. 化学作用

物理作用和化学作用在塑料降解过程中常存在协同效应，经物理作用后的塑料会暴露出更多的反应位点和化学键，在紫外线辐射、热和氧等联合作用下易发生氧化作用，产生氢过氧化物，诱导断裂或交联反应，使聚合物的结构、弹性和延展性等性能改变，进而导致塑料碎片化，因此光化学降解塑料也是次级微塑料来源的一个重要途径。由于暴露在外的塑料主要受到光、热、氧和物理因素的影响，除了部分聚合物能发生水解反应外，光氧化反应是塑料发生化学降解的主要途径，且比水解速度快，分为链引发、链增殖和链终止这 3 个阶段，聚合物光氧化降解因结构不同存在差异。Gewert 等根据结构差异将其分为主链仅为 C—C 骨架和主链含有杂原子的两类，并对聚合物的光氧化过程进行了详细阐述，PE、PP 和 PS 类聚合物，由于高分子量和缺乏官能团等特点，机械磨损和光氧化作用是其前期老化的主要方式，该过程不仅增加了微塑料的比表面积，且不饱和化学键（碳碳双键、羰基和醛基）的生成和极性的增加，进一步提高其光氧化发生率和生物可利用率。PVC 对紫外辐射较为敏感，且氯原子能抑制需氧型微生物对其的降解，因此 PVC 聚合物发生微生物降解前会优先进行光氧化降解。PVC 经紫外线辐射首先发生脱氯反应，生成含有共轭双键的多烯烃聚合物，并进一步诱发光氧化降解。由于 PET 聚合物具有酯基，其非生物降解主要通过光诱导氧化和水解过程，使其酯键断裂，生成含有羧基、羟基和乙烯基等官能团的化合物，表征出颜色发黄，弹性和延展性降低的老化现象。

3. 微生物作用

塑料在经过非生物降解后，比表面积增大和含氧官能团的增加，使其表征出较高的生物可利用率，表面附着的微生物可以将其分解为 CO_2、H_2O 和 CH_4 等小分子化合物，主要包括 4 个过程：生物退化、解聚作用、同化作用和矿化作用。目前关于塑料降解的微生物主要为真菌和细菌两类，有研究报道黑粉虫和黄粉虫等昆虫幼虫能将塑料作为生长所需的碳源，其本质仍为肠道菌群的作用。微生物降解塑料过程可能是多种微生物和酶类的共同作用，Tischler 等阐述了变形杆菌属、假单胞菌属和黄杆菌属降解苯乙烯的侧链氧化机制，即苯乙烯先后由苯乙烯单氧酶、氧化苯乙烯异构酶、苯乙醛脱氢酶和多种苯乙酸降解酶的催化逐步降解为苯乙酸，后经三羧酸循环完成苯乙烯的降解。

1.2.2 微塑料潜在风险

1. 水体中微塑料的潜在风险

现有研究表明，微塑料广泛存在于水环境中并可能对水生生物造成危害。据统计，全球 83% 的自来水和市面上 93% 的瓶装饮用水都遭受不同程度的微塑料污染。多项实验研究表明，水生生物摄入微塑料后，对其生存及繁殖能力都有不同程度的影响。另外，水体中浮游或底栖生物摄入微塑料可能会将毒性带入食物链底端并产生生物富集效应将毒性放大，对食物链上层的人或动物造成危害。因此，亟需开展淡水环境中微塑料污染来源解析、迁移途径和生态风险等研究。Kang 等对韩国东南部沿海的研究结果显示，该区域内20 个取样点中均有微塑料检出，主要类型为纤维状聚酯、硬质聚乙烯、彩色醇酸颗粒以及发泡聚苯乙烯。该研究同时指出，塑料颗粒的分布特征与时间存在一定的对应关系，具体表现为 7 月小于 2mm 的微塑料平均丰度要明显高于 5 月。Claessens 等对 Belgian 海岸的微塑料进行了研究，结果表明在该研究区域中大多数取样点均有微塑料检出，最大丰度达到390 个/kg（干重），是类似研究区域微塑料丰度的 15～50 倍。针对意大利中部 Bolsena 湖和Chiusi 湖中微塑料的研究结果显示，上述湖泊中微塑料丰度分别为 2.68～3.36 个/m^3、0.82～4.42 个/m^3，该研究同时指出，湖泊中微塑料丰度及分布特征的变化与周边气候以及降水情况有密切的关系；该湖泊底泥中微塑料丰度为 112～234 个/kg（干重），湖泊浅层富营养化程度较高，有机质含量较高，粒度分布向泥沙和黏土组分的转移可能是导致底泥中微塑料含量有差异的原因。上述研究结果表明国内外研究水体均不同程度受到微塑料的污染，并且存在一定区域的分布特征。与此同时，在进行微塑料研究的过程中，微塑料的提取以及计数均存在一定误差，这需要提出有关的改进或优化措施。目前我国有关微塑料的研究仅局限于海洋及南方部分湖泊、河流，而针对北方湖泊，尤其是黄河流域湖泊中微塑料的相关研究鲜有报道。

针对微塑料分布及丰度的考察，仅是相关研究的第一步，在此基础上需要对其深层次的影响进行研究，有关微塑料毒理效应的研究便是其中重要的组成部分。通过对微塑料毒性的研究，可以为这一新型污染物的治理提供理论依据。Imhof 等的研究结果指出，在淡水无脊椎动物的有关调查结果中，32%～100%的动物不同程度地摄入了微塑料。在对虾虎鱼体内微塑料的研究中，调查区域内 11 条河流中有 7 条河流中的虾虎鱼体内检测到了微塑料，微塑料的污染发生率在 11%～26%之间。海洋动物中已经检测到吞食微塑料的动物主要包括底栖动物以及远洋生物，它们分别属于不同的营养水平，包括海参、贻贝、龙虾、两足类、扁形虫和藤壶等。在较高的营养等级中，如海鸟体内也发现了微塑料，获取方式主要包括捕食鱼类或者误食。这也说明了微塑料在食物链中存在逐级传递的过程。

塑料制品的摄入可能导致海洋生物窒息、器官或组织受损、溃疡、消化道阻塞，以及饱腹感。研究人员在龙虾体内检测到了粒径小于 5mm 的塑料碎片，观察表明塑料纤维可以在龙虾胃里通过搅拌活动形成丝状的球，这类微塑料不易被其排出体外，并且由于其没有任何营养价值，最终会使该生物因饥饿而死亡。贻贝类生物体在检出微塑料的同时，发现微塑料会使其某些组织产生炎症反应，并且降低其消化系统细胞膜的稳定性。微塑料在该类生物体内还存在转移过程，如从消化系统转移到循环系统，并且可存在 48h 以上。在淡水水蚤体内发现的微塑料会在其细胞间进行迁移。在日本，青鳉鱼体内不仅发现微塑料，并且研究发现随着其不断累积，肝脏会产生诸如粒原降解、脂肪空泡、细胞坏死以及早期癌变等现象。

除了对生物体有直接的伤害作用外，水体中的微塑料可能会产生更广泛的影响，表现为与非生物环境相互作用或通过间接作用对生物群落或生态系统产生影响。Arthur 等对海洋微塑料的研究发现，微塑性在远洋和底栖环境中的累积可能改变光的穿透性或者使沉积物特性发生改变，并以此影响生物地球化学循环的进行。微塑料随水流的流动可能会对洄游鱼类的繁殖产生影响，并且微塑料由于可长时间存在于水中，也可能成为某些微生物或病原体的繁殖基质。微塑料在淡水系统中的存在会对鱼类孵化及生长产生不利影响，具体表现为成活率的降低以及生长速率的放缓，有关此类现象的研究仅停留在实际现象的观察与分析，作用过程及内在机理仍需进一步研究。

2. 沉积物中微塑料的潜在风险

近年来，水体中的沉积物成为研究微塑料污染的热点区域。沉积物入海将携带大量的陆源污染物，其中被埋在水底或通过再悬浮释放的微塑料颗粒，都具有两种特性：一是微塑料本身就是污染性颗粒，二是因微塑料的特殊表面构造与材料热力学属性而使其成为一部分污染物或者微生物的携带者进入海洋。除输送入海外，沉积物中剩余的微塑料颗粒则在被污染区域内不断累积，特别在一些封闭的内陆河湖，沉积物中低光低氧的条件更加大了微塑料的降解难度，显著增加了当地的环境压力。

同时，沉积物又被视为水体各类物质富集与储存的媒介，现有研究证明微生物是沉积物中物质循环与能量流动的首要驱动力，沉积物生态因子与不同微生物群落的组成及代谢功能关系密切。由于这些沉积物中赋存的微塑料不能通过紫外线进行光降解，唯有借助微生物降解，因此其在沉积物中停留的时间也会相对更长。沉积物中微生物将有机物分解为无机营养物质释放至水体中，对湖泊中碳循环、氮循环和磷循环等循环过程具有重要作用。然而，目前对微塑料在沉积环境的研究中，关于微塑料对微生物影响及影响路径的研究较少，进一步限制了微塑料对全球生态系统和生物地球化学循环影响的理解。

微塑料能改变沉积物的理化性质和沉积物环境，而这些改变会直接影响沉积物微生物群落的功能和结构多样性，从而导致更严重的生态环境问题。由于微塑料颗粒表面凹凸不平且吸附了各种物质，与周围环境相比，微塑料周围的微生物群落组成与沉积物中的截然不同。因此，在微塑料周围形成的生态系统通常被称为塑料圈，它可以作为微塑料降解菌等微生物生长和繁殖的生态位，提高生态系统功能并为促进微塑料的生物降解提供直接证据。与水环境相比，由于沉积环境中拥有更丰富的物质组成，微塑料在沉积物介质下的迁移和扩散过程及分布特征更具复杂性。

3. 土壤中微塑料的潜在风险

土壤是人类赖以生存的重要自然资源之一，是人类开展生产、生活活动的重要场所。同时，陆地环境也是塑料及塑料制品生产、消费甚至处置的主要场所，因此其一直面临着塑料或微塑料的污染问题。土壤已成为环境微塑料污染的一个重要的"汇"。地表的微塑料可以在雨水冲刷、渗流、耕作活动和生物扰动等各种作用下由土壤表层迁移至土壤内部甚至地下水中。微塑料进入土壤后，不仅改变土壤的机械性能和理化性质，威胁土壤生态系统的平衡，同时对农作物的生产和农产品的安全带来巨大的隐患。

微塑料可以通过多种途径进入土壤系统中，其来源包括点源和面源等各种不同形式。根据产生方式的不同，土壤中微塑料污染的来源可以分成 3 类：工业、农业生产活动直接将微塑料粒子排放至土壤（陆地）环境中；从水、大气等其他环境介质迁移转运而来的微塑料进入土壤；通过各种途径进入土壤环境的较大塑料颗粒或废弃物逐步降解形成的微塑料甚至纳米塑料。目前，全球范围内对塑料的需求量很大，由于回收利用措施不完善，大量塑料经填埋处理，产生大量性质稳定、难降解、易挥发的塑料垃圾衍生物——微塑料，广泛富集于土壤中，与土壤有机质发生相互作用，被土壤中的微生物吸收，并且还会与土壤中的物质发生吸附作用，进而改变土壤的物理化学性质，影响土壤中的养分循环，对土壤的影响突出表现在以下两个方面。

（1）微塑料对土壤理化性质的影响。由于微塑料表面的特殊性质，其会与环境中一系列不同疏水性的有机化学物结合，例如多环芳烃、多氯联苯、多溴二苯醚、二噁英和金属等形成复合污染物。Yu 等研究结果显示，土壤中粒径为 $100\mu m$ 的 PE 存在促进重金属（Zn、Cu、Ni、Cd、Cr、As、Pb）从生物有效态向稳定有机结合态的转化，降低了生物可利用性。微塑料影响土壤团聚体的形成、稳定和分解过程。刘亚菲研究得出土壤水稳性微团聚体中微塑料含量显著高于大团聚体，微塑料含量高的微团聚体难以被团聚成大团聚体，因此微塑料的存在会破坏土壤结构，造成土壤表面干燥开裂。Machado 等研究发现，不同类型的微塑料对土壤产生的影响不同，如聚酯可降低土壤水稳性团聚体的量，而PE 则会显著提高土壤水稳性团聚体的量。微塑料进入土壤会导致土壤养分、水分水平发生变化。微塑料薄膜可以形成水通道，使水迅速渗透到深层土壤中，并且这些薄膜还会导致表层土壤出现干燥裂缝，也可以通过创造水运动通道来加速土壤水分蒸发。Dong 等通过研究微塑料和 As 对水稻根际土壤的影响发现，As、PS 和聚四氟乙烯会与酶结构中的氨基酸残基相互作用，土壤脲酶、酸性磷酸酶、蛋白酶、脱氢酶和过氧化物酶的活性受到抑制，从而降低土壤中有效 N 和 P 的含量。Hou 等研究发现，PE 微塑料的存在显著改变了土壤阳离子交换量、全 N 含量、溶解有机 C 和 Olsen－P 含量，改变了不同土壤团聚体组分的物理化学性质，且显著性随着土壤团聚体尺寸的变化而变化。Li 等采用逐级化学提取和生物学方法研究了土壤重金属的生物有效性，结果表明，PE 微塑料降低了土壤对金属（Cu^{2+} 和 Ni^{2+}）的吸附能力，提高了土壤中金属（Cu^{2+} 和 Ni^{2+}）的可交换性和生物有效性。

（2）微塑料对土壤微生物的影响。土壤微生物对农田生态系统至关重要，微生物活性的增强会促进碳、氮、磷等营养元素的释放。微塑料可以为微生物提供吸附位点，使其长期吸附形成生物热点，改变土壤微生物的生态功能。德国科学家 Rillig 提出微塑料积累将影响土壤性质和微生物群落组成及其多样性，土壤微塑料污染自此引起了人们更为广泛的重视。已有研究表明，添加聚乙烯（PE）能促使放线菌门（Actinobacteria）取代变形菌门（Proteobacteria）成为土壤优势微生物类群，并增加土壤中与固氮作用有关细菌的丰度。在微塑料对土壤微生物多样性的影响研究方面，根据 Fei 等对浙江临安农田表层土壤的研究显示，微塑料（PE 和 PVC）污染导致土壤细菌群落活性和 α 多样性下降。相反，Zang 等研究表明加入 PE 和 PVC 微塑料增加了土壤微生物的生物量和磷脂脂肪酸总量；Zhou 等通过加入可生物降解的 3—羟基丁酸酯和 3—羟基戊酸酯的共聚物（PHBV）发现，微生物活性、生物量和 α 多样性也呈上升趋势。此外，丁峰等研究发现低分子量聚乙烯能够显著降低土壤中细菌和真菌的丰度，而高分子量聚乙烯具有相反的影响。但也有一些研究发现，添加微塑料对土壤微生物群落组成和多样性无显著影响。如 Huang 等对细菌

16SrRNA 的测序结果表明，LDPE 微塑料处理对土壤微生物群落 α 多样性（丰富度、均匀度和多样性）无明显影响；Chen 等研究表明 PLA 微塑料在高碳和低碳条件下对土壤细菌群落组成和优势类群的相对丰度均无显著影响。

1.3 水土环境中微塑料污染现状

1.3.1 水体中微塑料污染现状

微塑料具有体积小、比表面积大的特点，可以作为载体与其他外源性污染物发生吸附解吸进而形成新的复合污染物，其内部含有的一系列内源性污染物也极易在风化降解过程中释放，对海洋和淡水生物群及生态系统造成极大危害。我国内陆淡水系统、入海河流及近海海域微塑料污染问题不容小觑。近 10 年来，我国环境微塑料研究正快速发展，这类研究以海洋水体为主，并逐渐发展至河流及内陆湖泊。

1. 河流中微塑料的污染现状

我国是世界上河流最多的国家之一，随着微塑料污染问题关注度与日俱增，微塑料在河流中的赋存和分布研究也逐渐受到重视。河流按径流方式可分为外流河和内流河，外流河即入海河流，是海洋微塑料的主要陆源输入，对近海乃至远洋的微塑料污染有直接影响。

黄河河口是我国微塑料污染最严重的水域，Han 等报道了微塑料在黄河下游河口附近地表水中的分布。黄河河口地表水干燥季节的微塑料丰度高达 930000 个/m³，且该河段地表水微塑料丰度自上游向河口呈线性上升，距离河口越近，微塑料丰度越高。黄河是典型的"悬河"，河流下游发生微塑料新增引入的概率较低，靠近河口微塑料丰度升高主要归因于水文条件影响，即随着与黄河河口的距离增加，径流变慢，紊流强度降低，浮力作用使更多的微塑料从水体深层向表层迁移。长江发源自青藏高原唐古拉山脉，流经 11 个省级行政区，最终注入东海。He 等调查了长江上游至河口表层水体中的微塑料污染现状。Mao 等调查了御临河干流和支流中微塑料污染物分布特征，发现微塑料丰度上游高于下游且与河道宽度呈负相关。Yan 等报道了珠江口和广州市沿岸水域中微塑料的污染现状，该水域中微塑料以聚酰胺和玻璃纸为主，粒径普遍较小，城市污水是该水域微塑料污染的主要来源。辽河流经 4 省并最终注入渤海，是我国东北地区的重要河流。

大型河流流经范围较广，受累积效应影响，往往下游处微塑料污染更严重。除大型河流外，城市河道因人类活动频繁，其表层水体微塑料污染状况同样不容乐观。Wang 等报道了武汉市城市河流的微塑料污染情况，长江和汉江是当地的主要城市河流，其中长江武汉段微塑料丰度为（2516.1±911.7）个/m³，属于长江水域微塑料污染较为严重的区段。Zhang 等报道了南宁市城市河流邕江的微塑料污染现状，该水域微塑料以纤维型聚乙烯和聚丙烯为主，粒径偏大。赵昕等报道了上海市中心城区及城镇区域河流表层水体中微塑料污染现状，该地区水体微塑料平均丰度为（7500±2800）个/m³，约为上海崇明岛河口的 4 倍，且粒径多小于 500μm。该研究提出，微塑料的形状和聚合物类型与微塑料来源、水动力条件及理化性质等因素有较强的相关性，而微塑料丰度则与微塑料粒径呈负相关，颗粒尺寸越小丰度越高。上海城市河道表层水体微塑料粒径普遍较小，是该水体微塑料丰度较高的重要原因之一。

2. 湖泊中微塑料的污染现状

湖泊是一类相对封闭或全封闭的水体，常常起到污染物"汇"的作用。微塑料被排放入湖泊后将持续存在于地表水和沉积物中，滞留时间更长，故湖泊往往被认为是微塑料的临时或长期蓄积处。湖泊微塑料污染问题的研究始于 2011 年并逐年增多，尤其是城市湖泊。鄱阳湖是我国最大的淡水湖，Yuan 等曾针对鄱阳湖水体及沉积物中微塑料的丰度、分布和组成进行报道。该水域微塑料主要来源于生活污水和渔业活动，表层水体微塑料丰度为 5000～34000 个/m³，显著高于上海、武汉等超大、特大型城市的城市河道。鄱阳湖微塑料空间分布呈不均匀状态，受人为和地形因素影响，湖面中部表层水体和湖北部沉积物中微塑料丰度最高。Jiang 等报道了南洞庭湖（较为宽敞）与西洞庭湖（较为狭窄）水域微塑料的分布特征，并对比了近岸边与湖中心表层水体微塑料丰度的差异，提出地理条件和人类活动均会影响微塑料污染物的分布。Li 等报道了长江中下游流域湖南省大通湖至上海市淀山湖等 18 处湖泊的微塑料丰度，提出湖泊水体微塑料主要来源于大块塑料降解与当地人类活动以及污废水的排放，其丰度与地理位置相关性不高。此外，该研究指出鄱阳湖表层水体微塑料丰度仅为 240 个/m³，与同年 Yuan 等的报道数据差异性较大，这主要是由于微塑料污染物粒径大小和分布并不均匀，检测数值受采样点位和采样方法限制。

3. 海洋中微塑料的污染现状

海洋是全球塑料垃圾的"汇"，海洋环境微塑料污染已成为全球最受关注的环境问题之一。至 2025 年，海洋中塑料垃圾的总量预计将高达 2.5 亿 t。大量废弃塑料在海洋中累积、风化、分解，形成微塑料。由于体积极小，水体中的微塑料易被浮游生物、鱼类等吸收或摄食，富集在生物体内并进入食物链，导致海洋动物频繁摄入。我国海岸线绵长，沿海城市较为发达，海洋工业平稳发展，陆源污染和密集的人类活动使得渤海、黄海等近岸海域的微塑料污染问题加剧。Li 等于 2020 年总结了我国黄海微塑料研究的进展，提出黄海正处于微塑料中度污染。Zhang 等在对渤海表层水体微塑料污染现状研究后指出，渤海地区微塑料平均丰度为（0.33±0.34）个/m³，微塑料污染处于中低水平。近岸海域的污染物往往汇集在海湾区域。曲玲等报道称渤海锦州湾表层海水微塑料丰度由北向南递减，平均丰度为（0.93±0.59）个/m³。白璐等报道了渤海地区天津近岸海域微塑料污染现状，受当地海洋产业发展的影响，天津近岸海域微塑料污染属于中等水平，平均丰度为 612 个/m³，多数为深色纤维和碎片。熊宽旭等调查了黄海桑沟湾水体中微塑料的污染特征，发现桑沟湾水体及沉积物中的微塑料形状较为丰富，微塑料颗粒较大，其丰度受人类活动和水动力影响，由湾内向湾外递减。

1.3.2　沉积物中微塑料污染现状

沉积物的性质反映了沉积物各方面组成成分的情况，稳定的沉积物环境有着相对稳定的性质，而沉积物性质的变化会影响沉积物中存在的各种物质的形态及环境行为。沉积物的性质可以从其物理化学特性和生物特质等方面去了解。其中沉积物的物理化学特性通常是指 pH、阳离子交换容量、盐度、氮和磷含量等，而沉积物的生物特性是通过测量各种酶（如脲酶和蔗糖酶等）的活性，以及其中所含微生物的数量来确定。沉积物的不同物理、化学与生物特性是密切相关的，其中任何一个特性改变均可影响沉积物其他各方面的性质，而暴露于沉积物中的微塑料颗粒，可能增加环境的透气性，并通过影响沉积物中微生物的活动来影响酶活性，从而引起沉积物 pH 的变化。Qi 等通过研究发现，可生物降解微塑料及 LEPE 微塑料可以影响可挥发性物质的分布特征和沉积物的某些化学特性。Ren 等的研究表明，微塑料颗粒对环境介质中的溶解性有机碳含量、相关官能团以及温室气体通量等多个参数具有显著的影响。

微塑料进入沉积物会影响沉积物的物理、化学和生物环境，而沉积物的物理和化学环境的变化也会影响微生物活动。龙籍艺等在研究长江口沿海沉积物中的微塑料分布时发现，某些采样点的微塑料丰度和粒径大小与沉积物中总有机碳含量、含水率和容重等环境因子之间有明显的相关性。此外，微塑料还会影响所在环境的 pH，有研究表明高密度聚乙烯塑料会降低沉积物的 pH，但是其他研究表明聚乳酸和低密度聚乙烯这两种微塑料能增加沉积物的 pH。目前，对于不同类型的微塑料对环境 pH 产生不同影响的原因，学术界尚存在争议，因此需要进行更深入的实验研究。微塑料的难降解性使其在沉积物中长久留存，当积累到一定浓度时，将会影响沉积物甚至水生生态系统的功能和生物多样性。Liu 等通过研究发现添加高浓度微塑料使溶解性有机物中的 DOC、DON、DOP、PO_4^{3-} 和 NO_3^- 含量显著增加。Lozano 等发现，在不同的湿度条件下，微塑料改变了营养循环功能，同时微生物的 β—氨基葡萄糖苷酶、β—葡萄糖苷酶、呼吸作用以及其他生态系统功能都发生了明显改变。

微塑料的主要组成元素是碳，它可能成为环境中碳的重要来源之一，从而影响碳的生物地球化学循环以及沉积物生态系统中其他元素的吸收。研究表明，微塑料对沉积物性质的影响可能与以下因素有关：首先，微塑料作为聚合物，具有疏水性强和密度低的特性，包括其添加的增塑剂和着色剂等辅助成分的浸出，均会影响沉积物的性质；其次，微塑料的体积小，其薄膜、颗粒、碎片、纤维形状和颗粒大小与沉积物颗粒间存在差异；此外，微塑料的单体和元素组成的差异也可能导致其对沉积物产生影响。

1.3.3 土壤中微塑料污染现状

土壤中残留的微塑料能够经风力、地下径流或人为等作用进入水环境，并广泛分布于水体及底泥沉积物中。土壤是微塑料重要的聚集地，其丰度可能是海洋的 4～23 倍。农用薄膜对农业的发展有着至关重要的作用，然而由于农用薄膜和地膜的广泛使用，导致农田土壤中微塑料的大量累积。Ding 等对陕西农田土壤中微塑料的调查研究结果表明，在土壤 0～10cm 深度，微塑料丰度值为 1430～3410n/kg，微塑料的主要类型为纤维，大小为 0～0.49mm。Yang 等通过采集江西农田 0～20cm 土壤，对微塑料研究表明，相较于长期施用猪粪的土壤 [（43.8±16.2）n/kg]，未施用猪粪的土壤 [（16.4±2.7）n/kg] 中微塑料丰度明显较低。对新疆棉田土壤中微塑料的调查研究结果表明，在 0～40cm 土壤中，覆膜 24 年、15 年和 5 年的土壤中微塑料丰度分别为（1075.6±1346.8）n/kg、（308.0±138.1）n/kg 和（80.3±49.3）n/kg，随着覆膜年限的增加，微塑料的丰度也逐渐增加。此外，由于土壤具有多孔、空隙大的特点，微塑料可通过生物扰动、耕作和水流等作用在土壤中迁移。Rillig 和 Huerta 等研究表明，微塑料可通过蚯蚓的摄食及排泄或者黏附在蚯蚓上以在土壤中迁移，而植物的根系扩张、吸水等运动对微塑料的迁移同样有重要作用。

此外，研究表明土壤中残留较大的塑料薄膜会降低土壤的饱和导水率，影响土壤微生物的活性和丰度，最终影响土壤肥力。反过来，在复杂的土壤环境中，土壤中微塑料的性质受到物理、非生物因素（如侵蚀）以及生物因素（如微生物、蚯蚓和植物）的影响。微塑料与土壤之间的相互作用可能会对土壤中其他污染物的环境行为产生不可预测的影响，从而导致更严重的土壤问题。微塑料作为一种生态系统应激源的出现，不仅影响了土壤功能，还改变了土壤的物理固有特性，从而导致其他土壤污染物的环境行为发生复杂的变化。据调查发现，微塑料中含有添加剂，如邻苯二甲酸二乙基己酯（DEHP），这是塑料生产过程中普遍存在的有机污染物。此外，微塑料具有较大的比表面积从而使其具有较高的吸附能力；他们能吸附有害污染物，包括有毒的有机化学品，如多溴二苯醚（PBDE）和全氟化化学品（PFOS），以及重金属，如锌、铜、铅等。已有研究人员对各种塑料中存在的添加剂和其他潜在有毒物质（如有毒金属、持久性有机污染物等）的检测和释放/迁移模式开展了研究，即微塑料中存在的有毒化学物质可以在微塑料中缓慢地迁移到表面，并随着微塑料在土壤中迁移而扩散到土壤中，从而造成生态和健康风险。HÜffer 等比较了土壤、聚乙烯（PE）微塑料和添加 10%聚乙烯微塑料（简写为土壤＋PE）的土壤对有机污染物的吸附能力。研究发现，土壤＋PE 的吸附能力明显低于土壤，即聚乙烯可以削弱土壤的吸附能力，从而促进土壤中有机污染物的迁移。这可能是由于 PE 与山梨酸盐之间的分子相互作用较弱，PE 与山梨酸盐之间不存在阳离子桥接，因此在土壤中加入聚乙烯微塑料后会产生稀释效应。反过来，微塑料吸附土壤中其他污染物的能力也会受到土壤和微塑料性质的影响。Li 等认为，抗生素含有羧基化合物，且由于聚酰胺（PA）的多孔结构和氢键之间的酰胺基（质子供体组）和羧基化合物（质子受体组）的结合作用，使聚酰胺（PA）吸附能力特别高。

1.4　黄河流域内蒙古段水土环境现状

1.4.1　黄河流域内蒙古段典型水体环境现状

黄河是中华民族的母亲河，党的十八大以来，黄河流域生态保护和高质量发展已上升为重大国家战略。水资源是黄河流域最关键的基础性资源要素，在气候变化和人类活动的影响下，黄河流域面临着不同类型的水资源及环境生态问题。黄河流域内蒙古段地处黄河最北端，具有承上启下的重要作用，由于受自然资源禀赋和承载能力的制约，流域水资源严重短缺，生态环境十分脆弱。因此，乌梁素海作为黄河流域重要的自然净化区，其水质状况十分重要，每年河套灌区超过 3 亿 m^3 的农田排水，经乌梁素海生物净化后排入黄河，入黄水质直接影响黄河中下游的水生态安全。

乌梁素海（40°47′～41°03′N，108°43′～108°57′E）位于内蒙古自治区西部巴彦淖尔市乌拉特前旗境内，地处高纬度的蒙新高原地区，是内蒙古自治区黄河流域内最大的淡水湖泊，也是我国八大淡水湖之一，享有"塞外明珠"的美称。乌梁素海为黄河改道而形成的河迹湖，水域面积约 305.97km²，该湖泊呈南北长、东西短的狭长型格局，南北长度为

$35\sim40km$，东西宽度 $5\sim10km$，蓄水量 $2.2\times10^9\sim3.0\times10^9\,m^3$，湖泊深度为 $0.5\sim2.5m$，年均水深 $1.8m$，最深处可达 $4.0m$。乌梁素海水面面积 $298.5km^2$，芦苇区占湖面面积的 41.2%，其中水生植物密集区域为湖面面积的 20.9%。

同时，乌梁素海还是典型的农业灌区退水型湖泊，灌区具有明显的季节性生产活动特征，春季进行农业灌溉，夏季施肥，秋季进行企业生产活动和农作物浇水，冬季则基本停止一切生产活动。乌梁素海承接了河套灌区绝大部分的工业、生活废水和农田退水，在对当地水土环境及黄河水质起到改善作用的同时，也对流域内水环境质量产生了较大的影响。受气候影响乌梁素海冰封时间较长，湖水水质状态存在明显的季节性变化特征。水体的冻融过程不仅会对湖中的微塑料赋存造成较大的影响，不同的水质状态也可能对微塑料的赋存、迁移等产生一定的影响。因此，需对乌梁素海中微塑料赋存特征及其与污染因子间的关系进行研究，也可为后期乌梁素海微塑料污染的综合治理提供理论基础，同时也可为黄河流域微塑料污染的相关研究开展有益的尝试。

此外，作为内蒙古自治区三大内陆湖之一的岱海湖，毗邻黄河流域，东部接近黄旗海流域，是国家重要湿地、区级湖泊湿地自然保护区。岱海位于内蒙古自治区乌兰察布市凉城县境内，位于岱海盆地中央，呈不规则的长椭圆形，其水源由周围 22 条河流和中层地下水汇聚而成。岱海（$40°29'\sim40°37'N$、$112°33'\sim112°46'E$）湖东西长约 $25km$，南北宽约 $10km$，平均水深约 $4m$。岱海流域位于东亚季风的西北边缘地带，是干冷气团与湿暖气团交汇地区，属于典型的温带大陆性气候，年温差和日温差较大，蒸发量与降雨量严重不平衡，岱海流域多年平均降雨量为 $350\sim450mm$，多年平均蒸发量高达 $1800\sim2300mm$，导致岱海湖补水不足，盐碱化程度加剧，水质持续恶化。岱海流域年平均气温为 $5℃$，受温度影响湖体于每年 11 月开始结冰并进入冰封期，一直持续到次年 4 月开始融化，年冰封时间长达 6 个月，冰厚一般可达 $30\sim60cm$。

近年来岱海湖面急剧萎缩，水位快速下降，水量持续减少，西岸及南岸湖水退水严重，截至 2020 年，岱海水域面积已从 1989 年的 $115.94km^2$ 骤减到仅为 $48.3km^2$。随着岱海水量减少，水体盐碱化加剧，水体总矿化度、氮碳磷营养盐含量不断升高导致沉水植物退化，生物多样性降低。同时，随着湖泊面积的缩小，裸露出的滩地以及湖岸带在风力搬运的情况下沙化、盐碱化加剧，水土流失严重，拦截净化功能、水源涵养功能受损。这些生态问题的出现严重威胁社会经济发展，环境治理刻不容缓。2018 年"两会"期间，习近平总书记参加十三届全国人大一次会议内蒙古代表团审议时提出要加快岱海水生态综合治理。目前国家已经启动生态应急补水工程——"引黄济岱"工程，计划于 2023 年正式输水，从根本上拯救岱海。因此，位于内蒙古段的黄河与岱海湖生态息息相关，密不可分。

由于岱海独特的地形地貌，岱海为典型的封闭型内陆流域，排泄与消耗主要依靠湖面蒸发，但新型污染物微塑料并不能通过自然生态代谢消解，将导致微塑料在岱海湖区呈现出只进不出的现象，且湖区蓄水量逐年减少，使得湖中微塑料将不断累积，微塑料污染情况可能更为严重。但目前关于岱海的相关研究多聚焦于水质变化、生物多样性等方面，对于新型污染物及其复合污染现状并不明晰，因此明晰岱海微塑料赋存特征及其与污染因子间的关系十分必要，以期为岱海微塑料污染治理提供参考。

1.4.2 黄河流域内蒙古段典型沉积物环境现状

乌梁素海位于河套灌区末端且地势最低,内蒙古河套灌区农民种田使用的农用地膜、居民日常排放的生活污水和周遭工厂制造的工业废水均通过各个排干汇入乌梁素海中,其是内蒙古河套地区农田退水、生活污水与工业废水的唯一容泄区,因此乌梁素海在净化水质和灌排系统中发挥着重要作用。另外,乌梁素海的退水通过乌毛计退水渠直接排入黄河,排水口距离黄河仅有 20km,是黄河内蒙古段最大的一个排污口,也是黄河枯水期主要的补给源之一,因此在很大程度上影响了黄河的水质。

当微塑料进入水环境后,会发生迁移和沉降过程,其过程主要取决于微塑料的大小、密度、形状,以及风速和受纳水体的水文特征。针对不同密度的微塑料,高密度微塑料(高密度微塑料聚合物,密度高于水的微塑料)与低密度微塑料聚合物相比,由于重力的作用能够更快、更迅速地沉积到沉积物中。由于湖泊沉积物是区域污染的“汇”,因此可认为沉积物中微塑料的来源与水体中微塑料相似。而岱海地处蒙新高原,是典型内陆封闭型湖泊,因其独特的地形地貌,导致排泄途径只能依靠蒸发排泄,但微塑料若通过自然生态代谢进行消解,则消解周期十分漫长,很长时间内将导致微塑料在岱海湖区呈现出只进不出的现象,且湖区蓄水量逐年减少,使得湖中微塑料将不断累积。在此现状下,岱海水体中的微塑料丰度直接影响其沉积物中的微塑料丰度,导致沉积物中的微塑料丰度升高。

关于湖泊沉积物微塑料的研究,乌梁素海及岱海沉积物中的微塑料丰度普遍较高,微塑料在进入湖泊的初期体积大、质量重,浸泡、降解不充分,则更容易发生沉降并累积在沉积物中。与水体中微塑料的丰度相比,沉积物中的丰度普遍更高,可能是由于湖泊作为一个相对封闭的环境,其水文条件相对较为稳定,特别是湖泊流速低、水深浅,因此微塑料更容易沉积到沉积物中。微塑料污染的危害在于环境中长期的浓度累积效应,而湖泊沉积物作为区域污染的“汇”,会通过不同方式对生态环境造成持久性的危害。因此,探究黄河流域内蒙古段沉积物中微塑料对环境的影响十分必要。

1.4.3 黄河流域内蒙古段典型土壤环境现状

土地质量关乎国民经济及粮食安全,2020 年国家发展改革委、生态环境部《关于进一步加强塑料污染治理的意见》中要求开展塑料垃圾专项清理,推进农田残留地膜、农药化肥塑料包装等清理、整治工作,逐步降低农田残留地膜量。目前土壤微塑料污染问题已经列为环境与生态领域的第二大科学问题,成为与全球气候变化、臭氧耗竭等并列的重大全球环境问题。黄河流域是我国北方重要的生态安全屏障,也是我国重要的经济地带。“黄河流域生态保护和高质量发展”是习近平总书记亲自部署的重大国家战略,内蒙古自治区党委书记孙绍骋在 2023 年 3 月考察黄河内蒙古段时指出:“要抓好水土保持,有效防治各类污染特别是农业面源污染,推动流域生态环境持续改善”。因此,加强生态保护治理、保障黄河长治久安、促进流域高质量发展是生态保护治理的主要方向。而河套灌区作为沿黄灌区的典型代表,其土壤质量十分关键。河套灌区位于黄河上中游内蒙古段北岸的冲积平原,北依阴山山脉的狼山、乌拉山南麓洪积扇,南临黄河,东至包头市郊,西接乌兰布和沙漠，是亚洲最大的一首制灌区和全国三个特大型灌区之一，也是我国重要的商品粮、油生产基地，于 2019 年 9 月入选世界灌溉工程遗产名录。

河套灌区有着超过 30 年的农作覆膜历史，受年均蒸发量大（约 2200mm），年均降水量小（约 150mm）等因素影响，地膜覆盖已成为河套灌区重要的农艺措施，平均地膜使用量已达 45kg/hm²，特别是膜下滴灌技术大规模推广后，覆膜种植更是在河套灌区得到了跨越式发展。但由于回收机械不完备、回收机制不健全等原因导致大量的塑料制品长期残留在土壤中，大块塑料残膜经降解、风化等作用后形成了大量的次级微塑料，且河套灌区特有的土壤盐碱化、冻融循环等过程更加剧了大块塑料的碎片化过程，土壤表层的微塑料可以参与地表径流，同时土壤翻耕等原因会造成微塑料向土壤深层进一步迁移，这部分微塑料会参与地下径流并通过排干进入乌梁素海，最终汇入黄河。另外，人类生产生活过程中使用的大量化妆品、纺织品、塑料制品等形成的各类初级和次级微塑料也直接或间接地进入河套灌区土壤中，造成大量的微塑料富集。

目前，土壤中微塑料的主要来源有灌溉用水、污泥、施肥等。微塑料一旦进入土壤，会在土壤胶体的作用下形成有机—无机复合体，由此在土壤中得到累积。虽然土壤的覆盖作用能延缓塑料老化，但长时间的侵蚀，土壤中微塑料的物理形态还是会因为农作、生物运动等过程发生变化。微塑料在土壤中的存在，会破坏土壤的物理性质，严重影响土壤中水和溶质的移动，更会造成作物减产。因此，明晰土壤中微塑料的累积特征是评估其危害土壤质量的重要环节。故本书以河套灌区大规模地膜覆盖为背景，开展河套灌区土壤中微塑料的丰度、赋存特征等研究，对于明晰微塑料在河套灌区土壤中的分布现状及危害具有重要意义，并可为河套灌区大规模覆膜种植的可持续发展提供指导。

1.5 研 究 内 容

本书主要研究内容如下：

（1）微塑料在黄河流域内蒙古段水体中的赋存特征。以乌梁素海为研究对象，采集乌梁素海表层水、底泥样品进行检测分析，探究样品中微塑料丰度、类型、颜色、形貌、粒径等特征，分析微塑料在乌梁素海中的污染程度；并采用污染风险指数法和内梅罗污染指数分析法对乌梁素海微塑料污染风险进行评价和预测。

（2）微塑料在黄河流域内蒙古段冰体中赋存特征及影响因素。以乌梁素海、岱海为研究对象，明晰湖泊冰封期冰体中微塑料的赋存特征（丰度、颜色、类型、粒径等），探明微塑料在冰体中的垂直分布特征；通过检测水体和冰体中的盐度、Chl-a、TN、TP、溶磷和 COD 等指标，探究融冰过程中微塑料与环境因子之间的响应关系。

（3）微塑料赋存对冰体结构的影响。开展室内模拟实验揭示不同特征（丰度、粒径）微塑料对冰体增长率、消减率以及微结构特征的影响，利用费氏台观测技术揭示微塑料赋存下对冰体结构的影响研究，为冰体微结构的进一步研究提供科学依据。

（4）微塑料赋存对淡水沉积物的影响。开展室内模拟试验分析不同特征（类型、浓度）微塑料赋存对沉积物理化性质、酶活性、微生物群落结构和功能的影响及沉积物环境指标与微生物的相关性，揭示微塑料对微生物的作用路径。

　　（5）河套灌区微塑料赋存特征及微塑料赋存对土壤理化性质的影响。以河套灌区为典型示范区，分析河套灌区中微塑料污染特征，开展室内实验，阐明不同丰度、类型及粒径微塑料对土壤水分垂直入渗的影响，揭示微塑料对不同盐度的盐碱土入渗后的含水率、pH 及各种理化指标的影响关系；通过 CT 断层扫描技术研究微塑料对土壤孔隙造成的影响，探究微塑料对土壤水分运移影响的作用机理。

　　（6）微塑料赋存对盐渍化土壤的响应关系。通过室内微塑料—盐渍化土壤培育试验，探究不同丰度微塑料（PE）对不同浓度的盐渍化土壤理化性质、微生物群落变化的影响，通过相关性分析探明微塑料对盐渍化土壤理化性质与对微生物影响之间的相关性。

参 考 文 献

［1］ Talvitie J，Mikola A，Koistinen A，et al. Solutions to microplastic pollution – Removal of microplastics from wastewater effluent with advanced wastewater treatment technologies ［J］. Water Researchearch，2017，123：401 – 407.

［2］ Murphy F，Ewins C，Carbonnier F，et al. Wastewater Treatment Works（WwTW）as a Source of Microplastics in the Aquatic Environment ［J］. Environmental Science & Technology，2016，50（11）：5800 – 5808.

［3］ 郝爱红，赵保卫，张建，等. 土壤中微塑料污染现状及其生态风险研究进展 ［J］. 环境化学，2021，40（4）：1100 – 1111.

［4］ Kanhai L D K，Gardfeldt K，Krumpen T，et al. Microplastics in sea ice and seawater beneath ice floes from the Arctic Ocean ［J］. Scientific Reports，2020，10（1）：5004.

［5］ Kelly A，Lannuzel D，Rodemann T，et al. Microplastic contamination in east Antarctic sea ice ［J］. Marine Pollution Bulletin，2020，154：111130.1 – 111130.

［6］ 苏磊. 微塑料在内陆至河口多环境介质中的污染特征及其迁移规律 ［D］. 上海：华东师范大学，2020.

［7］ Free，Christopher M，Jensen，Olaf P，Mason，Sherri A. High – levels of microplastic pollution in a large，remote，mountain lake ［J］. Marine Pollution Bulletin，2014，85（1）：156 – 163.

［8］ 李文华，简敏菲，余厚平，等. 鄱阳湖"五河"入湖口沉积物中微塑料污染物的特征及其时空分布 ［J］. 湖泊科学，2019，31（2）：397 – 406.

［9］ Di M，Wang J. Microplastics in surface waters and sediments of the Three Gorges Reservoir，China ［J］. Science of The Total Environment，2018（616 – 617）：1620 – 1627.

［10］ 王志超. 农膜残留对土壤水分运移的影响及模拟研究 ［D］. 呼和浩特：内蒙古农业大学，2017.

第2章 水体中微塑料赋存特征及其影响因素

人类自 20 世纪 70 年代在海洋中首次发现塑料制品以来，有关微塑料的研究便逐渐进入了公众视野。微塑料相关研究也从远洋、近海、入海口、潮滩沉积物逐步深入到内陆湖泊、河流、饮用水以及水处理设施。全球多地如大西洋、地中海、西太平洋均发现不同程度的微塑料污染，其共同特点为塑料污染主要来源于人类生活垃圾中的塑料制品，且尺寸较小，不易收集处理。而且在国内外许多湖泊中也发现了它的身影，如蒙古国 Hovsgol 湖以及我国鄱阳湖、太湖以及三峡库区等。通过对这些区域微塑料的进一步研究发现，这些区域微塑料的主要类型为聚乙烯、聚丙烯、聚氯乙烯等，进一步说明了生活中的塑料制品是上述区域微塑料污染的一个重要来源。同时，在针对微塑料对生物的毒副作用研究中，发现了微塑料在淡水及海洋鱼类、贝类和鸟类体内的累积，并且有研究表明微塑料的长期积累可能从基因表达的层面对生物体产生不可逆的伤害。

近些年有关微塑料的研究逐渐受到学术界的重视，2015—2020 年有关微塑料研究的论文年均发表 40 篇以上，中国知网数据显示，2019 年关于微塑料的中英文文章发表量就高达 737 篇（图 2-1）。有关研究已经从初期的数量分布特征发展到迁移规律、时空分布模拟、影响因素以及微塑料降解等全新的领域。有关研究在分析微塑料污染特征的同时，也促使人们对这一新兴污染物给予更多的关注。

乌梁素海位于内蒙古巴彦淖尔市境内，是黄河流域最大的湖泊。其西侧的河套灌区是我国重要的商品粮生

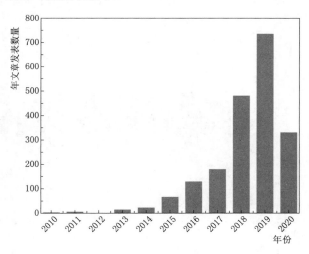

图 2-1 2010—2020 年有关微塑料论文发表情况

产基地。该地区的农业发展得益于得天独厚的水利灌溉条件，而乌梁素海则是整个河套灌区必不可少的重要组成部分。乌梁素海作为该地区唯一的退水受纳水体，承担着调配灌溉用水、连接河套灌区与黄河的任务。农业生产过程中使用的农用薄膜在保水保墒、提高农作物产量的同时，会随着退水水流进入排干渠，最后汇入乌梁素海，这就成为乌梁素海微塑料的一个重要来源。作为北半球同一纬度上少见的浅水型湖泊，地处荒漠半荒漠地区的乌梁素海有着重要的生态学与生物学价值，对于调节周边气候、涵养水源、保护物种多样

性具有十分重要的意义。2023 年 6 月习近平总书记察看乌梁素海自然风貌和周边生态环境时指出"治理好乌梁素海流域,对于保障我国北方生态安全具有十分重要的意义"。乌梁素海是黄河流域最大的功能性湿地,被称为黄河生态安全的"自然之肾",在整个黄河流域中起着至关重要的作用。因此,抓好以乌梁素海为代表的内蒙古重点湖泊的生态安全,是把内蒙古建设成为我国北方重要的生态安全屏障的必经之路。基于上述内容,对乌梁素海表层水及底泥微塑料污染特征开展研究,了解其数量、颜色、类型等具体特征并开展相关生态风险评价,能够探明该湖泊微塑料污染的基本情况。同时,也可为后期有关微塑料的污染研究打好基础,为乌梁素海综合治理提供新的思路,也是在河套灌区乃至黄河流域开展微塑料相关研究的有益尝试。在乌梁素海开展微塑料污染特征基础研究,也是打造祖国北部边疆亮丽风景线、落实"绿水青山就是金山银山"绿色发展理念的生动实践。

2.1　研　究　方　法

2.1.1　采样点布设

乌梁素海呈南北狭长,东西较窄的格局,其中南北长 35～40km,东西宽 5～10km。在湖西侧分布着总排干、通济渠、长济渠以及九排干等退水渠。根据湖区形状,遂将该湖分为湖北部、中部以及南部。根据第四版《水和废水监测分析方法》中关于湖泊采样点布设的相关要求,本实验在乌梁素海北部、中部以及南部共布设 8 个采样点。采样点布设及有关经纬度见图 2-2 及表 2-1,取样工作于 2019 年 5 月、6 月进行。

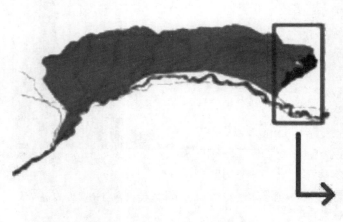

图 2-2　采样点布设

表 2-1　　　　　　　　　　采样点名称及经纬度

采样点名称	东经	北纬	采样点名称	东经	北纬
U1	108°52′21.98″	41°00′49.86″	U3	108°51′34.88″	40°58′37″
U2	108°51′7.36″	41°00′06.92″	U4	108°55′8.83″	40°58′06.48″

采样点名称	东经	北纬	采样点名称	东经	北纬
U5	108°54′20.06″	40°55′26.77″	U8	108°43′59.71″	40°49′35.03″
U6	108°48′40.91″	40°53′03.21″	U9	108°42′53.19″	40°47′56.3″
U7	108°51′25.84″	40°55′17.01″			

2.1.2 样品采集与预处理

1. 表层水采集与预处理

使用便携式12V直流Teflon水泵抽取各采样点表层0~20cm水样20L,取样完毕后立即向各水样中加入一定量5%甲醛溶液,容器在采样完毕后及时封口,带回实验室进行检测。各采样点水样经500目不锈钢筛过滤后,用去离子水将筛上截留的微塑料样品连同其他杂质一并收集于300mL的锥形瓶中,加入一定体积的30% H_2O_2 溶液,并将称有样品的锥形瓶放置在恒温摇床中震荡12h,以充分消解微塑料表面可能附着的有机成分。消解完成后,将消解后水样经 $0.45\mu m$ 玻璃纤维滤膜过滤,将含有微塑料样品的滤膜在50℃恒温烘箱中恒温干燥,等待后续实验操作步骤。

2. 底泥采集与预处理

在各取样点用底泥采集器取表层0~20cm底泥样品,并将其收集于铝箔袋,带回实验室后将其储藏于4℃环境中。底泥样品在自然干燥后,采用分级密度分离法分离其中的微塑料:在底泥样品中加入饱和氯化钠溶液($\rho_{NaCl}=1.20g/cm^3$),搅拌30min后使其静置3h以使裹挟于底泥中的微塑料得以上浮。将上清液用500目不锈钢筛过滤,剩余步骤与水样中微塑料样品处理方法相同。由于饱和氯化钠溶液的密度浮选作用不足以使一些密度较大的塑料得以有效浮选,故向经饱和氯化钠溶液浮选后的底泥样品中加入饱和氯化锌溶液($\rho_{ZnCl_2}=1.50g/cm^3$),以充分浮选密度更大的微塑料颗粒,同样将其搅拌30min后再静置3h。以上两步密度浮选法均重复三次。

3. 质量保证与控制

为提高乌梁素海表层水及沉积物微塑性丰度等特征分析的准确性,本研究在实验过程中采取了防止实验室用水、仪器和实验操作对微塑料可能产生潜在污染的措施,所有实验用水经 $0.45\mu m$ 滤膜过滤两次,以避免水中可能存在的塑料颗粒。研究中使用的仪器在使用前都需要用上述水进行清洁。实验仪器在未经使用时用锡纸覆盖,以避免空气中可能含有的塑料纤维对实验过程造成的污染。实验操作人员在实验全程必须穿着纯棉实验服,并佩戴丁腈手套,以此来消除实验人员可能带来的微塑料,实验台在使用之前也需要进行清洁。这些措施可以确保实验过程中不会受到外源性微塑料的影响。

2.1.3 微塑料检测方法

微塑料表面形貌及成分分析:将干燥好的玻璃纤维滤膜放置在立体显微镜下进行观察、计数。根据颜色、类别、形状等对表层水及底泥中的微塑料进行统计。采用激光共聚焦显微镜对选定微塑料样品进行进一步微观结构的观察及图像采集。为了更好地观察微塑料样品表面的机械磨损及水力侵蚀作用，同时研究微塑料对其他物质的吸附，采用扫描电镜（SEM）、X 射线能谱分析仪（EDS）对微塑料样品进行微观结构分析。微塑料样品在进行上述步骤前需进行喷金处理。傅里叶红外光谱（FTIR）用来鉴别微塑料的组成成分，通过比对样品谱线与数据库中的谱线，分析其具有的特殊官能团，并以此来确定微塑料的种类。

2.2　乌梁素海水体中微塑料赋存特征

2.2.1　水体中微塑料丰度特征分析

本研究中，在乌梁素海所有采样点水样中均检测出了微塑料的存在，丰度值从（1760±710）n/m³ 到（10120±4090）n/m³ 不等，丰度如图 2-3 所示。与已有湖泊微塑料研究相比，乌梁素海表层水中的微塑料含量与武汉市区淡水湖以及三峡水库中微塑料的含量相接近。同时从所得数据中也能得知，各点微塑料含量不同反映了其在湖泊中分布的空间不均匀性。

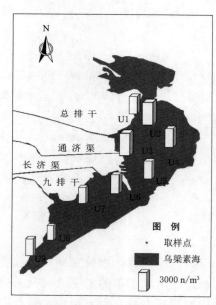

图 2-3　乌梁素海微塑料含量

乌梁素海微塑料的丰度值分布从 U1 点到 U9 点呈下降趋势，这一特点说明微塑料丰度与取样点和排干汇入处的距离呈现一定的负相关性，即距离排干较远的点，其微塑料丰度也较低。最高值出现在 U2 点，含量为（10120±4090）n/m³，U3 及 U2 点次之，分别为（9200±4220）n/m³、（8080±3150）n/m³。这三个采样点均位于乌梁素海的西北部，同时也临近总排干和通济渠的汇入点。这两条退水渠是乌梁素海西侧河套灌区农田退水及生活污水进入乌梁素海的主要途径。河套灌区农业的高度发达得益于光照时间长、无霜期长以及纵横交错的灌溉系统。除此以外，农用薄膜——这一 20 世纪 80 年代进入我国的农业技术已经成为河套灌区不可或缺的农业技术。但农用地膜使用后无法有效回收，大量滞留土壤中。研究表明，河套灌区每年约有 30% 的农用地膜残留在土壤中，且大部分残留在农田退水过程中被裹挟进入乌梁素海，这就为乌梁素海微塑料的污染提供了来源。与此同时，周边村镇生活污水通过退水渠进入湖中也可能是潜在的微塑料污染来源。已有研究表明，在日常洗涤过程中产生的化妆品磨粒和洗衣过程中产生的塑料纤维可以增加相当数量的微塑料。采样点 U5、U6 和 U4 的微塑性丰度较前几个采样点均有下降，具体为（4120±1270）n/m³、（3720±1370）n/m³ 和（3020±1160）n/m³。尽管在 U6 点附近有长济渠汇入到乌梁素海中，但大量湖水产生的稀释效应使该点微塑料丰度得以下降，该作用在 U4 点处的效应更为明显。在 U7[（3200±1250）n/m³]、U8[（1400±390）n/m³] 和 U9[（1760±710）n/m³]附近没有较大型的退水渠，因此通过稀释作用以及微塑料在整个湖区的扩散，这些点的微塑料浓度得以进一步降低。尽管这些点的微塑料含量比其他点小，但其数量也是相对较大的。这里必须指出的是，乌梁素海作为旅游资源在为当地带来可观的经济收入的同时，大量的塑料垃圾如塑料袋、饮料瓶等被扔进湖中，也可能是造成湖中微塑料含量较高的重要原因。渔业捕捞过程中使用的渔网在湖中的残留，也可导致湖中微塑料污染的加重。

为了更好地研究和判定乌梁素海微塑料污染程度，这里将本研究所得结果与世界上其他关于湖泊微塑料的研究数据进行了分析对比（表2-2）。通过分析得知，乌梁素海微塑料污染处于一个较高的水平，低于我国太湖的污染程度，但与三峡库区的微塑料污染程度接近。

表 2-2　　　　　　　　　　某些海洋和湖泊中微塑料的大小和丰度

研 究 区 域	微塑料粒径	丰 度
Northeastern Pacific Ocean	$(558\pm521)\mu m$	$(1710\pm1110)n/m^3$
Austrian Danube	<20mm	$(0.32\pm4.67)n/m^3$
North Western Mediterranean Sea	0.3~5mm	$0.12n/m^2$
Southern coast of Korea	100~200μm	$(23\pm20)n/L$
Yangtze Estuary of China	0.5~5mm	$(0.167\pm0.138)n/m^3$
Laurentian Great Lakes	0.355~0.999mm	$43000item/km^2$
Three Gorges Reservoir	<1mm	$(1597\sim12611)n/m^3$
Lake Hovsgol, Mongolia	0.333~4.749mm	$20264n/km^2$
Lakes in Tibet plateau	<5mm	$(563\pm1219)items/m^2$
Taihu Lake, China	100~1000mm	3.4~25.8items/L

2.2.2　水体中微塑料形貌特征分析

在乌梁素海表层水样中检测出纤维、薄膜、碎片及颗粒状微塑料，激光扫描共聚焦显微镜下的图像和百分比柱状图如图2-4、图2-5所示。这些微塑料颗粒也曾在其他文献中有过报道，如我国武汉市城市地表水及加拿大圣劳伦斯。在所有形态中，纤维状微塑料所占比例最大，占68.18%~78.64%，这与大多数湖泊水体中微塑料形状的研究是一致的。研究表明，洗衣机洗涤过程中产生的含有织物纤维的生活污水是湖泊微塑料的重要来源，但针对本研究湖泊中纤维状微塑料的具体来源仍需做进一步深入研究方可确定。碎片状微塑料在乌梁素海各采样点中的比例均在5.4%左右，碎料碎片的产生可能来源于许多方面，如塑料包装材料、塑料容器长时间受水力侵蚀及水力剪切作用等。河套灌区农用薄膜在进入退水渠后经过长时间的浸泡和水力剪切，会增大其破碎的可能性，进而会产生一定量的纤维状微塑性塑料，这可能是导致微塑性塑料数量增加的原因。在此基础上，薄膜状微塑性塑料的比例也相对较大，进一步印证了农用薄膜在乌梁素海微塑料总量中的贡献作用。颗粒状微塑料在所有取样点中的占比从 2.6％到 11.4％不等，均处于一个较低的范围。

彩色微塑料颗粒在各采样点所占比重在 71.5％～94.9％之间 ［图 2-6（b）］，可见彩色微塑料是乌梁素海微塑料污染的主要类型，主要的颜色种类包括黑色、红色、蓝色、绿色、洋红以及透明。这一结果表明湖周边生活污水的排入加重了该湖泊的污染程度。在采集水样的过程中，也发现在湖边存在饮料瓶的积聚现象，这进一步证实了生活污水以及人类产生的塑料垃圾对乌梁素海微塑料污染的贡献作用（图 2-7）。塑料制品由于其使用要

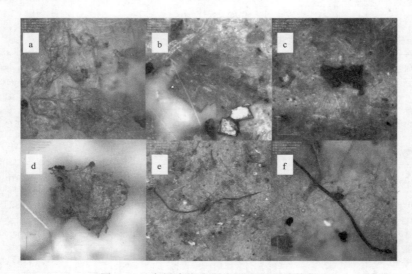

图 2-4　乌梁素海表层水微塑料形貌特征

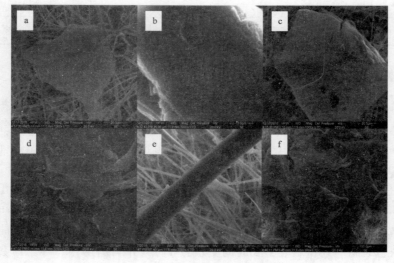

图 2-5　乌梁素海微塑料 SEM 影像

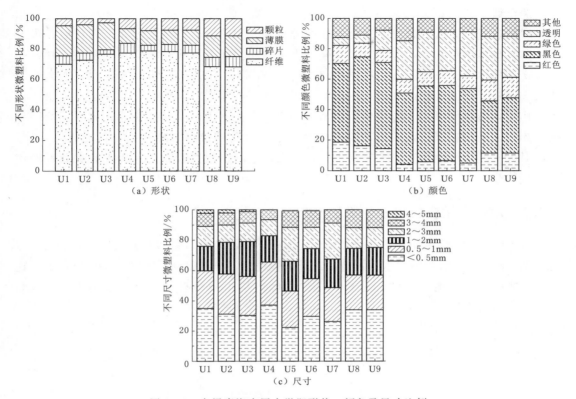

图 2-6　乌梁素海表层水微塑形状、颜色及尺寸比例

求会在生产过程中添加着色剂，而这类型着色剂大多是含苯环的有毒物质，研究表明含苯环类物质的塑料制品在使用过程中会出现有毒物质的"外渗"进而对人体产生毒害作用，如双酚 A 会对人的神经系统造成伤害，以及造成内分泌的紊乱。彩色的塑料碎片在长时间的水浸泡作用下必然会出现进一步的碎化，相较于透明塑料，彩色塑料颗粒的毒害作用更大。透明塑料在各采样点的含量从 5.1%～21.5% 不等。地膜覆盖技术具有明显的保温保墒作用，在我国北方干旱寒冷地区得到了广泛的应用，到2014 年，农用薄膜在河套灌区的使用量已达到

图 2-7　乌梁素海中出现的塑料废弃物及渔网

2.1 万 t。基于此，未回收的农业残膜可能是透明微塑料的重要来源之一，其确切来源仍需进一步研究。

　　基于同类型研究，本研究中将乌梁素海微塑料按尺寸大小分为 6 大类：<0.5mm、0.5～1mm、1～2mm、2～3mm、3～4mm 和 4～5mm。从图 2-6（c）中可以看出，小于 2mm 的塑料占比很大，平均比例为 74.74%，这与墨西哥湾北部河口及美国圣劳伦

斯湖关于微塑料的研究结果一致。研究结果表明，微塑性塑料的含量与其粒径呈负相关，即粒径越小，含量越高。结合以往的分析和相关研究，可以发现在长期浸泡、水力腐蚀和机械摩擦作用下，塑料会被破碎、剥落成小块，进而转化为更小的塑料碎片，如<2mm 的纤维状微塑料。小型塑料颗粒对水生生物具有更强烈的毒害作用，因为他们的大小接近于浮游动物或其他水生动物。当误食微型塑料时，他们可能对水生生物产生毒害作用，加拿大研究人员发现，微塑料的摄入会使水蚤的应激反应能力减弱，最终导致其死亡。微塑料在进入小型动物体内后，会沿着食物链逐级传递，并可能进入人体，进而对人类健康产生危害。关于水生生物摄入微塑料的研究较少，其摄入特点及毒理作用需进一步研究。

2.2.3　水体中微塑料成分分析

傅里叶红外光谱利用待测物质在红外光照射下分子中键的震动能级跃迁效应对物质进行鉴别，利用特定频谱下对应键的弯曲或伸缩振动便可推测出物质所含的特定官能团，进而确定物质成分。通过检测与分析，乌梁素海表层水微塑料的主要类型为 PE、PS 和 PET，他们的比例分别为 63.7%、21.5% 和 14.8%（图 2-8）。

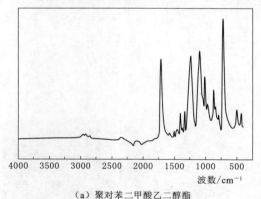

（a）聚对苯二甲酸乙二醇酯

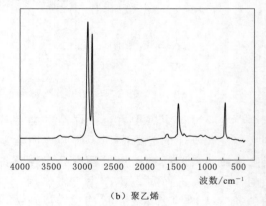

（b）聚乙烯

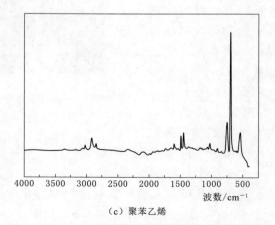

（c）聚苯乙烯

图 2-8　乌梁素海微塑料 FTIR 图谱

2.3　乌梁素海水体中微塑料赋存空间影响因素

2.3.1　水体中微塑料空间分布特征

通过立体显微镜初步检测并使用傅里叶红外光谱仪对不确定的颗粒进行确认，结果表明，在乌梁素海12个取样点的水样中共检测到微塑料颗粒4715个，其中表层2722个、中层1993个，各取样点的微塑料丰度分布如图2-9所示。在通过傅里叶红外光谱仪对疑似微塑料颗粒的鉴定过程中，所检测的258个疑似颗粒最终有201个被确定为微塑料，鉴定成功率为77.9%。总体上，乌梁素海水体中微塑料丰度范围为（4.7±1.5）～（16.8±4.0）个/L，平均丰度为（9.8±1.2）个/L。水平分布表明，微塑料丰度呈现从上游到下游逐渐增加的趋势，同一区域越靠近排干渠入口，微塑料丰度越高。如在乌梁素海上游的4个采样点中，位于主排干入口附近的Y2点［（9.0±1.6）个/L］和Y3点［（11.6±2.2）个/L］，微塑料丰度均高于距离较远的Y1点［（6.1±1.5）个/L］和Y4点［（8.9±1.1）个/L］；在乌梁素海中游，由于附近有小型水流汇入，Y6点［（13.7±0.6）个/L］的微塑料丰度远高于其他采样点。

通过对比湖水结冰前和湖冰体融化后微塑料的分布特征发现，两个时期微塑料的丰度分布呈现出两种截然不同的分布趋势，湖水结冰前微塑料丰度明显低于湖冰体融化后。此外，通过对每个采样点不同深度水层中微塑料的丰度值分析发现，表层水体中的微塑料丰度普遍高于中层。表层微塑料丰度范围为4.8～19.0个/L，平均丰度（11.3±1.5）个/L；中层微塑料丰度范围为4.6～16.3个/L，平均丰度（8.3±0.9）个/L。在乌梁素海上游、中游和下游，表层水体中的微塑料平均丰度分别比中层水体高30.0%、35.5%和

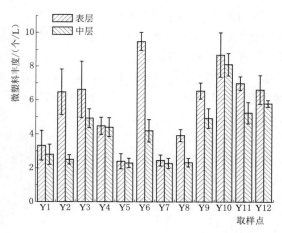

图2-9　乌梁素海不同水层微塑料丰度分布

14.1%，表层水体中微塑料的丰度为中层水体的1.0～2.6倍，其中Y2点在所有采样点中最为明显。不同深度水层微塑料最大丰度出现在Y6点的表层，平均丰度为（19.0±1.5）个/L，微塑料最小丰度值出现在Y5点的中层，平均丰度为（4.6±0.6）个/L。

2.3.2　水体中微塑料水平分布影响因素

乌梁素海水体中微塑料平均丰度（9.8±1.2）个/L。相较于其他浅水湖泊，乌梁素海水体中微塑料丰度处于中等水平，如太湖水体中微塑料平均丰度为3.4～25.8个/L，微塑料类型为玻璃纤维纸（Cellophane）、PE、PET、PP等，其中Cellophane为最常见的类型；洞庭湖表层水体中微塑料平均丰度为0.9～2.8个/L，微塑料类型为PE、PP、PS、

23

PVC，其中 PE 和 PP 为最常见的类型。而相较于深水湖泊，乌梁素海水体中微塑料丰度处于较高水平，如北美五大湖流域，微塑料平均丰度为 4.3×10^4 个/km；洪湖表层水体中微塑料平均丰度为 $1.2 \sim 4.6$ 个/L。因此，相对于微塑料成分类型较多的其他淡水湖泊，乌梁素海水体中微塑料的来源可能较少。乌梁素海水体中微塑料主要以纤维和碎片为主，其中小于 2mm 的微塑料丰度最高，与 MAO 等和 WANG 等对乌梁素海微塑料赋存特征的研究结果相似。

微塑料成分分析结果表明，微塑料的聚合物组成主要包括 PE、PS 和 PET 三种，与 Wang 等对该区域微塑料主要成分的研究结果一致，但与 MAO 等的研究结果有较大差异，在 Mao 等的研究中，微塑料的主要成分为 PS、PP、PE 和 PVC，其中 PS 和 PE 占比最高。其原因主要有以下两个方面：一是取样时间不同，本研究取样时间为冰体完全融化初期，此时湖泊水力条件较差，水流较弱，PVC 和 PET 等密度较大的微塑料在冰封期内已逐渐沉降至湖底，导致其在表层水中含量极少；二是取样密度不同，Mao 等将乌梁素海分为 4 个区域，共采集了 27 个样点的样品（包括小海子），而本研究中则以乌梁素海主海为研究对象，共采集了 12 个样点的样品。虽然 Mao 等的采样密度已经足够高，但在其结果中也会缺少 PET 这一重要成分，说明乌梁素海不同时期水体中的微塑料差异较大，因此今后可通过频率更高的长期监测得到更加全面的微塑料污染数据。

内陆淡水湖泊是微塑料的重要赋存介质，乌梁素海水体主要由当地灌溉回流、农业径流、渔业、生活污水和工业废水组成。在湖泊不同采样点和水层采集的微塑料样品呈现出类型复杂、来源多样的点。排水渠入口附近的微塑料平均丰度明显高于其他区域，且离入口越远，微塑料的平均丰度越低。具体而言，在主排干入湖口附近 Y2 点 [（9.0±1.6）个/L] 和 Y3 点 [（11.6±2.2）个/L] 的微塑料丰度高于距离主排干入湖口较远的 Y1 点 [（6.1±1.5）个/L] 和 Y4 点 [（8.9±1.1）个/L]。研究表明，河流输入在自然环境的微塑料污染中起着重要作用。河套灌区每年 10 月开始秋浇灌水，大量黄河水被引入灌区进行农田浇灌，然后经乌梁素海退入黄河，而 11 月开始进入冰封期，直到翌年 3—4 月结束。已有研究表明，河套灌区排干内的生活污水、工业废水及农田退水是乌梁素海微塑料的主要来源，乌梁素海微塑料的分布从上游到下游呈下降趋势。

然而，湖水的冻融过程可能会导致湖泊中微塑料分布模式发生短期的变化。由于水体结冰过程对微塑料的结合与释放作用，导致乌梁素海上游入湖的微塑料急剧减少，并且冰体阻隔了外界环境对湖中水环境的影响。在此基础上，乌梁素海冰封时间较长，湖泊上游的微塑料随着水流逐渐向下游迁移，最终导致湖泊下游聚集大量微塑料，使得湖泊中微塑料的丰度分布表现为从上游到下游逐渐上升的分布特征。但这种情况并不会持续很长时间，随着冰封期结束，冰体融化，冰体中结合的微塑料重新释放进入水体并经湖泊上游各排干渠汇入乌梁素海。湖泊上游微塑料丰度逐渐增加，其分布逐渐变为从上游到下游逐渐下降的特征。

此外，WANG 等的研究结果表明，秋季乌梁素海表层水体中微塑料丰度范围为（1.8±0.7）～（10.1±4.1）个/L，与其相比，本研究发现的微塑料平均丰度高约 49.2%，其原因主要为冰体对微塑料的结合与释放作用。研究表明，北极海冰中微塑料的丰度约是水体中的 1000 倍；而在南极东部海冰中微塑料的丰度与南极水体的微塑料丰度相差近百万倍。有关乌梁素海冰体中微塑料赋存特征的研究表明，乌梁素海冰体中微塑料的平均丰度为表层水体中微塑料丰度的 10～100 倍，冰体是乌梁素海冰封期微塑料的重要临时储存场所。因此，水体中的微塑料会在水体的结冰过程中被结合进冰体从而储存起来，并且其丰度远高于水体。当冰体融化，冰体中的微塑料释放进入水体，从而导致春季乌梁素海水体中微塑料丰度远高于秋季。总排干是乌梁素海微塑料的主要来源，河套灌区使用的大量残膜也起着重要作用，且频繁的渔业活动和污水排放也增加了乌梁素海的微塑料污染。因此，通过加强河流管理和减少农用塑料薄膜的使用，可以从源头上减少微塑料污染。

2.3.3 水体中微塑料垂直分布影响因素

通过对微塑料在不同水层中的丰度分布进行分析，表明微塑料颗粒存在于整个水柱中，且在表层水体中丰度较高，为中层水体中微塑料丰度的 1.4 倍。表层水体中纤维、PE、PS 和粒径小于 1mm 的微塑料普遍高于中层水体，这与 EO 等对韩国洛东江的研究结果类似，在 EO 等的研究中，洛东江下游表层水体中的微塑料平均丰度约为中层水体的 3 倍，且纤维是洛东江中微塑料的主要类型。在不受外界因素影响的情况下，密度较小的微塑料颗粒会漂浮在水体表面，而密度大的微塑料颗粒会沉到水体底部。目前研究人员普遍支持这样一种观点，微塑料与水体之间的密度差异是造成其不同分布的主导因素，即高密度的微塑料，如 PET（密度为 $1.38g/cm^3$），在其到达水流更加缓慢、湖面环境更加平静的水域时，通常会穿过水柱而沉降到底层沉积物中。但影响其垂直分布的因素却并不仅限于此，塑料制造过程中添加的功能性添加剂和水生环境中微塑料上生物膜的形成都会改变颗粒的有效密度，这些密度的改变均会导致具有高或低密度聚合物的微塑料出现在其他水层中。

在一些关于沉积物中微塑料污染的研究中，研究人员发现在沉积物中存在高比例的低密度聚合物。在 Wang 等的研究中，乌梁素海沉积物中 PE 类塑料的含量比例为 39.2%。自然状态下湖泊中微塑料的沉降过程复杂，通常湖泊底部沉积物中微塑料的丰度高于表层水，而中层水中微塑料的丰度最低。此外，微塑料的形状、颗粒大小、生物作用、水流和天气等因素也会影响微塑料的沉降，如微塑料颗粒在自身沉降过程中，会因表面积较大而受到较大的流体压力和摩擦阻力，也会因体积小、稳定性差而发生旋转、振荡或翻滚，最终导致微塑料沉降速率降低。研究表明，聚集体和生物污垢的相互作用可能导致微塑料的密度增加和浮力降低，从而促进其沉降；由于薄膜状微塑料拥有更大的比表面积，生物附着量比纤维状微塑料更多，使得薄膜状微塑料下沉得更快；粒径为 $5\mu m$ 的微塑料沉降概率最低；强风会加剧水的垂直交换，并使沉积在水底的微塑料重新悬浮。

已有多项研究表明，微塑料能够在大气、水体和陆地环境之间进行迁移，大气环境中的微塑料可能会通过雨水或者沉降等方式进入水体，且纤维是大气中微塑料的主要类型。纤维有多种来源，包括纺织品（如衣服、袋子、地毯、毛巾、背包、网等）的洗涤过程、香烟过滤嘴分解或者汽车轮胎摩擦。这些纤维可以通过大气直接沉降到湖泊表层，但其对湖泊中纤维的贡献值还有待确认。尽管目前已经对微塑料在水生环境中的行为和危害有了一定的了解，但在微塑料的风险评估方面还有许多空白。而关于微塑料的赋存状态和运动规律，还需要对其来源、大气沉降、流入和流出受纳水体的质量、运移特性以及流体动力学模型有更加透彻的研究。此外，微塑料取样、检测方法的标准化及其污染标准的确立对日后微塑料的研究同样至关重要。

2.4　乌梁素海水体中微塑料复合污染及影响因素分析

2.4.1　水体中微塑料复合污染研究

乌梁素海水体中微塑料与盐度、Chl-a 和其他营养盐垂直分布之间的皮尔逊相关性分析结果见表 2-3，从表中可以初步看出，微塑料与 Chl-a、盐度及 COD 的垂直分布呈负相关关系，而与 TN、TP、溶磷呈正相关关系。但根据皮尔逊相关性结果，微塑料与各指标的 P 值均大于 0.05，说明各指标与微塑料丰度之间并没有显著相关性，研究结果与耿世雄等对长江中下游湖泊中微塑料丰度与营养盐浓度相关性研究的结果一致。水体中微塑料与营养盐的相关性主要表现在两者之间的同源性。

袁海英等的研究表明，滇池水体中微塑料丰度与 TN 的浓度分布具有极显著的正相关关系，其原因主要是两者均源于昆明市污水处理厂的尾水排放。乌梁素海水体中氮磷等元素主要来源于当地生活污水以及工业废水的排放，而微塑料的最主要来源为各排干渠中的农田退水，来源的不同也会造成两者之间相关性较低。此外，微塑料与 Chl-a 呈负相关关系，虽然相关性较低，但也在一定程度上反映出微塑料可能对水中的水生植物及浮游藻类具有一定的抑制作用。此前也有相关研究指出，微塑料能够抑制藻类细胞的 Chl-a，但藻类能够通过自身调节恢复正常。但目前关于微塑料对藻类影响的研究还处在起步阶段，亟需今后更进一步的研究。

表 2-3　乌梁素海水层盐度、Chl-a 和营养盐浓度与微塑料丰度的皮尔逊相关分析

项　目	TN	TP	溶磷	Chl-a	盐度	COD
相关系数	0.030	0.154	0.179	−0.301	−0.070	−0.118
P 值	0.890	0.473	0.402	0.152	0.744	0.582

2.4.2　水体中微塑料赋存影响因素分析

聚乙烯在本研究中是最常见的一类微塑料，这与 Imhof 等的研究结果一致。聚乙烯塑料以其轻质、价格低廉的特点得到了广泛应用，它主要以包装袋的形式出现。此外，农业种植中使用农用薄膜也是以聚乙烯为主要原料经过吹塑工艺而制成的。聚苯乙烯广泛应用于大型物品的包装和建筑物的隔热保温板等用途，聚对苯二甲酸丁二醇酯通常被用作饮用水及饮料的容器。这两类微塑料污染的主要来源可能是周围生活污水的排放和人为丢弃的饮料瓶。聚乙烯所占比重最高，再一次印证了农田退水中携带的农用残膜是乌梁素海微塑料污染的重要来源之一。与相关研究相比，如太湖和长江入海口，乌梁素海微塑料的种类相对较少，需要进一步开展对乌梁素海湖体微塑料种类的深入研究。

2.5　乌梁素海水体中微塑料污染风险评价

2.5.1　生态风险指数法

生态风险指数法综合考虑多种环境污染因子对环境污染的贡献程度，通过定量划分污染级别，对污染效应做出较为直观的评价（表2-4）。该评价方法在土壤重金属污染评价方面有较为成熟的应用。针对微塑料的污染评价较为少见，本研究采用Peng等评价方法对乌梁素海表层水体中的污染情况进行评价，具体评价方法见表2-5，乌梁素海水体评价结果见表2-6。

表2-4　微塑料危害评分表

聚　合　物	英文缩写	单　体	密度/(g/cm^3)	危害评分
聚丙烯	PP	Polypropylene	0.85～0.92	1
聚对苯二甲酸乙二醇酯	PET	Polyethylene terephthalate	1.38～1.41	4
聚乙烯	PE	Polyethylene	0.89～0.98	11
聚苯乙烯	PS	Polystyrene	1.04～1.1	30
聚酰胺	PA	Polyamide	1.14～1.15	47
聚氯乙烯	PVC	Polyvinyl chloride	1.38～1.41	10001
聚丙烯腈	PAN	Polyacrylonitrile	1.184	11521
聚碳酸酯	PC	Polycarbonate	1.19	1177
聚氨酯	PEUR	Polyurethane	1.20	7384
聚甲基丙烯酸甲酯	PMMA	Polymethyl methacrylate	1.18	1021

表2-5　微塑料生态污染风险等级

生态风险系数	<10	10～100	100～1000	>1000
微塑料生态污染风险等级	Ⅰ	Ⅱ	Ⅳ	Ⅳ

表层水体中污染风险指数EI最大值出现在U2点，为21.380，该点风险等级为Ⅱ级。其次为U3点、U2点，EI值虽有所下降，但风险等级均为Ⅱ级。从U4点到U9点，表层水体的风险指数值呈逐渐减小趋势，最小值为2.958，但上述点的风险等级一致，均为Ⅰ级，这一趋势与前述表层水体中微塑料的分布特点一致。底泥中各点微塑料风险指数值均较大，显著高于表层水体中各点的相应值，且表现为底泥中微塑料的污染状况也存在区域性特征，具体为U4点EI值最高为81.142，其次为U3、U6为71.000。该特点同样反映出底泥中微塑料的含量对其污染风险的贡献作用，且表明该点底泥微塑料污染相对较重。乌梁素海在排入黄河的过程中，水流条件不利于微塑料颗粒的沉降，数量出现下降，但计算结果显示所有点的风险等级均为Ⅱ级。表层水微塑料的污染指数C_f^i变化范围从0.2647到1.2150，底泥中的污染指数C_f^i变化范围从0.0259到0.0333，远低于Everaert等的研究结果得出的标准参考值6650particles/m^{3}和540particles/kg。这表明表层水体的微塑料污染状况整体较轻，但个别点数值较大，如U1～U3，河套灌区退水的进入是乌梁

素海微塑料污染的一个重要原因，经过水体的稀释及沉淀，C_f^i 值逐渐降低，微塑料污染程度也得以减轻。

底泥中污染风险指数高于表层水体中各点数值的原因，与在评价模型中引入各类微塑料的危害评分有直接关系，而其中 PVC 的评分显著高于其他类别，达到 10001，仅在底泥中检测出来，因此底泥微塑料的风险等级均呈 Ⅱ 级。根据对环境和人类健康的影响风险，以及塑料制品生产过程中添加辅料的毒性，Delilah Lithner 对常见的 55 种热塑性及热固性塑料进行了环境以及健康危害等级评估，结果表明 PVC 的毒性较强，评分结果为 10001，对各类塑料的危害性进行量化，有助于对水体中微塑料的危害性进行全面的分析。通常情况下，微塑料毒害作用以两种方式得以实现：①暴露于含有微塑料的环境的直接作用；②微塑料中含有各类添加剂的间接作用。

微塑料粒径接近于水体中小型动物的食物，因此极易被水生动物误食。Xia 等的研究结果表明，鲤鱼鱼苗对 PVC 的摄入会使其体内超氧化物歧化酶（SOD）和过氧化氢酶（CAT）的活性发生显著变化，随着暴露时间的延长，鱼苗肝脏内将会出现细胞质空泡。研究表明，许氏平鲉暴露在聚苯乙烯颗粒下时，敏感性较低，觅食时间增加，这表明微塑料的存在显著削弱了鱼的进食活动，并且能够导致其胆囊和肝脏等的组织病理学特征发生变化。更为严重的是，PVC 等塑料制品在生产过程中会添加邻苯二甲酸二丁酯、邻苯二甲酸二辛酯等增塑剂以达到增强材料硬度、强度以及柔韧性的目的，而这类增塑剂又会由于小型水生生物的误食而产生更大的毒害作用。例如青贝（Pernaviridis）呼吸、足丝的产生功能以及存活率在 PVC 暴露环境下会发生显著下降。将牡蛎暴露于聚苯乙烯微珠环境中 2 个月，其卵母细胞数量以及大小会受到显著影响。

表 2 - 6　　　　　　　　　　乌梁素海微塑料污染风险指数及风险等级

取 样 点	微塑料污染风险指数 EI		风 险 等 级	
	表层水	底 泥	表层水	底 泥
U1	17.070	60.857	Ⅱ	Ⅱ
U2	21.380	50.714	Ⅱ	Ⅱ
U3	19.436	71.000	Ⅱ	Ⅱ
U4	6.380	81.142	Ⅰ	Ⅱ
U5	8.704	57.476	Ⅰ	Ⅱ
U6	7.859	71.000	Ⅰ	Ⅱ
U7	6.760	64.238	Ⅰ	Ⅱ
U8	2.958	54.095	Ⅰ	Ⅱ
U9	3.718	47.333	Ⅰ	Ⅱ

2.5.2　内梅罗污染指数分析法

内梅罗污染指数分析法通过将各采样点污染物浓度与标准浓度进行比照，并综合考虑各点污染物均值及最大值的贡献作用，得出各点的污染指数值 P_z，乌梁素海表层水体及底泥各点的内梅罗污染指数值见表 2 - 7。

表层水体中，最大 P_Z 值为 1.855（U2），表明该点微塑料污染程度为轻度，U3、U1点 P_Z 值分别为 1.730 和 1.471，虽较 U1 点有所下降，但仍在 $1.0<P_Z\leqslant2.0$ 范围之内，污染程度仍为轻度。U4 点到 U9 点 P_Z 值呈逐渐下降趋势，表明水体的扩散与稀释作用促进了微塑料污染程度的减轻。同时与标准的污染程度相比，微塑料随着水体的扩散与稀释，部分采样点的污染程度也由轻度降到警戒限之内，U6 点到 U9 点微塑料污染程度为清洁。底泥中 P_Z 值与表层水体中数值相比有较大不同，表现为整体数值偏低，虽存在部分取样点 P_Z 值较大，如 0.051（U4），但明显小于表层水体中各点数值。在反映底泥中微塑料存在区域性差异的同时，显示底泥的微塑料污染程度均处在清洁状态。

生态风险指数法在考虑各点微塑料浓度的情况下，引入了单一微塑料多聚物生态危害因子、多种微塑料多聚体的生态风险指数以及不同种类微塑料的评分，从数量以及微塑料种类上对微塑料危害程度进行了评价。该评价方式能够对不同类别的微塑料产生的危害效应进行区别考虑，但统计学上的精密程度不足。内梅罗污染指数评价法在考虑各点实际浓度与标准值的对比的同时，将平均值、最大值引入评价系统中，从统计学上更加充分地考虑了取样过程中可能出现的误差对评价数值带来的影响作用，评价数值更加严谨。综合考虑在两种评价体系下乌梁素海表层水体及底泥中微塑料的污染状态，计算数值虽有不同，但整体污染程度均处在较低水平，这一点在底泥微塑料中体现得更加显著。现阶段关于微塑料污染的相关研究大多集中于分布、数量等特点，风险评价尚处于初期，因此评价模型的选择以及数据的处理方式仍需进一步探讨。

表 2-7　　　　　　　乌梁素海微塑料污染风险指数及风险等级

取样点	微塑料内梅罗污染指数 P_Z		备注	
	表层水	底泥	内梅罗污染指数	污染程度
U1	1.471	0.039	$P_Z\leqslant0.7$	清洁
U2	1.855	0.035		
U3	1.730	0.046	$0.7<P_Z\leqslant1.0$	警戒限
U4	0.548	0.051		
U5	0.721	0.036	$1.0<P_Z\leqslant2.0$	轻度
U6	0.670	0.047		
U7	0.583	0.042	$2.0<P_Z\leqslant3.0$	中度
U8	0.242	0.035		
U9	0.322	0.029	$P_Z>3.0$	重度

2.6　本　章　小　结

本研究对内蒙古乌梁素海微塑料污染状况开展了相关实验，对表层水体中微塑料的含量、形貌特征、成分以及微观特征进行了讨论，分析了乌梁素海微塑料赋存特征及空间影响因素，并借助生态风险评价模型以及内梅罗污染指数模型对其污染状况进行了评价，在此基础上将乌梁素海微塑料污染数据与世界上典型研究区域数据进行比对，分析其污染程度，结论如下：

（1）乌梁素海表层水体各采样点中均检测出微塑料的存在，且存在显著空间丰度差异性；U2 点靠近河套灌区退水渠入湖口，其微塑料浓度为最大值。从湖北部到南部，各采样点微塑料含量随水体的稀释以及扩散作用而逐渐降低。微塑料主要以纤维状为主，碎片、颗粒以及薄膜状均有出现，且成分以聚乙烯 PE 为主。

（2）乌梁素海微塑料赋存空间受水平和垂直分布影响。在水平方向上，春季乌梁素海微塑料的平均丰度为（9.8±1.2）个/L，呈现从上游向下游增加的趋势。在垂直方向上，表层水体中微塑料 [（11.3±1.5）个/L] 的丰度高于中层水体 [（8.3±0.9）个/L]，表层为中层的 1.4 倍。

（3）在对乌梁素海微塑料复合污染及影响因素分析中，得出表层水中微塑料与 Chl-a、盐度及 COD 的垂直分布呈负相关关系，而与 TN、TP、溶磷呈正相关关系。这说明微塑料与营养盐的相关性主要表现在两者的同源性，且表层水中存在最多的微塑料类型为聚乙烯，表明农用薄膜是乌梁素海中主要的塑料污染来源。

（4）通过生态风险指数法与内梅罗污染指数分析法的分析，乌梁素海表层水体及底泥中污染程度均处在较轻级别，但生态风险指数法评价结果表明表层水体中 U1 点到 U3 点为 Ⅱ 级，其余点均为 Ⅰ 级；对底泥的评价结果显示所有点污染程度均处在 Ⅱ 级。内梅罗污染指数评价法结果显示表层水体中 Pz 值部分高于底泥，且表层水体中部分采样点微塑料污染处于轻度状态。

参 考 文 献

[1]　王志超，杨帆，杨文焕，等. 内蒙古河套灌区排水干沟微塑料赋存特征及质量估算 [J]. 环境科学，2020，41（10）：4590-4598.

[2]　王志超，杨建林，杨帆，等. 春季乌梁素海水体微塑料分布特征及影响因素 [J]. 农业环境科学学报，2021，40（10）：2189-2197.

[3]　王志超，杨建林，杨帆，等. 乌梁素海冰体中微塑料的分布特征及其与盐度、Chl-a 的响应关系 [J]. 环境科学，2021，42（2）：673-680.

[4]　Wang Z, Qin Y, Li W, et al. Microplastic contamination in freshwater: first observation in Lake Ulansuhai, Yellow River Basin, China [J]. Environmental Chemistry Letters, 2019, 17 (4): 1821-1830.

[5]　王志超，孟青，于玲红，等. 内蒙古河套灌区农田土壤中微塑料的赋存特征 [J]. 农业工程学报，2020，36（3）：204-209.

[6]　秦一鸣. 乌梁素海微塑料污染特征及风险评价 [D]. 包头：内蒙古科技大学，2020.

[7]　荣佳辉，牛学锐，韩美，等. 河流微塑料入海通量研究进展 [J]. 环境科学研究，2021，34（7）：1630-1640.

[8]　Han M, Niu X, Tang M, et al. Distribution of microplastics in surface water of the lower Yellow River near estuary [J]. Science of the Total Environment, 2020, 707: 135601.

[9]　Wang W, Ndungu A W, Li Z, et al. Microplastics pollution in inland freshwaters of China: A case study in urban surface waters of Wuhan, China [J]. Science of the Total Environment, 2017, 575: 1369-1374.

第3章 冰体中微塑料赋存特征及其影响因素

　　我国幅员辽阔、气候各异，不同地区的自然生态环境受不同气候的影响而表现不同，其中我国中高纬度地区的自然水体表面冬季会因为气温降低而结冰，这种自然现象称之为水体冰封，冰层生消成为我国中高纬度地区重要的季节性水文特征。即使目前微塑料污染已越来越受到人类的重视并已成为当前科学研究的热点，但目前国内外学者主要在自然水体、土壤中微塑料的赋存迁移、毒理效应等方面开展研究，而对寒区海洋、湖泊等水体冰封作用导致的冰体中微塑料的赋存情况并不明晰。

　　针对上述现状，本研究以内蒙古自治区乌梁素海、岱海等湖泊为例，探究冰封期湖泊中微塑料的赋存特征，并对冰封期湖泊中微塑料的潜在风险进行评估，以期能够弥补寒冷地区淡水湖泊微塑料污染数据上的不足，对今后微塑料的综合治理也具有重要意义。

3.1 研　究　方　法

3.1.1 样品采集方法

　　针对研究内容及乌梁素海、岱海流域特点，为保证采样点合理布设，对研究区域进行方形网格剖分节点，经综合考虑取样安全性及乌梁素海水动力特征、水生植物、入出湖口等分布特点，在乌梁素海上游（Y1，Y2，Y3，Y4）、中游（Y5，Y6，Y7，Y8，Y9）和下游（Y10，Y11，Y12）设置12个采样点，如图3-1所示。此外，由于岱海与乌梁素海湖泊特点不同，岱海依据湖泊功能分区以及河道入湖口等特点综合确定并设置9个采样点（DH1～DH9），如图3-2所示。

　　采样工作利用 GPS 定位仪在湖上进行取样点定位并进行冰样和冰下水样的采集工作，为避免样品采集过程中存在的潜在污染，采样前使用超纯水将水样采集器、取样瓶与油锯等采样用品洗净备用。采集冰样时在采样点上画出 40cm×40cm 的正方形边框，利用油锯沿边框垂直将冰

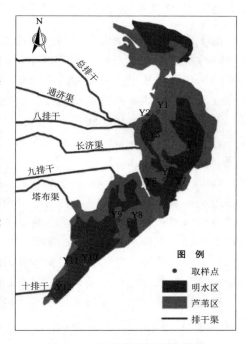

图3-1　乌梁素海取样点分布

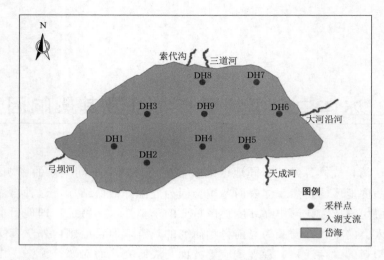

图 3-2　岱海取样点分布

体四周锯断，将冰体取出，在现场测量冰厚数据后，使用油锯将冰柱自上而下按冰厚的 0～10%（表层冰）、10%～50%（中层冰）、50%～85%（近底层冰）和 85%～100%（底层冰）进行切割。因岱海冰厚及水深相对较小，故岱海冰样分为 3 层，分别为表层冰（10～10cm）、中层冰（10～20cm）和底层冰（20～30cm）。所有样品均在 -15℃的环境下保存并带回实验室进行后续检测。

3.1.2　微塑料预处理与检测方法

由于采集的样品中混合有部分动植物残体，在进一步分析之前，需要对采集的水样和冰样进行预处理。对于采集的湖水样品，在进一步分析之前，为便于微塑料的分离鉴定，需要对采集的样品进行浓缩和消解处理。首先使用孔径为 45μm 的不锈钢筛过滤样品，过滤完成后使用超纯水冲洗不锈钢筛，收集筛上物质于玻璃烧杯中。此外，由于乌梁素海与岱海浮游动植物及水生植物较为丰富，取样过程中大多含有浮游动植物残体、种子、植物根茎、叶子等有机杂质，对后续的检测有严重的干扰，因此，需要对采集的样品进行消解处理。向样品中加入 100mL 30% H_2O_2 溶液，使用锡纸封口后放入智能恒温震荡培养器内，在 60℃温度下消解 24h。为便于后续使用立体显微镜观察，样品消解完成后使用玻璃砂芯过滤器（天津津腾 T-50）对水样及冰样融水进行抽滤，滤膜采用孔径为 0.45μm 的玻璃纤维滤膜。样品抽滤完成后，将滤膜置入预处理后的玻璃培养皿中，在 45℃的真空干燥箱中干燥，留待后续进一步检测使用。

样品经预处理实验后，需要对水样及冰样中微塑料的数量、表面形貌特征（包括微塑料的颜色、形状和粒径）及成分进行分析检测，使用立体显微镜（M165FC，徕卡，德国）观察干燥滤膜并计数。滤膜上所有可疑的微塑料颗粒都被挑出，然后放置在干净的滤膜上并做好标记。激光共聚焦显微镜（Olympus，OLS4000）用于测定微塑料更具体的形态特征（如颜色和大小等），并在记录放大率和测量颗粒尺寸的过程中收集典型微塑料的图像。傅里叶变换红外光谱仪（RXI，美国）用于分析微塑料样品的官能团，确认其成分组成。

利用傅里叶变换红外光谱的衰减全反射模式对所有可疑的微塑料颗粒进行成分识别，可以保证结果的准确性。实验仪器见表3-1。

表3-1 微塑料检测设备

仪器名称	规格型号	生产厂家
激光共聚焦显微镜	Olympus，OLS4000	日本 OLYMPUS 公司
傅里叶变换红外光谱仪	RXI	美国 PerkinE 公司
立体显微镜	M165FC	德国徕卡公司
真空干燥箱	DZF-6090	上海一恒科学仪器有限公司

实验过程中所需主要实验材料与药剂见表3-2，所需主要实验仪器设备见表3-3。

表3-2 实验材料与药剂

实验材料与药剂	规格型号	生产厂家
30% H_2O_2	分析纯	国药集团
玻璃纤维滤膜	孔径 $0.45\mu m$，直径 47mm	英国沃特曼公司

表3-3 实验仪器设备

仪器名称	规格型号	生产厂家
超声波清洗机	031SD	昆山市超声仪器有限公司
超纯水机	PCWJ-20	成都品成科技有限公司
真空抽滤器	SHB-IIIG	郑州长城科工贸有限公司
玻璃砂芯过滤器	T-50	天津市津腾实验设备有限公司
智能恒温震荡培养器	ZWYR-2102C	上海智城分析仪器制造有限公司
集热式磁力搅拌器	DF-101S	金坛区西城新瑞仪器厂

3.1.3 实验装置与仪器

因天然水体的结冰过程是自上而下的，为了使室内模拟实验与自然水体的结冰效果相似，本研究采用一种自制敞口单向导冷结冰模拟器［图3-3（a）］，实验装置采用两组圆柱形不锈钢仪器组合而成（内圆柱直径20cm、高50cm；外圆柱直径30cm、高60cm），在内、外圆柱间利用石棉保温材料包裹及填充，阻断桶壁和桶底与外界的热量传递，以确保能量自顶向下传递，进而模拟野外湖泊从表面开始的结冰过程，其中内圆柱可独立取出以便结冰后冰柱的取出及后续的清洗工作，该套装置可一定程度上避免野外工作时由于外源水体污染物等干扰所带来的误差。

融冰采用重力融冰装置［图3-3（b）］，装置上方为带有小孔的不锈钢漏网，用于放置冰样，下方利用不锈钢桶收集冰融水，上下部分利用铁架台焊接固定。因本文研究冻融冰过程中微塑料对污染因子迁移及释放的影响，为避免实验过程中由于外部原因所导致的潜在污染，故实验过程中所采用的仪器与装置等均为非塑料材质。

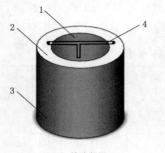 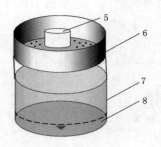

（a）结冰装置　　　　　　　（b）融冰装置

图 3-3　实验装置

1—内圆柱；2—保温材料；3—外圆柱；4—支架；5—冰样；
6—不锈钢漏网；7—不锈钢桶；8—冰融水

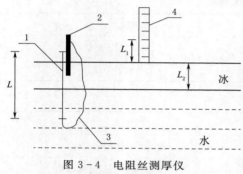

图 3-4　电阻丝测厚仪

1—支架；2—蓄电池；3—电阻丝；4—测量尺

本实验采用自制电阻丝测厚仪（图 3-4）测量冰体厚度，实验开始前将总长度为 L 的镍铬电阻丝提前放入装置内，利用 12V 蓄电池对电阻丝加热直至融化其周围冰体，然后上拉电阻丝使下挡板拉至冰体下表面，此时所测量的冰体上部电阻丝长度为 L_1，从而可得结冰厚度 $L_2 = L - L_1$。冰体厚度可通过冰厚与内圆柱高度之比求得。整个结冰过程在设有温控的试验箱中完成，低温试验箱温度最低可达 -30℃，温度上下波动在 ±1℃。

3.1.4　实验设计与分析方法

1. 实验设计

为探究结冰与融冰过程中微塑料对于典型污染因子迁移及释放的影响规律，本实验设置不同冰体厚度、不同初始温度与方式，以及不同初始浓度下实验组（A 组）与对照组（B 组）对比的方式进行研究。微塑料选取常见的粒径为 $950\mu m$ 高密度塑料颗粒 PVC 与低密度塑料颗粒 PP，微塑料与污染因子的质量浓度与丰度依据结冰前岱海湖中实测值选定，见表 3-4。

表 3-4　　　　　　　　　　　　实测指标的浓度与丰度值

实测指标	质量浓度/丰度	实测指标	质量浓度/丰度
TN	4.14mg/L	COD	107mg/L
TP	0.15mg/L	SS	32.72mg/L
盐度	14.84ppt	微塑料	280n/L

冰核形成与冰体生长为结冰的两个主要过程，冰体厚度、初始结冰温度、溶液初始浓度都是影响结冰过程的重要因素，分别通过结冰比例、结冰速率、冰体生长方式及形成冰

核能力等方式对结冰过程产生影响。为研究结冰过程中微塑料赋存对岱海典型污染因子迁移规律的影响，采用不同冰体厚度下、不同初始温度及方式下、不同初始浓度下实验组与对照组的方式研究微塑料对污染因子迁移及释放规律的影响，实验组中使用超纯水配置污染因子与微塑料混合溶液，对照组使用超纯水仅配置污染因子溶液，其余变量与实验组均一致，所有实验均设置3组平行，检测误差均控制在5%以内，具体实验设置及分析方法如下：

（1）不同冰体厚度下模拟结冰与融冰过程的实验设计。使用超纯水配置如上两份溶液后放入结冰模拟器中，在−15℃低温实验箱中冷冻，对冰封期岱海湖长期检测发现，其冰体厚度为8%～20%，故本实验当冰体厚度分别达4cm、7cm、10cm时取出，其中：一份作为结冰实验材料，采用铝箔纸密封并避光融化，融化后与冰下水样共同进行污染因子质量浓度的检测；另一份作为融冰实验材料，采用电子天平称量冰样质量后，将冰样放置在融冰装置中，在室温下等体积融化为5份，将0～20%冰融水、20%～40%冰融水、40%～60%冰融水、60%～80%冰融水、80%～100%冰融水分别记为融1、融2、融3、融4、融5，最后对冰融水进行污染因子质量浓度检测。

（2）不同初始温度及方式下模拟结冰与融冰过程的实验设计。配置与上述浓度相同的两份溶液并放入结冰模拟器中，在−5℃、−15℃、−25℃下放入低温实验箱冷冻。除此之外，为探究自然环境中温度昼夜变化对结冰及融冰过程产生的影响，基于冬季岱海实况进行−5℃与−25℃时间等长变温实验，当4组实验冰体厚度为7cm时取出，其中：一份冰样采用铝箔纸密封并避光融化，融化后与冰下水样共同进行污染因子质量浓度检测；另一份冰样同样进行融冰实验，后续内容与"（1）"一致。

（3）不同初始浓度下模拟结冰与融冰过程的实验设计。配置3种不同浓度的上述溶液（浓度上下变化30%），并放入结冰模拟器中，浓度由低至高变化，实验分别命名为C_1、C_2、C_3，在−15℃的低温实验箱中冷冻，冰体厚度为7cm时取出，一份冰样采用铝箔纸密封并避光融化，融化后与冰下水样共同进行污染因子质量浓度检测；另一份冰样同样进行融冰实验，后续内容与"（1）"一致。

2. 方法分析

结冰实验中用分配系数K表征结冰过程中各污染因子的排出效应，即

$$K = \frac{C_i}{C_w} \qquad (3-1)$$

式中 C_i——冰体中污染因子浓度，mg/L或ppt；

C_w——对应冰下水体中污染因子浓度，mg/L或ppt。

融冰实验中各污染因子的融出比例（E）定义为每份冰融水中污染因子质量浓度与冰体中污染因子质量浓度的比值，即

$$E = \frac{M_i}{M_{ice}} \qquad (3-2)$$

式中 M_i——每份冰融水中污染因子质量浓度，mg/L或ppt，$i=1$、2、3、4、5，分别为融1、融2、融3、融4、融5；

M_{ice}——冰相中污染因子的总质量浓度，mg/L或ppt。

3.2　冰体中微塑料赋存特征

3.2.1　乌梁素海冰体中微塑料赋存特征

在乌梁素海 12 个取样点的不同深度冰样融水中都检测到了微塑料的存在。乌梁素海不同取样点、不同深度冰体中微塑料的丰度特征如图 3-5 所示，从图 3-5 中可知乌梁素海冰体中微塑料的平均丰度为 $56.75\sim141n/L$，其丰度值约为相同取样点水体中微塑料丰度的 $10\sim100$ 倍；微塑料平均丰度最大值位于上游的 Y4 点，平均丰度 $141n/L$，最小值位于中游的 Y8 点，平均丰度 $56.75n/L$，微塑料丰度在整体上呈现出从上游到下游逐渐递减的趋势，研究结果与冰封前水体中微塑料的分布趋势相同。由图 3-5 还可以发现，在垂直方向上，除 Y4 点外，乌梁素海冰体中微塑料丰度的垂直分布均呈现出表层冰和底层冰大于中层冰和近底层冰的特征，其中表层冰中微塑料丰度最高，其次是底层冰，中层冰和近底层冰中微塑料的丰度最低。在所有取样点中，表层冰、中层冰、近底层冰和底层冰中微塑料平均丰度分别占微塑料总丰度的 37%、17%、12% 和 34%。目前，针对冰体中微塑料的研究，大部分侧重于南、北两极和波罗的海等海洋区域，针对内陆淡水湖泊水体中微塑料的研究还较少，并且与南、北极和波罗的海冰体中微塑料丰度对比，乌梁素海冰体中微塑料的丰度属于一个较高水平（表 3-5）。

表 3-5　　　　　　　　　　国内外海洋冰体中微塑料丰度　　　　　　　　　单位：n/L

研 究 区 域	丰 度	研 究 区 域	丰 度
南极	$6\sim33$	波罗的海	$8\sim41$
北极	$2\sim17$		

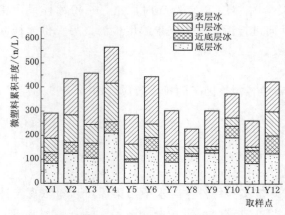

图 3-5　乌梁素海不同层冰体中微塑料的累积丰度分布

不过南北两极都属于人迹罕至的区域，相比之下，乌梁素海与人类的接触要频繁得多。但在南、北两极海冰中发现如此高的微塑料丰度，说明微塑料污染已经刚开始在海冰中富集。根据 Obbard 等的研究，目前已经观察到海冰厚度呈现逐年变薄的趋势，这很有可能导致海冰中富集的大量微塑料重新释放进入海洋。北极多年海冰面积大约有 600 万 km^2，大部分厚度超过 2m，但其近年来厚度和范围急剧下降。如果以目前的趋势持续下去，在未来 10 年，大约将有 2.04 万亿 m^3 的冰融化。如果这些冰中都包含北极海冰中观测到的最低微塑料丰度值（每立方米 38 个粒子），这可能会释放出超过 1 万亿个微塑料碎片。微塑料会被多种海洋动物摄入，这将会对海洋动物造成严重危害。

冰体中微塑料的主要类型如图 3-6（a）所示，与水体中微塑料形状类型相同，乌梁素海冰体中微塑料主要为纤维、碎片和薄膜三种类型，其中大多数微塑料是纤维类（87.7%），其余是碎片类（8.1%）和薄膜类（4.2%）。在所有取样点中，Y3点纤维含量最高，约占纤维类总数的12.5%，Y8点含量最低，占比约为5.0%；Y6点碎片含量最高，约占碎片类总数的12.1%，Y5点含量最低，占比约为4.0%；而薄膜在Y4点含量最高，约占薄膜类总数的22.8%，Y9点含量最低，占比约为3.4%。洗涤过程中产生的纤维及渔业活动中鱼线的断裂被认为是纤维的主要来源，污水处理厂对生活污水中的微塑料具有一定的拦截能力，但Talvitie等对芬兰某污水处理厂的进出水进行采样并测定其微塑料丰度，结果表明，虽然大部分纤维在一级沉淀中被去除，但其出水中微塑料丰度等达到13.5n/L，其中包含4.9个纤维和8.6个颗粒。Murphy等对苏格兰某城市污水处理厂的微塑料排放量进行了估算，研究表明，每天约6.5×10^7个微塑料通过污水处理厂排入受纳水体。截至目前，还没有研究能够指出这些塑料的准确来源及具体贡献，还需要进行更深一步的研究。

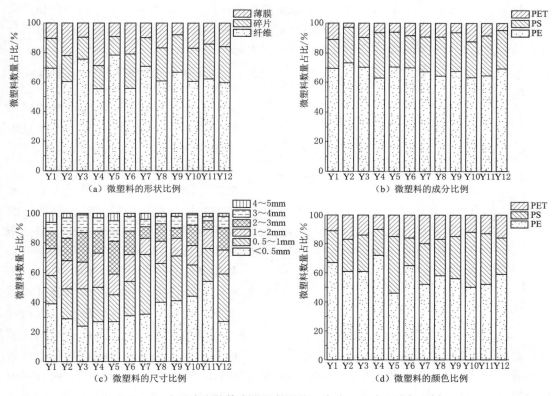

图 3-6 乌梁素海冰体中微塑料形状、成分、尺寸和颜色比例

利用傅里叶红外光谱仪对所有可疑样品进行了成分测定，所检测的傅里叶红外光谱图像如图3-7所示。从图3-7中可知，乌梁素海冰体中微塑料的聚合物组成主要为聚乙烯（PE）、聚苯乙烯（PS）和聚对苯二甲酸乙二醇酯（PET）3种，其中PE和PS占总体优势，所占百分比分别为68.1%和24.6%，其次是PET，占比为7.3%［图3-6（b）］。PE密度为$0.962g/cm^3$，相较于PS（$1.05g/cm^3$）和PET（$1.3g/cm^3$），PE更容易漂浮

在水面上，从而在水体结冰过程中被结合到冰体中。但是由于温度、环境以及微塑料颗粒表面附着生物量等原因，即使是密度较大或是已经沉降到水底的微塑料，也会发生再悬浮，因此在冰体中 PS 和 PET 也有检出。

通过对微塑料的尺寸进行测定，根据微塑料的尺寸等级，将其分为：<0.5mm、0.5~1mm、1~2mm、2~3mm、3~4mm 和 4~5mm 等 6 类。检测发现，乌梁素海冰体中微塑料的尺寸分布分别为：<0.5mm（27.4%）、0.5~1mm（23.1%）、1~2mm（19.5%）、2~3mm（14.5%）、3~4mm（9.3%）和 4~5mm（6.2%）[图 3-6（c）]。此外，通过对微塑料的颜色进行统计，结果表明：冰体中微塑料共有 5 种颜色，分别为黑色、透明、红色、蓝色和绿色，最常见的微塑料是彩色的，其中大多数是黑色（58.6%），其次是透明（29.7%）、红色（5.2%）、蓝色（3.7%）和绿色（2.8%）[图 3-6（d）]。此研究结果与水体中微塑料的尺寸等级分布和颜色占比类似。在自然环境中，由于小尺寸的微塑料与一些浮游动物大小相似，而彩色的微塑料更容易被水生生物发现并误食从而进入食物链，最终进入人类体内，对人类的健康产生潜在的危害。冰体中微塑料的含量较高则会增加这种现象发生的可能性，因此亟需对冰体中微塑料的分布特征和影响因素进行分析，从而为后续微塑料污染综合治理提供一定的理论依据。

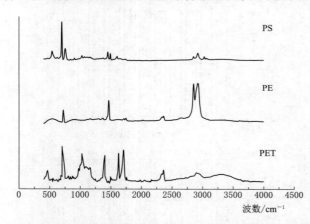

图 3-7　乌梁素海冰体中微塑料样品傅里叶红外光谱图像

本研究对乌梁素海 12 个取样点不同深度冰体融水中微塑料丰度进行分析后发现，乌梁素海冰体中微塑料丰度为 56.75~141n/L，其丰度值远高于本课题组前期对乌梁素海相同 12 个取样点表层水体和沉积物中微塑料丰度的检测值。前期对乌梁素海表层水体和底层沉积物中微塑料污染的研究结果表明，乌梁素海表层水体中微塑料丰度为 1.76~10.03n/L，底层沉积物中微塑料丰度为（14±3）~（24±7）n/kg（湿重），故乌梁素海冰体中微塑料丰度约比表层水体和底层沉积物高 1~2 个数量级；从冰—水—泥整体而言，冰体中的微塑料丰度最大，其次是底泥沉积物，而表层水体中微塑料丰度最小。本研究结果与 Kanhai 等对北极海冰中微塑料丰度特征的研究结果一致，在该研究中，北极海冰中微塑料的平均丰度为 2~17n/L，而海水中的微塑料丰度为 $0~1.8×10^{-2}$ n/L，海冰中微塑料丰度约是水体中的 1000 倍；在 Kelly 等对南极东部海冰中微塑料丰度的研究也表现出类似的实验结果，海冰中微塑料丰度为 6~33n/L，与 Isobe 等在南极水体中观察到的微塑料丰度约为 $3.1×10^{-5}$ n/L 相差近百万倍。

尽管目前关于淡水湖泊冰体中微塑料分布的研究较为少见，但经分析乌梁素海冰体中微塑料丰度显著大于水体的现象可能是由以下原因造成的：一是在冰体的生长过程中，与氮、磷等常规污染物会从冰中释放进入水体中不同，冰体反而会从冰下水体中捕获微塑料颗粒，从而导致冰体中的微塑料颗粒随着冰体的不断生长而不断集聚，使得冰体成为乌梁素海冰封期微塑料一个重要的临时储存场所；二是河套灌区在每年10月都会进行大规模的秋浇灌水，自黄河引水进行农田浇灌，后经河套灌区各排水干沟退入乌梁素海，最后通过乌梁素海退水渠进入黄河，而已有研究表明，河套灌区各排干渠的表层水和底层沉积物中均含有大量的微塑料颗粒，随着秋浇灌水结束，退水进入乌梁素海，乌梁素海进入冰封期（每年11月），湖面开始结冰，随退水进入湖泊的微塑料颗粒随即被冰体捕获。因此，根据冰体的形成和融化周期，随退水入湖的微塑料颗粒会季节性地在冬季被冰体捕获，直到春季冰体融化后才从冰中释放出来。相关研究表明，由于冰体对微塑料的捕获与释放，使得微塑料在湖泊表层区域的停留时间延长，增加了水生生物对其利用的时间，从而提高了水生生物受到伤害的可能性。

3.2.2　岱海冰体中微塑料赋存特征

冰封期岱海冰体与水体中微塑料丰度如图3-8（a）所示，冰体中微塑料丰度为283～1055n/L，平均为593n/L；冰下水体中微塑料丰度为51～148n/L，平均为92n/L。冰体中微塑料丰度约为同一采样点水体中微塑料丰度的4～9倍，乌梁素海同一采样点冰样与水样中微塑料的检测表明，乌梁素海冰体中微塑料丰度为56.75～141n/L，高于水体中微塑料丰度1～2个数量级，两者冰体中微塑料丰度均高于水体，这一现象的出现可能受到冰体形成过程的影响，在冰体形成过程中，常规水质指标呈现被排斥至冰下水体的趋势，微塑料却与之相反，很容易融入冰体中，并出现冰下水体中微塑料颗粒被捕捉的情况，使得冰体成为微塑料主要的临时储存场所，导致冰封期岱海冰体中微塑料丰度高于水体。

冰体中不同冰层微塑料丰度比例如图3-8（b）所示，垂直方向上，所有取样点中微塑料丰度均表现出上层冰、下层冰丰度高于中层冰的特征，其中上层冰、中层冰与下层冰微塑料丰度分别占整体丰度的32%～59%、14%～28%和24%～44%，但差异并不显著（$P>0.05$）。上层冰、中层冰与下层冰中微塑料平均丰度分别为276n/L、133n/L和184n/L，总体而言，上层冰内微塑料丰度最高，中层冰内微塑料丰度最低。冰封期乌梁素海不同冰层中微塑料丰度呈现出与本研究结果一致的特征，上层冰与下层冰微塑料丰度约

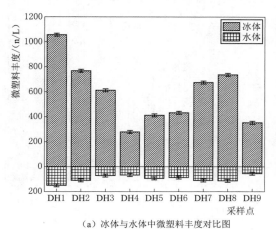

（a）冰体与水体中微塑料丰度对比图

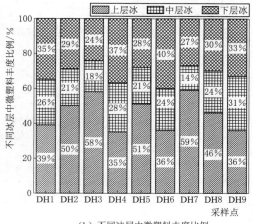

（b）不同冰层中微塑料丰度比例

图3-8　冰封期岱海微塑料丰度

占微塑料总丰度的 71％，其原因可能为自然水体结冰过程从表面开始，此时将部分微塑料提前封锁在上层冰中，而底层冰由于在成冰过程中冰—水界面盐度的升高，导致大量微塑料被底层冰捕获，这可能是导致此现象出现的原因。

本次采集的 36 个样品中均检测到微塑料的存在，检出率达 100％，结合采样点分布可知，位于岱海西北部的采样点微塑料丰度较高，其原因可能为岱海西部区域曾为渔业养殖的主要区域，自西部汇入岱海湖区的支流径流量大，而北部区域入湖河流水质较差。岱海西北部周围人类活动较为频繁，微塑料丰度相对较高，相关研究表明周围环境及入湖支流对湖泊微塑料丰度影响较大，这些都可能是导致分布在岱海西北部区域的 DH1、DH2、DH7、DH8 采样点微塑料丰度较高的原因。

将冰体中检测到的微塑料分为黑色、透明和其他共计 3 类，其中大多数微塑料呈现黑色，其次为透明和其他颜色；黑色微塑料分别占检测到的微塑料总量的 48％～73％，如图 3-9（a）所示。由于微塑料形状的不同，将检测到的微塑料分为 3 种类型：纤维状、碎片状和薄膜状，各采样点薄膜状和碎片状微塑料比例均明显小于纤维状微塑料，各采样点纤维状微塑料的检出比重在 41％～63％之间，为冰封期岱海采样点的主要检出形态，如图 3-9（b）所示。众多学者在开展野外实验中均发现纤维状微塑料在各形态微塑料中所占比例相当大，其原因可能为纤维状微塑料密度较低，在湖泊中易漂浮起来，而密度较高的其他类型微塑料则易下沉到湖泊沉积物，因此这可能是导致冰体中纤维状微塑料占比较高的原因。为评估不同粒径微塑料所占的比例，本研究将检测到的微塑料分成 4 组：<0.5mm，0.5～1.0mm，1.0～2.5mm，2.5～5mm，所有样品在各粒径范围内均检测出微塑料，小于 0.5mm 粒径微塑料分别占检测到的微塑料总量的 43％～65％，如图 3-9（c）所示。文中较小的粒径范围显示出较高的比例，这说明塑料的破碎程度较严重，尤其在水体流动缓慢的冰封期，塑料颗粒被封锁在冰体中，而漫长的冰封期使塑料颗粒经过长时间的化学（如光氧化等）作用被老化、分解成了小粒径的微塑料颗粒。

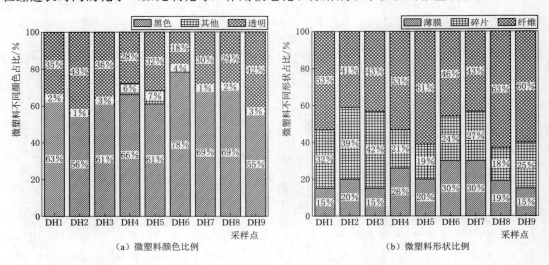

图 3-9（一） 冰封期岱海冰体中微塑料颜色、形状和尺寸比例

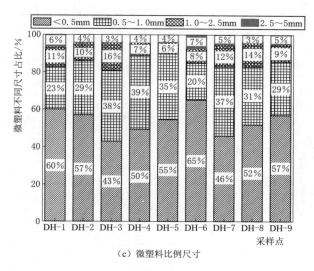

（c）微塑料比例尺寸

图 3-9（二）　冰封期岱海冰体中微塑料颜色、形状和尺寸比例

3.3　冰体中微塑料赋存影响因素分析

3.3.1　乌梁素海冰体中微塑料赋存影响因素分析

1. 盐度和叶绿素与微塑料分布的相关性分析

乌梁素海上游、中游和下游不同百分比厚度冰体中盐度的分布如图 3-10 所示。从中可知，在水平方向上，冰体盐度最大值位于 Y12 点，平均盐度 65mg/L，最小值位于 Y9 点，平均盐度 15mg/L，整体呈现出上游至中游递增，随后沿水流方向递减，最后在退水渠附近又逐渐增加的趋势。在垂直方向上，盐度则随冰体深度的增加呈现出先减少后增加的趋势，如图 3-10 所示，冰体表层、中层、近底层和底层的盐度分别为 20～100mg/L、10～50mg/L、10～20mg/L 和 20～120mg/L，与营养盐在冰体中垂直分布的情况类似，表层盐度较高的原因主要是：①由于乌梁素海昼夜温差较大，白天较高的气温致使表层冰体融化，中层冰向水体中释放盐分，在温度降低时融化的盐水再次结冰，导致表层冰盐度较高；②由于乌梁素海的低气温导致表层冰产生更多的分枝，分枝越多所捕获的盐分越多；③由于表层冰体中水分的蒸发，使得表层盐度浓度增加。底层冰盐度较高主要由于相对于表层，底层冰温度较高，氢键间的作用力较小，造成底层冰空隙较大，盐分进入冰体，使得底层冰盐度较高。另由图 3-10 可知，乌梁素海冰体中 Chl-a 浓度最大值位于 Y10 点，平均浓度 75.37μg/L，最小值位于 Y7 点，平均浓度 19.96μg/L。整体而言，在水平方向与垂直方向上，Chl-a 浓度都没有明显的变化趋势。这种现象产生的原因主要是乌梁素海中浮游植物的分布对叶绿素的浓度有着重要影响，Chl-a 是水生植物分布的指示剂，其在淡水湖泊冰体中的分布主要受水生植物密度的影响。而乌梁素海水生植物主要分布于湖中部、西岸、东部和北部，对比本研究中各取样点 Chl-a 浓度发现，其浓度差异与水生植物的分布具有一定的相似性，位于水生植物密集区域的 Chl-a 浓度普遍高于其

他地区，如 Y2 点、Y5 点和 Y10 点的 Chl－a 浓度在所有取样点中最高，而其他区域相对较低（约为 10%）。

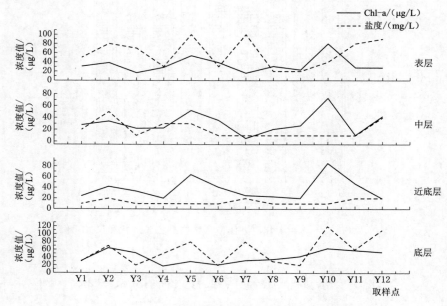

图 3－10　乌梁素海冰体中盐度与 Chl－a 的分布

2. 盐度与 Chl－a 对冰体中微塑料垂向分布的影响

乌梁素海冰体中微塑料丰度与盐度、Chl－a 之间的皮尔逊相关关系见表 3－6。由表 3－6 可知，微塑料丰度与盐度在冰体中的垂直分布趋势具有显著相关性（$P<0.05$），相关系数均在 0.95 以上，其中 Y9 点相关系数最大为 0.995、Y5 点相关系数最小为 0.954，说明冰体中盐度对微塑料丰度的垂直分布有较大影响。表层冰与底层冰的盐度与微塑料丰度均高于中间层冰，其中，表层冰中大量的微塑料主要来源于秋冬季冰面形成初期，微塑料黏附在初冰上从而导致微塑料在冰层表面的积累。冰体中盐度会影响微塑料丰度的垂直分布，而表层冰中高浓度的微塑料颗粒也可能会对其盐分的迁移造成一定程度的影响，从而导致盐分在表层冰中累积，出现表层冰中盐度较高的现象。

另外，表层冰中大量微塑料颗粒还可能影响冰体中盐分通过盐水通道转移的过程，使得盐分最终滞留在冰中。Geilfus 等通过实验表明，海冰表面的微塑料丰度较高可能是由于底层水中的微塑料颗粒在海冰体生长早期被结合在冰中，而高丰度的微塑料改变了海冰的生长，微塑料的富集导致海冰盐水通道中颗粒浓度的增加，当盐水通过通道移动时，向上排出的盐水最终停留在海冰表面，使得表层冰中出现高浓度的液体。而底层冰中发现的大量微塑料颗粒，其主要是由于在冰的生长过程中冰—水界面盐度逐渐增大，使得冰下水中越来越多的微塑料颗粒在冰—水界面聚集，从而在冰的生长过程中被底层冰捕获，最终导致底层冰中微塑料丰度高于中层冰。Hoffmanna 等研究发现，冰中微塑料的相对丰度随着海水盐度的增加而增加，盐度在 20mg/L 左右时冰中微塑料的相对丰度最高（约为 50%），盐度在 10mg/L 左右的冰中微塑料的相对丰度最低（约为 10%）。

表 3-6　乌梁素海不同取样点冰体盐度和 Chl-a 浓度与微塑料丰度的皮尔逊相关分析

影响因素	微 塑 料 丰 度											
	Y1	Y2	Y3	Y4	Y5	Y6	Y7	Y8	Y9	Y10	Y11	Y12
盐度	0.981*	0.980*	0.980*	0.981*	0.954*	0.996**	0.971*	0.988*	0.995**	0.992**	0.960*	0.975*
Chl-a	0.930	0.097	−0.442	0.137	−0.792	−0.231	0.243	0.942	0.486	0.936	0.484	0.910

注　*表示在 0.05 水平（双侧）显著相关，**表示在 0.01 水平（双侧）上显著相关。

另由表 3-6 可以看出，各取样点 Chl-a 浓度与微塑料丰度之间均未表现出显著相关性（$P > 0.05$），说明 Chl-a 浓度对微塑料丰度在淡水湖泊冰体中的垂直分布产生的影响较小或无影响。但是，此结果与其他研究人员对冰体中 Chl-a 浓度与微塑料丰度之间的关系所得出的结论有所差异。如 Peeken 等发现，与海冰中 Chl-a 的垂直分布一般呈 L 型相比，微塑料在海冰中的垂直分布变化差异较大，而相关性分析表明，微塑料在海冰中的垂直分布与其聚合物组成种类（N）、Shannon-Wiener 系数（H′）之间显著相关性很低，而与 Chl-a 浓度之间存在显著的负相关关系。

Hoffmanna 等通过培养冰藻分析生物量与海冰结合微塑料颗粒之间的关系，虽然实验最终没能证明微塑料通过附着在冰藻细胞上，从而使得海冰中的迁移量增加，但在实验中确实发现了冰藻和微塑料之间相互作用的迹象，即在海冰存在的情况下，相较于没有微塑料的培养，当与微塑料一起培养时，在冰中发现的藻类细胞明显更少。截至目前，生物量对冰中微塑料含量的影响还没有统一的结论，不过值得注意的是，这一结果可能表明冰中微塑料的分布是极不均匀的。因此，在计算湖泊冰体或海冰中微塑料含量时，如果仅用单一截面的丰度值估算整体的含量，将会对结果产生严重的影响。而对于 Chl-a 浓度与冰体中微塑料含量之间的相互关系，还有待更加深入的研究。

自然情况下，微塑料在冰体中的垂直分布所受到的影响因素是复杂的。根据资料显示，湖水结冰过程中，由于溶解在液态水中的气体来不及逃逸，通常会形成气泡镶嵌在冰体内，受湖面温度、风浪扰动等不稳定因素的影响，通常表层冰中气泡细小繁多、分布杂乱，而中层冰由于形成环境稳定，气泡较少，底层冰由于与液态水接触，冰层较为松散。因此，冰体中气泡含量、大小和形状等因素都有可能会对微塑料在冰体内的分布产生影响。所以，在下一步的研究中，建议采用建模的方式，更全面地模拟自然状态下微塑料颗粒所受的物理作用和生物作用，将有助于解析微塑料在冰体中的分布规律。

3. 冰封对乌梁素海冰体中微塑料丰度的影响

本研究对乌梁素海冰体中 12 个取样点进行微塑料丰度分析发现，冰体融水中微塑料的丰度介于 $56.75 \sim 141 n/L$ 之间，远高于本课题组前期对该相同 12 个取样点表层水体、底泥沉积物中微塑料丰度的检测值。根据 2.2 和 2.3 节的研究分析，乌梁素海表层水体中微塑料丰度介于 $1.76 \sim 10.03 n/L$ 之间，而底层沉积物中微塑料丰度介于 $(14 \pm 3) \sim (24 \pm 7) n/kg$（湿重）之间，故乌梁素海冰体中微塑料丰度约比表层水体和底层沉积物高 1～2 个数量级。从冰—水—泥整体趋势而言，冰体中的微塑料丰度最大，其次是底泥沉积物，水体中微塑料丰度最小。该研究结果与 Kanhai 对北极海冰中微塑料的丰度研究一致，在该研究中，海冰中微塑料的丰度为 $2 \sim 17 n/L$，而水体中的微塑料丰度为 $0 \sim 1.8 \times 10^{-2} n/L$，海冰中微塑料丰度约是水体中的 1000 倍；此外，Kelly 对南极东部海冰里的研究也表现出类似的实验结果，海冰中微塑料丰度为 6～33n/L，与 Isobe 等在南极水体中观察到的微塑料丰度约为 $3.1×10^{-5}$n/L 相差近百万倍。

尽管目前关于淡水湖泊冰体中微塑料分布的研究较为少见，但经分析乌梁素海冰体中微塑料丰度显著大于水体的现象可能是由以下两个原因造成的。①冰体在成冰的生长过程中，与会释放氮、磷等常规污染物不同，反而会从冰下水体中捕获微塑料颗粒，导致微塑料颗粒随冰体的不断生长而不断集聚，使得冰体成为乌梁素海冰封期微塑料的一个重要的临时储存场所。②每年 10 月河套灌区都会进行大规模秋浇灌水，所产生的农田退水沿河套灌区各排水干沟退回乌梁素海，而已有研究表明，河套灌区排干渠中含有大量微塑料颗粒，随着退水结束，乌梁素海进入冰封期（每年 11 月），湖面开始结冰，随退水进入湖泊的微塑料颗粒随即被冰体捕获。因此，根据冰体的形成和融化周期，随退水入湖的微塑料颗粒会季节性地在冬季被冰体捕获，直到春季才从冰体中释放出来，相关研究表明，由于冰体对微塑料的捕获与释放，使得微塑料在湖泊表层区域的停留时间延长，增加了水生生物对其利用的时间，从而提高了水生生物受到伤害的可能性。

3.3.2　岱海冰体中微塑料赋存影响因素分析

如表 3-7 所示，水体中 TN、TP、NH_3-N、Chl-a、硝酸盐和盐度质量浓度均大于冰体平均质量浓度，各污染物在冰—水相中的迁移效果也不尽相同，但冰体中微塑料丰度大于水体中微塑料丰度，呈现出与其他污染物不同的现象，这表明在冰体形成过程中微塑料与冰体对其他污染物的排斥效应不同，冰体形成过程中冰下水体的微塑料会聚集在冰体中，因此导致冰体与水体中微塑料的丰度呈现出数量级的差别，说明冰封期冰体的形成使得湖泊污染特征与畅流期有所不同。

表 3-7　　　　　　　　　　冰封期岱海微塑料与环境因子对比

检　测　项　目	冰样	水样	检　测　项　目	冰样	水样
微塑料丰度/(n/L)	593	92	Chl-a/(mg/L)	0.682	3.410
TN/(mg/L)	1.472	4.060	硝酸盐/(mg/L)	17.992	51.880
TP/(mg/L)	0.079	0.270	盐度/‰	5.85	13.82
NH_3-N/(mg/L)	0.344	1.278			

结合岱海盐度较高等突出性特点，对冰封期岱海冰体各采样点的微塑料丰度、TN、TP、NH_3-N、Chl-a、硝酸盐、冰厚与盐度值进行冗余性分析（RDA），为验证 RDA 分析结果，对微塑料丰度与环境因子进行相关性分析。冗余性分析与相关性分析结果表明（图 3-11、图 3-12），除 Chl-a 与冰厚外，其他环境因子与微塑料丰度均为正相关，其中微塑料丰度与 NH_3-N、TN、盐度呈显著正相关（$P<0.05$），这一结果表明微塑料与营养盐有相近的污染特征，其空间分布特征一致，故一定程度上说明微塑料与环境因子的污染源相似，与传统污染物不同的是，塑料属人为源污染物，微塑料的赋存数量很容易受到外界环境的影响，该区域污染情况很大程度上决定了区域内微塑料聚集的数量，故冰封期岱海微塑料丰度与环境因子浓度有着密不可分的原因。对此王志超等在冰封期对乌梁素海进行了有关研究，发现微塑料丰度与盐度在垂直方向上显著正相关。此外，微塑料丰

度与环境因子同时呈现出不同程度的相
关性，这可能是由于自然环境下微塑料
及各环境因子受到的冷冻浓缩作用程度
不同，可能造成在冰封期冰—水中迁移
效果的不同，例如氮、磷等营养元素受
到冷冻浓缩影响程度较高，而铁、锰等
污染物受冷冻浓缩影响程度较低。值得
注意的是，冰封期冰体将微塑料封锁其
中，微塑料丰度与营养盐呈正相关，而营
养盐更易降落在作为悬浮颗粒物的微塑料
上，待到融冰期大量吸附营养盐的微塑料
从冰体中释放，则更易被捕食者误食。

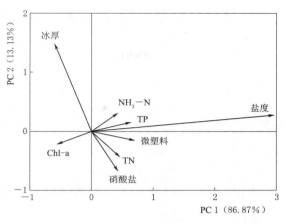

图 3-11　岱海冰体中微塑料与环境因子
的 RDA 二维排序图

　　冰体中微塑料丰度与 Chl-a 质量浓
度和冰厚呈现出负相关。Chl-a 是浮游藻类的重要组成成分，广泛使用 Chl-a 估计藻类
生物量，这可能表明岱海湖泊中微塑料颗粒对藻类生长有一定的抑制作用。但由于冰封期
前后岱海中微塑料丰度与 Chl-a 之间的关系并不明晰，因此在非冰封期岱海水体中微塑
料颗粒是否对藻类生长产生抑制作用还需进一步研究。Geilfus 等认为，在微塑料丰度较
高或丰度持续增加的地区，微塑料可能会影响海冰表面的性质。本研究在室外开展，影响
因素众多，除冰体自身物理结构外，人为因素、污染物质等都将对冰体厚度产生影响，这
些都可能对微塑料丰度与冰厚的关系产生影响，但其中机理尚不明晰。

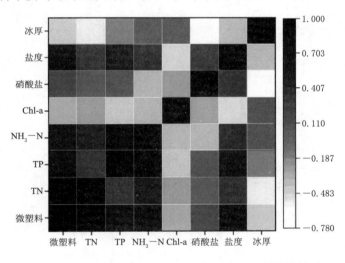

图 3-12　岱海冰体中微塑料丰度与环境因子相关性热图

3.3.3　冻融过程中微塑料对污染物的影响研究

　　1. 微塑料对结冰过程中污染物迁移的影响
　　（1）不同结冰比例下微塑料赋存对污染物迁移的影响。如图 3-13 所示，无论实验中

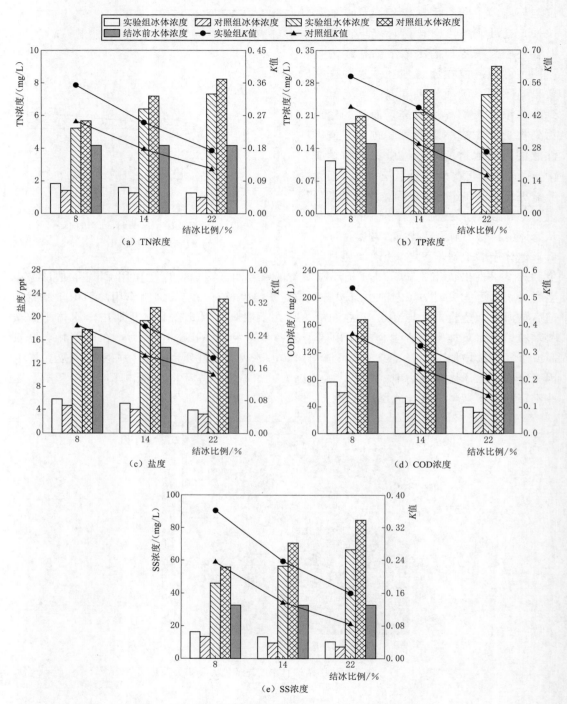

图 3-13　不同结冰比例下环境因子在冰—水间的分布

是否存在微塑料，不同结冰比例下实验组与对照组中各环境因子的分布均呈现出原水样浓度高于冰体中浓度，小于冰下水体中浓度的变化规律，即冰样中浓度＜原水样浓度＜冰下水样浓度。实验组中各环境因子在冰体中的浓度是对照组冰体浓度的 1.19～1.39 倍,而各环境因子在冰下水体中的浓度则是对照组冰下水体浓度的 0.77～0.93 倍,表明微塑料的赋存致使原本应迁移至冰下水体中的环境因子滞留于冰体中,其原因可能是微塑料与大多数污染物迁移规律不同,微塑料在冰体中的丰度高于相应水体中微塑料的丰度,表现出"冰多水少"的特点,而环境中的微塑料又因其比表面积较小等特点表现出易吸附环境中其他物质的特征,因此实验组中冰体内部由于微塑料的大量赋存导致一定程度上"携带"其他物质,致使实验组中冰体内部环境因子浓度的提高,故表现出实验组与对照组中各环境因子分布规律的不同。

随着结冰比例的增加,实验组与对照组中环境因子的分配系数 K 值均呈现下降趋势,各物质在结冰比例为 20% 时 K 值达到最小值,此时各物质在冰体中的浓度逐渐减少,冰下水体中的浓度逐渐增大,表明水体中无论是否有微塑料的存在,随着结冰比例的升高各环境因子向冰下水体的迁移能力提高。但由于微塑料的赋存,在不同的结冰比例下实验组中各环境因子 K 值较对照组中 K 值提高了 0.04～0.17,表明微塑料的赋存导致环境因子向冰下水体迁移的能力下降,其中结冰比例为 8% 时实验组与对照组中 K 值差距为 0.07～0.17,表明结冰比例越低各环境因子在冰—水间的迁移能力受微塑料赋存影响最大,因此这一现象出现的原因可能是结冰初期冰体所俘获的物质由于冷冻浓缩效应大量通过迁移通道向冰下水体迁移,而微塑料的存在导致一部分的环境因子与微塑料结合,减少各环境因子在冰—水间的迁移量;同时作为固体污染物的微塑料会占据冰体内部的晶体位置,致使冰体内部的迁移通道减少;此外虽然结冰比例的提高致使冰体中微塑料的丰度相对增加,但由于微塑料丰度与冰厚呈现出负相关,因此新生成冰体中微塑料的增加量较之前减少,则对环境因子迁移影响变小,进而出现结冰初期微塑料对各环境因子的迁移能力影响最大这一现象。

除此之外,实验组中各环境因子 K 值的提高并不相同,表明微塑料吸附各环境因子的能力不同,他们之间的相关关系表现出差异。袁海英等在对滇池中微塑料污染与富营养化的相关性研究中发现,微塑料丰度与 TN 表现出极显著正相关关系,而与 TP 等指标间并未有显著关系出现。综上所述,不同结冰比例下微塑料的赋存仅能一定程度上改变环境因子在冰—水相的分布规律,而环境因子的迁移规律并未发生改变,在结冰过程中仍然表现出由冰体向冰下水体迁移的规律,表明微塑料对于环境因子的携带作用小于冰体对环境因子的排斥作用,不足以改变物质迁移的总体趋势。

(2) 不同结冰温度及方式下微塑料赋存对污染物迁移的影响。如图 3-14 所示,不同结冰温度及方式下实验组与对照组中各环境因子的分布同样呈现出冰样中浓度＜原水样浓度＜冰下水样浓度的规律,在结冰比例及结冰初始浓度相同的情况下,结冰温度越低,冰体中各环境因子的浓度越高,即温度越低冰体对环境因子的排出作用越弱,表明低温不利于物质从冰相排出到水相中。在微塑料赋存的情况下冰体中各环境因子浓度为对照组的 1.13～1.41 倍,实验组冰下水体中环境因子浓度为对照组的 0.80～0.93 倍,在不同结冰温度条件下微塑料的赋存仍然对环境因子浓度分布产生影响,随着温度的降低各环境因子冰体与冰下水体中物质浓度相差逐渐减小;其中变温结冰方式同样会对环境因子的分布产生影响,变温结冰方式和恒温结冰方式冰体中环境因子浓度关系为:−25℃ 的恒温结冰方式＞－15℃的恒温结冰方式＞－5℃与－25℃时间等长变温结冰方式＞－5℃的恒温结冰方式，时间等长变温的方式下相较于－15℃、－25℃的恒温结冰方式，结冰速率较低，各物质更易迁移到冰下水体中，因此时间等长变温结冰方式下冰体中物质的含量更少。

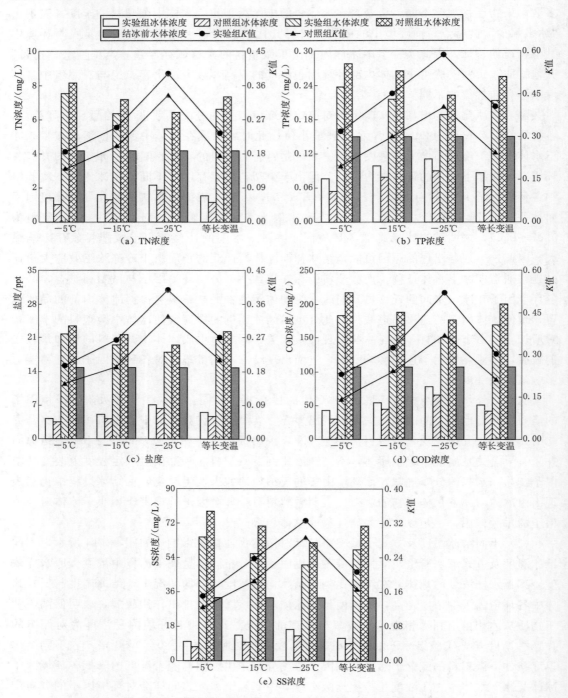

图 3-14　不同结冰温度及方式下环境因子在冰—水间的分布

　　不同结冰温度及方式下实验组中环境因子的 K 值相较于对照组 K 值升高范围为 $0.05\sim0.18$，各环境因子的迁移规律受微塑料赋存的影响大小不同，其中 TP 的迁移规律受微塑料影响 K 值下降范围最大为 $0.12\sim0.18$。这是由于结冰温度是决定结冰速率的因素之一，温度越低，外界与冰体之间的热交换量变多，冰体中产生更多的冰体颗粒及晶核数等，冰体的结冰速率加快，从而提高了水分子向冰—水界面移动的速度，当物质向冰下水体移动的速度小于水分子移动的速度时，溶液中的物质来不及"逃逸"，进而被俘获在冰体中，从而导致冰体中物质的浓度增加，而微塑料的赋存使一部分的环境因子聚集在微塑料上，导致其受冰体的排斥作用减弱，向冰下水体的移动速度下降，更多地滞留于冰体中。

　　此外，结冰温度越低，冰体需要更多的面积来释放热量，因此冰晶体的生长变为树枝状以增大表面积，故冰体产生树枝状的分支进一步捕获物质，使冰体的纯度降低，环境因子的浓度增大，则对物质的排斥作用就越低，实验组中微塑料的加入会使冰体的纯度进一步降低进而加剧此现象的产生。在不同结冰温度及方式条件下，微塑料的赋存对环境因子分布及迁移规律的影响与不同结冰比例相比并未发生较大变化，总体上仍然表现出实验组中冰体中环境因子的浓度与分配系数 K 值较高，而冰下水体中环境因子浓度较低的规律，表明微塑料赋存对于物质分布及迁移规律的影响并不取决于结冰条件的变化。

　　（3）不同结冰浓度下微塑料赋存对污染物迁移的影响。如图 3-15 所示，在结冰比例与结冰温度相同时，初始浓度的增加伴随着冰体中各环境因子浓度的增加，但分配系数 K 值的变化趋势却与之相反，冰体中物质浓度占总浓度的比例却在逐渐降低。初始浓度提高后冰体对环境因子的排斥作用就越明显，冰体中的环境因子浓度的增加量远低于物质的迁移量，冰体对环境因子的俘获作用低于冰体的排斥作用，因此环境因子向冰下水体迁移的能力增强，迁移到冰下水中的环境因子变多，导致虽然冰体中环境因子的浓度在增加而 K 值在降低，其原因一方面是因为初始浓度的提高导致了溶液凝固点的下降，使冰—水界面的稳定性下降，出现了较多的冰晶体分支，使其纯度降低；另一方面则是因为初始浓度的提高使得溶液中潜在晶核量变大，晶核间相互撞击的频率和能量提高，再次成核的概率再次增加，冰晶体生长速率提高的同时 K 值下降。

　　但值得注意的是相同浓度下微塑料的赋存使实验组冰体中各环境因子浓度为对照组的 $1.17\sim1.49$ 倍，冰下水体中环境因子为对照组的 $0.73\sim0.93$ 倍，分配系数 K 值下降范围为 $0.07\sim0.18$，这是由于实验组相较于对照组中加入微塑料相当于提高了溶液的初始浓度，因此出现实验组中各环境因子在冰体中的浓度与分配系数 K 值等与对照组不同的趋势。这与 Gao 利用冷冻工艺去除石油精炼厂和纸浆厂污水中有机污染物的结果一致，随着初始浓度的提高冰体中 COD 与 TOC 等的浓度就越高。

　　综上所述，不同结冰比例、结冰温度及方式、初始浓度下微塑料赋存对于环境因子的分布及迁移规律的影响程度不同，微塑料的赋存对环境因子迁移的能力造成了影响，但并不能改变环境因子由冰体向冰下水体迁移的整体趋势。此外，微塑料作为一种吸附力较强的颗粒态物质，与其他悬浮颗粒相比除了具有改变环境中其他污染物浓度及迁移能力的性质外，更值得注意的是，微塑料由于自身特性及毒性等对于环境中其他污染物的影响以及生物体造成的毒害作用更大，故在今后的研究中，建议在此基础上更加注重微塑料后续所带来的实际影响。

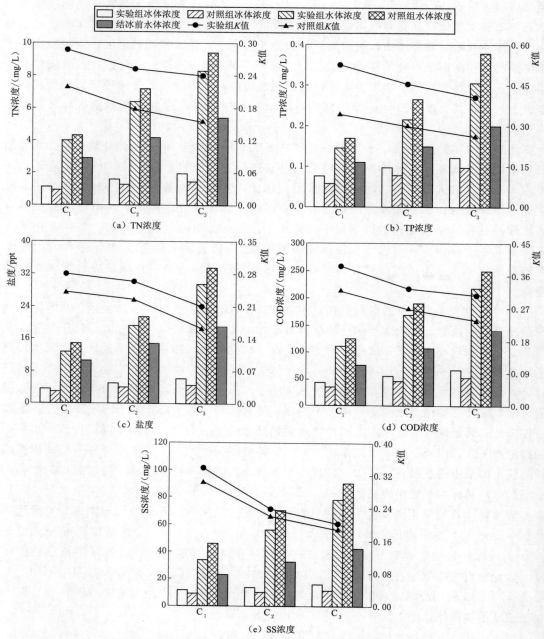

图 3-15　不同结冰浓度下环境因子在冰—水间的分布

（4）结冰过程中微塑料对污染物迁移机理的影响。结晶指物质从溶液、熔融物或蒸气中以晶体状态析出的过程，故结冰过程中污染因子在冰—水相中的迁移过程可以从结晶学角度解释。冰晶体的形成主要包括成核与生长两个过程，在水温下降至冰点温度以下溶液系统会自动形成冰晶，当水温继续降低时，溶液内部污染物的溶解度随之下降，此时一部分物质会被冰体析出，导致冰—水相间压力的不平衡，提高了临界尺寸冰核的可能性，冰层形成的速度加快。冰晶体的生长速率与水分子在冰核上聚集的速度及冰—水界面的状态有关，冰—水界面的水分子仅通过界面跃迁就可以在冰核表面附着。如图3-16所示，在冰—水界面周围水分子由于氢键的作用形成冰核，并由于密度差的原因上浮附着在冰体底部，此时由于冰—水界面与液相间水分子及物质浓度差的作用，水分在液相内向上迁移至冰—水界面处，其余物质则向下迁移至液相中。即本文所研究的各污染因子由冰体迁移至水体中，表明在结冰过程中冰体有排斥现象出现，冰晶体析出导致多数溶质在冰下水体中浓缩，而微塑料的存在导致原本因密度差作用向液相扩散的一部分污染因子分子聚集在微塑料上，进而滞留在冰体内部，并未向水体扩散，即在结冰过程中微塑料的存在对污染因子向冰下水体迁移产生了一定的阻碍作用，使冰体的净化程度下降。

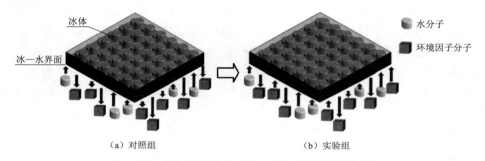

图3-16 结冰过程中水分子与污染因子迁移示意图

在不同的领域中共晶理论的含义不同，结冰过程中物质的迁移同样可以采取共晶理论进行解释，通常利用共晶理论与溶液的温度—浓度之间的平衡曲线解释。如图3-17所示，曲线$T_E D$、曲线DA与直线$T_F DB$这3条线将坐标轴分为H、I、J、K4个区域，H区间内状态表现为冰体与溶液共存；I区间状态为冰、溶液与析出溶质共存；J区间状态为饱和溶液与析出溶质共存；K区间内状态为溶质及溶剂以溶液的状态共存。本研究中各污染因子溶

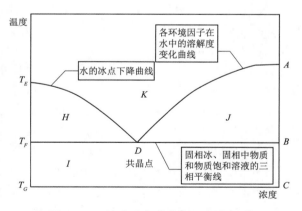

图3-17 结冰过程中共晶理论示意图

液未达到饱和状态，且所处温度均低于溶液的冰点，所以此时溶液的状态在H区间，为固相的冰与污染因子溶液共存的状态。D点为共晶点，此点为各状态变化的临界点，溶剂与溶液之间以溶液状态共存，若温度继续下降至T_F以下，溶液中将有水与污染因子一同析出。因此，污染因子不断在新生长的冰—水界面处浓缩，故一定量的微塑料赋存在溶液中相当于提高了溶液浓度，会一定程度上影响迁移能力的大小，却不能改变冰体中各污染因子逐渐向冰下水体迁移。

2. 微塑料对融冰过程中污染物释放的影响

（1）不同冰体厚度下微塑料赋存对融冰过程中污染物释放的影响。通过对融冰过程中不同融出比例冰融水（融 1～融 5）中各污染因子的浓度进行测定后，可得出不同冰体厚度下污染因子在冰融水中的含量（图 3-18）。经分析可知无论实验中是否存在微塑料，融冰过程中随着冰体厚度的增加，融 1 中各污染因子占冰体中各物质总量的比例逐渐升高，而各污染因子在冰融水中的浓度却逐渐下降，这是因为冰厚越大物质被冰融水所带走的几率就越高，但冰厚的提高同时也意味着冰体生长的速度与捕获物质的能力下降，进而导致此现象的出现。

此外，结合式（3-1）计算可知 A 组融 1 中各污染因子的融出比例 E 在 38.6%～49.49% 之间，为冰体中各污染因子平均浓度的 1.93～2.47 倍；B 组融 1 中各污染因子的融出比例 E 在 42.93%～52.41% 之间，为冰体中各污染因子平均浓度的 2.15～2.62 倍，表现出在外界冻结条件相同的情况下，存在微塑料的实验 A 组中各污染因子在融 1 中融出比例均下降的规律，表明微塑料的存在对于污染因子初期释放量存在一定的影响，融冰时污染因子本应通过冰体中排水通道并随着融水迁移，而由于微塑料的存在，在冻结时已有部分污染因子吸附到微塑料上，因此在融冰初期，部分被微塑料携带的污染因子并不能及时随着冰的融化通过排水迁移通道进入冰融水中，造成在融冰初期一定程度污染因子释放的滞后。

通过对后续融冰过程中污染因子融出比例 E 的测定可知，融 2 中各污染因子的融出比例 E 在 21.30%～28.65% 之间，为冰体中各污染因子平均浓度的 1.07～1.43 倍，冰体中的污染因子在融冰比例达 40% 时会释放 62.98%～70.79%；融 2 中各污染因子的融出比例 E 在 19.50%～24.00% 之间，为冰体中各污染因子平均浓度的 0.98～1.20 倍，冰体中的污染因子在达 40% 时释放 64.64%～73.07%。经分析可知 A 组与 B 组中各污染因子均表现出随着融冰量的提高，其释放量逐渐减小，且均表现出初期大量释放，随后少量且均匀释放这一特点，这与 Gao 等在进行石油精炼废水实验时所得出的结论一致，即初融水中污染物含量与毒性较高，而后期融水中污染物与毒性则较低。综上所述，冰厚的大小与微塑料的赋存并不影响污染因子在融冰过程中整体的释放规律，仅对污染因子初期释放时的释放量产生一定的滞后作用，并小于融冰过程中冰融水对污染因子的冲刷作用。

（2）不同初始温度及方式下微塑料赋存对融冰过程中污染物释放的影响。不同初始温度及方式下污染因子在冰融水中的含量如图 3-19 所示。经分析可知，随着初始温度的下降，融水样本融 1 中各污染因子浓度与所占冰体中物质总量均升高，即 -25℃＞-15℃＞-5℃，表明低温有利于污染因子的初期释放。这是由于初始温度较低时，冰体间隙较大，其中的排水通道数量增加，而冰体融化时污染因子的释放是通过排水通道释放的，因此出现初始温度越低，融冰初期污染因子释放能力越强的现象。此外，当结冰方式变为 -5℃ 与 -25℃ 时间等长变温时，融 1 中各污染因子浓度与所占冰体中物质总量介于 -5℃ 与 -25℃ 之间，说明初始温度及方式的不同一定程度上会改变污染因子的初期释放量。

通过对 E 值计算可知，A 组冰体中的污染因子在融冰比例达 40% 时会释放 60.46%～72.62%，而 B 组冰体中的污染因子在达 40% 时会释放 59.73%～72.71%，融冰过程中 A 组与 B 组污染因子的释放仍呈现出初期大量的规律，但微塑料的存在同样对于污染因子的

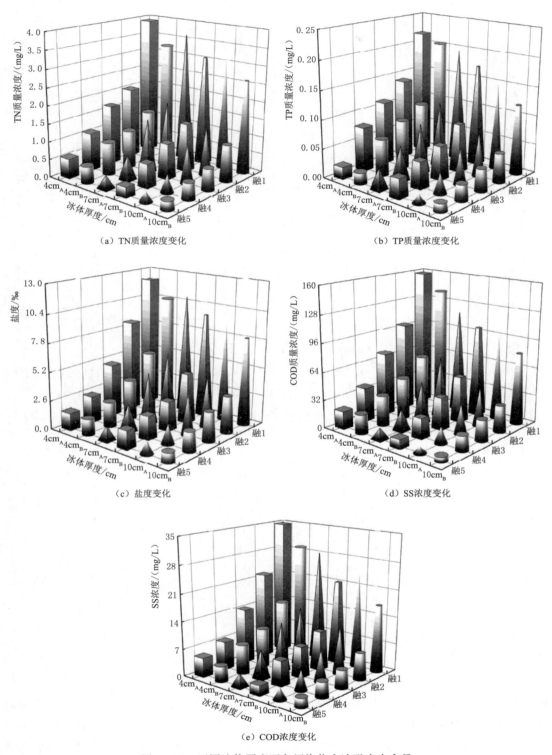

（a）TN质量浓度变化

（b）TP质量浓度变化

（c）盐度变化

（d）SS浓度变化

（e）COD浓度变化

图 3-18　不同冰体厚度下各污染物在冰融水中含量

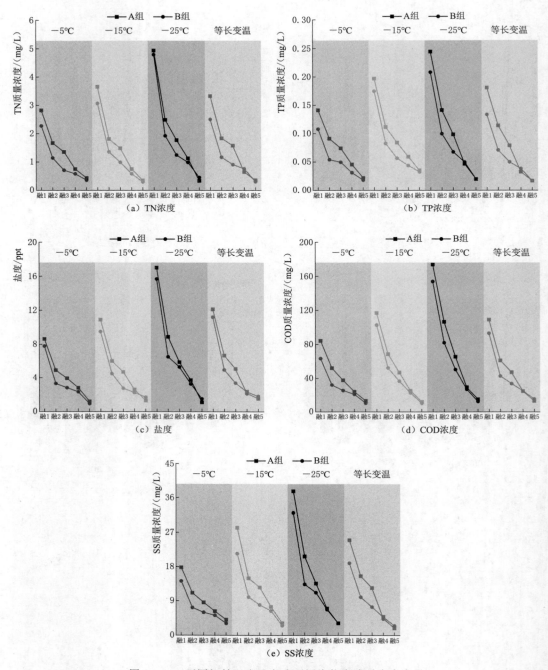

图 3-19　不同初始温度及方式下污染物在冰融水中含量

初期释放有影响。A 组融 1 中各污染因子的融出比例 E 在 37.11% ～47.74%，为冰体中各污染因子平均浓度的 1.86～2.39 倍；B 组融 1 中各污染因子的融出比例 E 在 39.70% ～50.86%，为冰体中各污染因子平均浓度的 1.99～2.54 倍；通过对比可知虽然 A 组中污染因子质量浓度大于 B 组，但污染因子融出比例却小于对照 B 组，表明微塑料的存在致使冰体中污染因子平均质量浓度的升高，但对于污染因子初期释放量起到一定的滞后作用，这可能是由于在冰体冻结时微塑料可能携带了部分污染因子进入到冰体中，而微塑料作为一种固体物质，占据一定的冰体结构，在融冰初期将一定程度上堵塞或减少排水通道的数目，致使一定时间内污染因子释放量的减少，且融冰初期冰体结构较为紧密，部分滞留于微塑料上的污染因子也不易被冰融水冲刷，所以出现了 A 组污染因子平均质量浓度较高而初期融冰时释放比例较小的现象。

但通过对 A、B 两组融 2 中各污染因子的融出比例 E 计算可得，A 组融 2 中各污染因子的 E 值为 22.52％～27.04％，为冰体中各污染因子平均浓度的 1.13～1.35 倍；B 组融 2 中各污染因子 E 值为 19.27％～25.31％，为冰体中各污染因子平均浓度的 0.96～1.27 倍。经分析可知，在融 2 阶段污染因子的 E 值与融 1 阶段相反，表现出微塑料有利于后续融冰过程中污染因子释放的特点，这可能是由于随着融冰过程的加剧，冰体结构逐渐松散，一方面冰体中赋存的微塑料易直接掉落在融水中，另一方面附着在微塑料上的污染因子被较多的冰融水冲刷带走的概率提高，因此出现了微塑料存在有利于后续融冰过程中污染因子释放的情况。

（3）不同初始浓度下微塑料赋存对融冰过程中污染物释放的影响。不同初始冰浓度下各污染因子在冰融水中含量如图 3-20 所示。由图 3-20 可知各污染因子初始浓度越大，在冰体融化过程中污染因子的释放量越大，即初始浓度高将提高融冰时污染因子的初期释放量，这是由于初始浓度的提高伴随着水体黏度系数提高，晶核数量增多，导致碰撞与成核的概率提高，加快了冰体生长速度，使更多的污染因子滞留在冰体中，因而在融冰时释放量相对提高；同样当初始浓度相同时，A 组中的污染因子在融 1 过程中质量浓度均表现出高于 B 组也是这一原因，微塑料具有易吸附其他污染物的特性，因此当实验中有微塑料赋存时在一定程度上相当于提高了溶液的浓度。

通过对 E 值计算可知，A 组融 1 中各污染因子的融出比例 E 在 35.55％～46.74％，融 2 中各污染因子的融出比例 E 在 22.30％～27.50％，B 组融 1 中各污染因子的融出比例 E 在 40.57％～49.72％，融 2 中各污染因子的融出比例 E 在 20.20％～25.19％。分析可知融 1 中各污染因子的融出比例却小于 B 组，融 2 中各污染因子融出比例大于 B 组。其原因可能是：①被微塑料吸附的污染因子不易随着冰体初期融化进入到冰融水，造成 A 组融 1 中污染因子浓度的降低；②由于随着融冰进程的加剧，赋存在冰体中的微塑料由于冰体结构的逐渐松散而直接进入到冰融水中，造成 A 组融 2 中污染因子浓度的升高，同时也表明微塑料作为固体污染物在融冰过程中释放的速度小于其他污染因子，因而导致此现象的出现。此外，A 组冰体中的污染因子在融冰比例达 40％时会释放 61.81％～69.85％，B 组冰体中的污染因子在达 40％时会释放 63.37％～70.05％；融冰过程中各污染因子的释放规律并未改变，仍呈现出初期大量释放，随后均匀少量释放的规律，表明冻结条件与微塑料的变化在融冰过程中物质的释放并不会起到关键作用，也不会改变其释放规律。

（4）融冰过程中微塑料对污染物释放机理的影响。由上述可知，不同条件下各污染因子在融冰过程中均体现初期大量释放，中后期少量而均匀释放的特征，因此冰体融化时污染因子的集中释放可以从冰体微观结构的角度来解释，冰的分子结构由 4 个氢原子与 1 个氧原子连接并形成四面体，因此当每个水分子周围排布 4 个分子时冰体就无法紧密堆积，

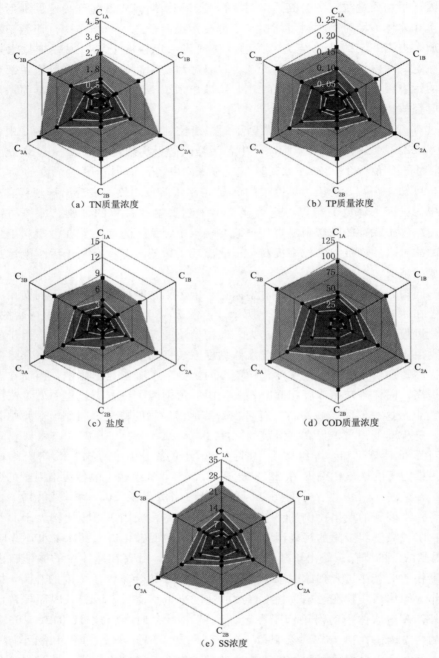

（a）TN质量浓度　　　　　　　　　　（b）TP质量浓度

（c）盐度　　　　　　　　　　（d）COD质量浓度

（e）SS浓度

图 3-20　不同初始冰浓度下各污染因子在冰融水中含量

出现很多的空腔，导致在冰体生长过程中污染因子会被冻结其中，如图 3-21（a）所示，当冰体融化时，随着外部能量的不断提供，分子间的氢键与四面体结构不断断裂，冰体开始逐渐松散，孔隙度增加，此时在冰体空隙中的污染因子就会沿着排水通道随着冰融水被释放。而一方面微塑料由于自身吸附力较强的原因，在融冰过程中与微塑料相互吸附的污染因子并不如其他污染因子易被融水冲刷而随着融水释放，致使污染因子初期释放受到影响，出现各污染因子延迟入水的现象，如图 3-21（b）所示；另一方面，融冰初期冰体结构较为紧密，微塑料作为一种固体污染物在此情况下不易释放，当后期冰体结构较为松散时，携带着污染因子的微塑料也易从冰体中直接掉落到融水中，但此类情况仅存在于冰体结构较为松散的融冰后期，如图 3-21（c）所示，因此出现有微塑料加入的融冰实验中融 1 融出比例较低，而融 2 融出比例较高的情况。

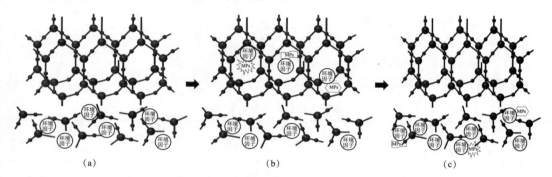

$$\text{图 3-21 融冰过程中污染物释放机理示意图}$$

冰体融化时污染因子的集中释放同样可以从冰体融化机理的方面来解释，Nakagawa 等曾提出溶质从冷冻相释放到融化基质上的液滴是浓缩现象出现在融化初期的原因，因为在结冰过程中冰体内部就会出现气泡，这些气泡因为冰下水体压力的增大也变得较高，因此会接纳并存留周围的污染因子，唐元庆曾利用高锰酸钾作为显色剂，在冰体结构的剖面图中发现高锰酸钾主要集中在冰体的孔隙与气泡中。当冰体开始融化后，由于气泡比表面积较大的原因，导致气泡在融冰过程中更易与冰融水相接触，且气压较高的气泡同时也会推动物质向冰融水迁移，因此形成了污染因子初期大量释放的现象。而结冰过程中冰体中微塑料的赋存一方面可能会"抢夺"原本属于气泡的位置，致使气泡的数量减少，尽可能地使污染因子吸附到微塑料上；另一方面由于微塑料是一种固体污染物，将占据冰体的物理结构，在融冰初期对于气泡推动污染因子迁移造成阻碍，因此造成微塑料不利于污染因子初期释放的局面。但值得注意的是，导致融冰过程中各污染因子融出情况不同的原因，除上述所说融冰条件及微塑料赋存不同等影响外，结冰时由于各污染因子聚集在微塑料上的程度不同，也会一定程度上影响融冰过程中污染因子的融出行为。

3.4 冰体中微塑料污染风险评价

对于冰封期微塑料风险评价，本研究采用 Tolminson 等提出的污染负荷指数（PLI）模型，该模型在土壤重金属污染方面的污染风险评估应用较为成熟，目前已有学者将该模型用于长江口邻近海域中微塑料的生态风险评估。故本研究基于风险评价模型，以冰体中微塑料丰度代替污染物负荷来评估冰封期岱海微塑料污染所引起的生态环境风险。

微塑料生态风险评估模型具体为

$$CF_i = \frac{C_i}{C_{oi}} \qquad\qquad (3-3)$$

$$PLI_i = \sqrt{CF_i} \qquad\qquad (3-4)$$

$$PLI_{zone} = \sqrt[n]{CF_1} \times \sqrt[n]{CF_2} \times \cdots \times \sqrt[n]{CF_i} \qquad (3-5)$$

式中　CF_i——各采样点的微塑料污染系数；

$\quad\quad C_i$——单个采样点的微塑料实测丰度；

$\quad\quad C_{oi}$——参考值，本研究选择 Everaert 等利用数学模型所推理出的对生物体无效应
安全浓度 540 个/kg 为参考值；

$\quad PLI_i$——各采样点微塑料负荷指数；

$\quad\quad n$——采样点个数；

PLI_{zone}——该区域内微塑料负荷指数。

微塑料污染程度等级划分标准见表 3-8。

表 3-8　　　　　　　　　　微塑料污染程度等级划分标准

污染负荷指数 PLI	<1	1~2	2~3
污染程度	轻度污染	中度污染	重度污染

与其他湖泊及海洋冰体中微塑料丰度相比，岱海冰体中微塑料丰度高于人迹罕至的南极等，同时也高于同一纬度的乌梁素海，其原因可能是岱海湖泊较南极、北极与波罗的海等相比人类活动强度高，与乌梁素海相比，岱海的水质恶化更为严重，而较强的人类活动以及水质的恶化会向水体提供更多的污染物质，相应微塑料丰度也较高。本研究根据本节列出的模型 [式（3-3）~式（3-5)]计算每个采样点及冰封期岱海整个区域内的 PLI 值并进行风险评价，计算结果见表 3-9。根据污染程度等级分类，各个采样点均受到不同程度的污染，经计算各采样点 PLI 为 0.524~1.954，DH1 污染指数值最高，DH4 污染指数值最低，已有 5 个点的污染程度达中度污染，表明不同采样点的环境风险存在差异。PLI_{zone} 为冰封期岱海区域微塑料负荷指数，由模型计算可得 $PLI_{zone}=1.016$，在理想情况下所选的参考值基础上，冰封期岱海区域内微塑料污染程度已达中度污染。

表 3-9　　　　　　　　　冰封期岱海微塑料 PLI 值与污染程度

污染负荷指数 PLI	<1（轻度污染）	1~2（中度污染）	2~3（重度污染）
DH1	—	1.954	—
DH2	—	1.428	—
DH3	—	1.133	—
DH4	0.524	—	—
DH5	0.770	—	—
DH6	0.804	—	—
DH7	—	1.252	—
DH8	—	1.365	—
DH9	0.659	—	—

需要注意的是岱海因其独特的地形地貌，导致排泄途径只能依靠蒸发排泄，但新型污染物微塑料并不能通过自然生态代谢消解，因此在岱海湖区微塑料呈现出只进不出的现

象，且湖区蓄水量逐年减少，使得湖中微塑料将不断累积。然而，微塑料除自身含有存在一定危害性的双酚—A 等多种添加剂外，还易与其他污染物形成复合污染效应，使微塑料毒性效应加强，因此微塑料导致的环境风险可能加倍。同时，岱海冰体中微塑料丰度为水体中的 4～9 倍，到融冰期，存储在冰体中的微塑料将被重新释放到湖泊中，这将会打破冰—水间微塑料的浓度平衡，对湖泊造成二次污染。冰封期岱海中微塑料污染程度已达中度，上述因素对岱海生态环境带来的潜在风险将进一步增强，因此对于研究区域的微塑料污染需引起足够的重视。

3.5 本 章 小 结

乌梁素海冰体中含有相当数量的微塑料，平均丰度为 $56.75～141n/L$，约为乌梁素海表层水体中微塑料丰度的 10～100 倍，且其丰度在水平方向上呈现出从上游到下游逐渐递减的趋势。乌梁素海冰体中纤维类为最常见的微塑料类型，其次是碎片类。对其颜色和粒径分析结果表明，冰体中微塑料有多种颜色，其中大多数是黑色（58.6%），其粒径主要以小于 0.5mm（27.4%）的塑料颗粒为主。傅里叶红外光谱检测结果表明，冰体中共发现 PE、PS 和 PET3 种类型的合成聚合物，其中 PE（68.1%）和 PS（24.6%）占总体优势，其次是 PET（7.3%）。与乌梁素海相比，冰封期岱海冰体中微塑料丰度较高，在 $283～1055n/L$ 之间，平均丰度达 $593n/L$，冰体垂直方向上表现出上层冰与下层冰高于中层冰的特征，但并未表现出显著差异（$P>0.05$）。冰下水体中微塑料丰度在 $51～148n/L$ 之间，平均丰度为 $92n/L$，冰体中微塑料丰度约为同一采样点水体中微塑料丰度的 4～9 倍。检出的微塑料中形态以纤维状为主，碎片状和薄膜状数量较少，主要检出颜色为黑色，粒径以小于 0.5mm 为主。此外，冰封期岱海各个采样点均受到不同程度的污染，整个区域内污染程度已达中度污染，冰封期该区域微塑料污染需引起足够的重视。

乌梁素海各采样点冰体中微塑料丰度与盐度、Chl-a 浓度及其他各营养盐浓度的垂直分布相关性分析结果表明：冰体中盐度与微塑料丰度之间的相关性较为显著，而其他各因素与微塑料丰度之间均没有明显相关性，说明在冰体中盐度与微塑料丰度能够相互产生影响。此外，冰封期岱海中微塑料丰度与 TN、TP、NH_3-N 以及硝酸盐表现出正相关，其中 TN、NH_3-N 和盐度与微塑料丰度呈显著正相关（$P<0.05$）；微塑料丰度与 Chl-a 质量浓度和冰厚呈现负相关关系。

结冰过程中冰体对污染因子具有排斥作用，无论是否存在微塑料，各污染因子均呈现出冰样中浓度<原水样浓度<冰下水样浓度的规律，且各污染因子均由冰体迁移至冰下水体。此外，不同冰体厚度、结冰温度及方式、初始浓度下微塑料赋存对污染因子的分布规律均有一定程度的影响，导致污染因子向冰下水体迁移的能力下降，但微塑料对于污染因子的携带作用小于冰体对污染因子的排斥作用。初始条件的不同与微塑料的赋存对于融冰过程中污染因子的初期释放量有一定的影响，但并不能改变融冰过程中初期大量释放而后少量均匀释放的规律。此外，微塑料在冻融过程中不仅会将部分污染因子携带到冰体中，还会对融冰过程中污染因子的释放起到一定的滞后作用。

参 考 文 献

［1］　王志超，杨建林，杨帆，等. 乌梁素海冰体中微塑料的分布特征及其与盐度、Chl-a 的响应关系 ［J］. 环境科学，2021，42（2）：673-680.

［2］　王志超，窦雅娇，周鑫，等. 岱海冰封期微塑料与环境因子的关系及风险评价 ［J］. 中国环境科 学，2022，42（2）：889-896.

［3］　王志超，窦雅娇，康延秋，等. 微塑料对结冰过程中环境因子迁移的影响 ［J］. 中国环境科学，2022，42（11）：5369-5377.

［4］　王志超，窦雅娇，康延秋，等. 微塑料对融冰过程中典型污染因子释放的影响研究 ［J］. 中国环境科学，2023，43（5）：2480-2488.

［5］　李卫平，滕飞，杨文焕，等. 乌梁素海冰封期冰-水中污染物空间分布特征及污染评价 ［J］. 灌溉排水学报，2020，39（2）：122-128，144.

［6］　Everaert G, Van Cauwenberghe L, De Rijcke M, et al. Risk assessment of microplastics in the ocean: Modelling approach and first conclusions ［J］. Environmental Pollution, 2018, 242: 1930-1938.

［7］　张岩，任方云，唐元庆，等. 融冰过程中铁离子和锰离子的迁移规律 ［J］. 中国环境科学，2021，41（5）：2391-2398.

［8］　王海瑞，王兴鹏，李朝阳，等. 南疆咸水结冰与融化过程中盐分及离子的变化 ［J］. 环境化学，2022，41（4）：1392-1400.

［9］　Hendrickson E, Minor E C, Schreiner K. Microplastic abundance and composition in western lake superior as determined via microscopy, Pyr-GC/MS, and FTIR ［J］. Environmental science & technology, 2018, 52: 1787-1796.

［10］　Cai L, Wang J, Peng J, et al. Observation of the degradation of three types of plastic pellets exposed to UV irradiation in three different environments ［J］. Science of the Total Environment, 2018, 628: 740-747.

［11］　Geilfus N X, Munson K M, Sousa J, et al. Distribution and impacts of microplastic incorporation within sea ice ［J］. Marine Pollution Bulletin, 2019, 145: 463-473.

［12］　郭鹏程，杨司嘉. 岱海水质变化规律及成因分析 ［J］. 华北水利水电大学学报（自然科学版），2021，42（1）：40-46.

［13］　苏磊. 微塑料在内陆至河口多环境介质中的污染特征及其迁移规律 ［D］. 上海：华东师范大学，2020.

［14］　He L, Huang F J, Yin K D. The ecological effect of marine microplastics as a biological vector ［J］. Journal of Tropical Oceanography, 2018, 37（4）：1-8.

［15］　王赫伟. 冰封期河流污染物变化规律及机制研究-以太子河本溪城区段为例 ［D］. 沈阳：辽宁大学，2021.

第4章 微塑料对冰体生消及其微结构的影响研究

随着全球经济与科技的迅猛发展，海洋及淡水环境中塑料垃圾数量急剧增加。以乌梁素海为代表的寒区淡水湖泊中微塑料含量增长显著，相较于国内其他地区已属于中等水平，而且结冰会促进微塑料富集，冰体中微塑料的多少及分布状况更是会对冰体内部结构产生影响。当前对微塑料与冰体生消、冰体内部结构关系的研究较少，亟需开展相关实验以填补微塑料赋存在冰体结构研究中的不足。

本文基于乌梁素海水体特征，通过室内模拟实验，对不同特征微塑料赋存条件下冰体生消、密度、冰体内部结构特征等进行研究。初步分析了微塑料对冰体生长率、消减率的影响，并探究了不同特征微塑料下冰体密度、冰体微结构的变化与关系，提高人们对微塑料赋存在冰体结构中的认识，以期为冰封下微塑料赋存对冰体生长及冰体微结构的影响提供一定的理论指导与依据。

4.1 研 究 方 法

4.1.1 微塑料赋存下冰体生长率及消减率实验设计

1. 微塑料的选择与处理

通过前期对乌梁素海湖水和冰体中微塑料分布特征的研究发现，就微塑料聚合物组合而言，PE 在冰体中占总体优势，占比达 68.1%，PS 次之，占 24.6%，乌梁素海冰体中尺寸小于 0.5mm 的微塑料占总体微塑料含量的 27.4%，尺寸在 0.5~1mm 的占比达 23.1%，尺寸在 1~2mm 的占比达 19.5%。通过对春季乌梁素海微塑料检测发现，水体中微塑料丰度范围在 (4.7 ± 1.5)~(16.8 ± 4.0)n/L 之间，平均丰度值为 (9.8 ± 1.2)n/L。

根据本文研究目的，分别选择乌梁素海微塑料类型、粒径、丰度分布占比大的微塑料特征，于是选取微塑料类型 PE，微塑料粒径（$550\mu m$、$950\mu m$、$1500\mu m$）、微塑料丰度（5n/L、10n/L、15n/L）为实验指标。实验所选取的微塑料特征值见表 4-1。

表 4-1　　　　　　　　　　　微塑料选取

处理编号	类型	粒径/μm	丰度/(n/L)
T 表示	PE	550	5
		950	10
		1500	15

以 1L 水中包含的微塑料颗粒数表示微塑料丰度，记作"n/L"。微塑料采用从上海冠部机电科技有限公司购买的 PE。

2. 实验水样

通过本研究团队在 2018—2022 年期间对乌梁素海上游、中游、下游共 9 个采样点水质指标的数据统计分析，结合实验目的，最终确定水样各指标平均值为实验配水浓度依据，历年所取的乌梁素海采样点布设情况如图 2-2 所示。

作为一个典型的农业灌溉型湖泊，乌梁素海的氮、磷等环境因子的平均浓度已经达到了国家规定的 V 类污染的最高标准。根据乌梁素海水体水质特性以及实验需求，本研究选取环境因子 TP、TN、COD、盐度、悬浮物为实验用水配水指标，各环境因子含量以本实验团队长期观测乌梁素海多个采样点水体获得的资料为依据。为了减少天然湖泊的复杂水质和水动力条件对本研究的不利影响，采用超纯水和各种物质标准药品组成的标准溶液，以确保实验结果的可靠性与准确性；实验添加 SS 所用的泥样采自乌梁素海底泥，从采样点取回后立即放置于 60℃的烘箱中，直至重量保持稳定，然后冷却研磨，并使用 200 目不锈钢筛子过滤出实验所需样泥，最后置于干燥器内保存；盐度的配置严格采用《海洋调查规范》中的实验方法；TP、COD、TN 的配置方法均严格按照《水和废水监测分析方法》（第四版）进行配置。各指标浓度范围见表 4-2，实验过程中用到的主要试剂见表 4-3。

表 4-2　　　　　　　　　　　　主 要 实 验 指 标

指标	含量范围	取值	指标	含量范围	取值
TN/(mg/L)	1.2～2.0	1.6	盐度/ppt	1.6～2.5	2.0
TP/(mg/L)	0.08～0.246	0.128	SS/(mg/L)	8～20	14.0
COD/(mg/L)	40.0～50.0	48.0			

表 4-3　　　　　　　　　　　　主 要 实 验 试 剂

药 品 名 称	药品化学式	等级	生产厂家
氯化钠	$NaCl$	分析纯	国药集团
硫酸镁	$MgSO_4$	分析纯	国药集团
邻苯二甲酸氢钾	$C_8H_5KO_4$	优级纯	国药集团
磷酸二氢钾	KH_2PO_4	优级纯	国药集团
硝酸钾	KNO_3	优级纯	国药集团

3. 实验装置

本实验所需装置汇总如下：低温试验箱，产自上海悦洽实验设备有限公司，型号 DW-25-190L，精度±2℃；电子天平，产自梅特勒-托利多公司，型号 ME204E/02；费氏台，自制实验装置，根据李志军、黄文峰等观测冰微结构、冰气泡改进的费氏台；电阻丝测量装置，自制装置。

（1）结冰装置。结冰装置由自制不锈钢长方体仪器组合而成（外长方体长 30cm、宽 20cm、高 60cm；内长方体长 25cm、宽 15cm、高 50cm），采用可调节温度的低温试验箱作为冷却装置。为更好地阻断结冰装置桶壁和桶底与外界热量的传递，在内、外长方体装置间利用多层石棉保温材料填充，最后以铝纸包裹整个内部结冰装置的筒体，确保能量自筒体上部往下部传递，从而使得水体主要通过表面热交换而失热降温。实验装置如图4-1所示。

（2）测量装置。冰厚测量装置主要由把手、支撑杆、电阻丝、重锤、下挡板、电源、电源夹组成，实验中电阻丝材料为0.15mm的镉镍合金电阻丝，下挡板使用绝缘塑料板的目的是避免冰层下表面融化造成的测量误差。整个装置铺设于实验前，测量时利用12V蓄电池加热连接的电阻丝，通电后使之发热至能够拉动即可，此时立刻断电，以尽量减小因电阻丝发热对周边冰厚的影响，拉绝缘把手使L_1电阻丝连接的下挡板至冰层下表面，此时记录冰层上表面电阻丝长度为L_2，最后利用冰厚计算公式$L=L_1-L_2-L_3$确定冰厚的大小，实现整个冰封期冰厚的测量装置如图4-2所示。

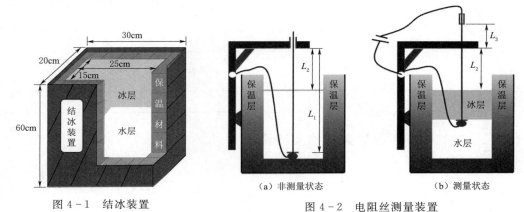

图4-1 结冰装置　　　　　　　图4-2 电阻丝测量装置

在冰融化期，由于气温较高电阻丝在冰内加热时遗留的孔洞无法再次冻结，会造成孔洞周边冰层融化加速，所以电阻丝的冰厚测量值不再可信，此时选择人工打孔测冰厚才是最准确的测量方法。热电阻丝测量装置和钻孔测量属人工测量技术，测量精度均为±0.5cm。

4. 结冰及融冰处理

冰体消化过程温度处理如下：首先控制环境气温2℃（24h）使水体均匀散热，接近现场封冻前水温，控制环境气温−2℃（1h），对水体过冷处理。根据冬季气温呈先减小、后稳定、再升高现象，将环境温度变化分为快速降温（至−10℃）、恒定低温（至−20℃）、快速升温（−10℃）、缓慢升温（至0℃）及正温升温（至8℃）5个阶段。

（1）不同特征微塑料下冰体生消实验设计。为探究不同丰度、粒径微塑料对冰体生长率、消减率的影响，首先利用去离子水按照以上水环境指标浓度配制实验水样，放入结冰装置后至于低温试验箱中进行冷冻；经本团队长期对冰封期乌梁素海检测发现，其结冰比例在7%～25%之间，每12h测量一次，选择在结冰比例达20%时结束增长期；进入消减期，先调节试验箱温度至−10℃稳定5h，再调节温度至0℃稳定5h，再到5℃，进行融化，每12h测量一次，直至冰层出现边缘化融化时结束测量。每组实验设置3个平行组，结果数据取平均值。

（2）晶体观测时冰处理，利用去离子水配置含不同类型不同粒径不同丰度的微塑料水样，当结冰比例达 20% 时将冰样取出，将冰样由上到下分为两部分，分别记为上冰、下冰，在低温下进行切割及后续观测实验。

实验组编号设置见表 4-4。

表 4-4　　　　　　　　　　　　　实 验 组 编 号 设 置

处理编号	微塑料类型	微塑料粒径/μm	微塑料丰度/(n/L)
Ta-1		550	5
Ta-2		550	10
Ta-3		550	15
Ta-4		950	5
Ta-5	PE	950	10
Ta-6		950	15
Ta-7		1500	5
Ta-8		1500	10
Ta-9		1500	15
CK*	—	—	—

4.1.2　微塑料赋存下冰体微结构实验设计

1. 实验原理

冰晶体结构特征实验需要利用费式台观测，此仪器使用的前提是需要制备冰晶体薄片（图 4-3）。

费氏台是一种利用光学原理观测冰晶体结构的仪器，主要是它的偏振结构部分。使用时，将制备好的冰晶体薄片置于两个偏振片之间，当一束多振动方向的光遇到偏振片后，只能有一种偏振方向的光可以通过，所以在观测冰晶体时，要使上下两个偏振片相互垂直，使其完全不透光，就可以看到冰的晶体结构。

2. 实验观测方法

（1）冰晶体薄片的制备是冰晶体观测的重要一环。其步骤如下：

1）将取出的冰柱沿垂直冰面的方向自上而下切割，理想尺寸为直径 15cm、厚度 6～8cm圆柱形冰块，利用切冰刀切割出包含微塑料的冰样，根据试样长度切割出 5cm 左右的冰样，

图 4-3　费式台

之后标记出冰体生长方向，用于制作冰晶体观测薄片。

2）切割好冰样后，将用于冰晶体结构观测的一面用手工刨和砂纸磨平，目的是使其能与玻璃片充分接触。

3）利用热水对玻璃片进行加热处理，使玻璃片温度略高于0℃，然后将冰样用于观测的冰晶体结构的一面贴到玻璃片上，其中为使冰样与玻璃片能够充分接触，将冰样面贴到玻璃片上后要迅速地左右滑动，然后使其冻结在玻璃片上，最后在玻璃片上标记好试样顺序和生长方向。

4）待冰样在玻璃片上冻结稳定后，再次使用刨刀将贴在玻璃片上的冰样修薄，将冰样厚度修整至0.5mm左右即可。

图4-4为冰晶体观测薄片制备过程。

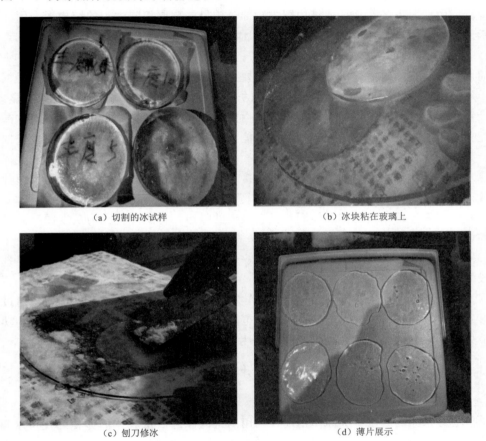

（a）切割的冰试样 　　　　　　　（b）冰块粘在玻璃上

（c）刨刀修冰 　　　　　　　（d）薄片展示

图4-4　冰晶体观测薄片制备

（2）晶体观测实验在冰晶体薄片制备之后，本次实验根据实验实际环境及实验需求进行，具体观测步骤及注意事项如下：

1）将冰晶体结构观测仪器费氏台放置于黑暗环境中，实验均需在低温环境中进行，以防冰晶体融化。本实验均在环境温度低于−10℃的冷库中进行。

2）接通电源，使灯泡亮起，灯泡需为白炽灯泡。需要注意的是，若环境温度不够低，需要注意操作的速度，以免冰晶体融化。

3）透过上部偏振片进行观察，同时调整下部偏振片，当上下两个偏振片相互垂直时将达到一个完全不透光的状态。

4) 把冰晶体薄片放置于费氏台上,并在冰晶体薄片旁边放置一个精度为 1mm 的刻度尺,以便后续图像处理时对冰晶体的粒径尺寸标定,进而对冰晶体粒径尺寸的数据进行分析。

5) 边观察边调整费氏台,直至从上观察镜中看到冰晶体呈现最清晰的状态,以冰晶体各个晶体之间的颜色区分清晰为标准。

6) 在观察镜上方利用照相机选择合适的角度对冰晶体图像进行拍摄。

需特别注意,削冰时发现,将冰削至接近 1mm 时会出现冰碎裂的可能,在不影响冰体结构特征的情况下,对现场冰结构图进行部分拍摄并截取相同大小的结构图,因此图片中显示部分并非为全部结构,但能显示整块冰的特征。

3. 冰晶体图像处理

前期费式台观测时照相机拍摄的图片需要处理后才能用于冰晶体图像分析。根据观测结果,利用 Adobe Phtoshop 截取冰晶图片的有效部分并进行修饰,冰晶边界明显即可,利用计算机图像处理技术,将照片处理成黑白图像,采用 Image Pro Plus 提取出冰晶体结构的完整边界后,使用其自动计数与测量功能,通过测量各区域像素点面积间接获取真实尺寸。具体操作如下:

(1) 在冰晶体结构原图中截取出最大内接矩形,同时对照刻度尺记录下矩形图片的实际尺寸,用于后期的单位换算。

(2) 使用偏光镜拍摄的冰晶体图片具有很大的噪声,将图片转化为灰度图后并进行细节调整,直到冰晶体结构边界清晰即可。

(3) 确定阈值。选择测量对象的边界是一个确定阈值的过程,利用阈值来精确选择测量线段的起点与终点。

(4) 面积提取。使用精度 1mm 的直尺作为测量标尺对图片尺寸进行矫正,通过不规则图形划线对区域进行选择,为使每块结构范围选择准确,要不停利用放大及缩小功能进行细节处理,以确保冰晶体粒径尺寸的准确性。

4.1.3 微塑料赋存下冰体密度实验设计

1. 实验原理

单位立方米冰的质量称为冰体密度,利用测得的冰的质量和冰的体积之比可求得 $\rho = m/v$。

2. 实验观测方法

冰体密度的测量方法有质量—体积法和排液法、灌砂法等,关于微塑料与冰体密度这两种指标共存下的测量尚有定论,本着操作简单方便、精准的原则对测量方法进行选择,本实验利用质量—体积法测量。

质量—体积法测密度操作步骤如下:

(1) 利用切冰刀将试样垂直冰面方向,自冰表面至冰底面分割成高度为 5cm 的冰柱,此部分冰块包含不同丰度的微塑料。

(2) 利用刨刀、大粒径砂纸将上下面打磨,利用游标卡尺对圆柱的上下直径、柱高进行不同位置、多次的测量,求其平均值后计算体积 (v)。

（3）利用电子天平称量试样质量（m），实验中使用的电子天平最小分度值为 0.01g，称重完成后，将试样放入塑料盒内室温融化，经过滤、烘干、称重之后，计算出单位体积冰试样中的冰内微塑料所占质量。

（4）利用公式计算冰体密度，此时计算密度所用的质量不包含微塑料所占的质量。

需特别注意，实验过程中为了防止测量误差过大，整个过程在 −10℃ 的冷库中测量，冰块不会有融化的可能，并且整个实验过程也是在零度以下环境中进行的。

4.2　不同特征微塑料对冰体增长率及消减率的影响

除冰体自身物理结构外，人为因素、污染物质等都将对冰体厚度产生影响。故在微塑料丰度较高或丰度持续增加的地区，微塑料可能会影响冰体表面的性质。本研究选择室内实验的方式，基于乌梁素海水体特征，在恒温实验室内模拟静水条件下湖冰水体结冰、融冰过程，针对不同特征微塑料赋存下冰体生长与消减过程中冰厚的特征变化开展研究。

4.2.1　不同丰度、粒径微塑料对冰体增长率的影响分析

在冰体生长过程中，特有的低温环境会加速溶质被晶体捕获的速度，微塑料投加丰度较高的实验组冰增长速度较快，如图 4−5 所示。

由图 4−5 可知，整个实验中初结冰时各组冰厚值平均维持在 0.5～0.8cm 范围内，结冰过程结束时各组冰层厚度达 9.8～12.5cm。初结冰时 CK1、Ta−1、Ta−2、Ta−3 三组冰厚值分别为 0.7cm、0.8cm、0.7cm、0.6cm，结冰过程结束时冰厚值分别达 10.1cm、9.8cm、12.5cm、10.6cm，此时空白组 CK1 增值达 9.4cm，微塑料组 Ta−2 冰厚值达最大，其冰厚增长值达 11.8cm 之高，增幅最大，如图 4−5（a）所示。在图 4−5（b）中，初结冰时 CK2、Ta−4、Ta−5、Ta−6 冰厚值分别为 0.7cm、0.8cm、0.8cm、0.7cm，在冰体生长结束时冰厚值分别达 10.5cm、12.5cm、10.8cm、10.3cm，可见 Ta−4 组冰厚值最大，增幅也最大，空白组 CK2 增幅偏小。如图 4−5（c）所示，在冰体生长结束时，仍出现实验组冰厚值均高于空白组的现象，CK3 组增长 9.7cm，Ta−7 组增长 10.3cm，Ta−8 组增长 11.7cm，Ta−9 组增长 10.7cm，即 Ta8＞Ta9＞Ta7＞CK3，空白组冰厚增幅最小，实验组冰厚增值普遍偏大。综上所述，在冰体生长过程中微塑料促进冰的增长。究其原因主要是：①低温（−25℃）使冰晶生成更多细而密的分枝，冰晶生长速度快，从而使更多环境因子被俘获在冰体内；②低温会加快水分子向固—液界面的运动速度，当水分子向界面运动的迁移速度超过水环境中其他物质的速度时，溶质就会被晶体捕获；③结冰对微塑料丰度来说是一个富集过程，微塑料的存在相当于提高了溶质浓度，结果会使更多的晶体被捕获。Schmidt 等的研究也表明，冰体生长速率越快单位体积内形成的迁移通道密度越大，被俘获在冰体中的杂质越多。因此，冻结温度低，将有更多的环境因子及微塑料被俘获在新生成的冰体中，相对迁移通道也会越多，冰增长速率也就相对更快，实验组冰厚增幅也就较大。

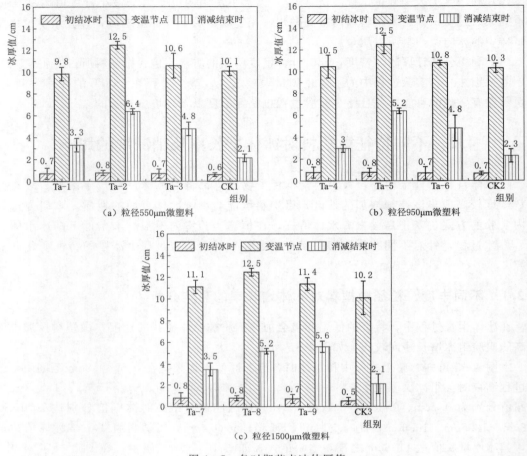

图 4-5　各时期节点冰体厚值

4.2.2　不同丰度、粒径微塑料对冰体消减率的影响分析

在冰体融化阶段，微塑料的存在会对冰体的融化起着"皮袄"的作用，大量微塑料及杂质因为冰释集中到表面，降低冰内与冰外界的热量传递过程，阻碍冰体的融化，而且微塑料丰度越大阻碍效果越明显。

通过对冰体生消过程的冰厚进行不间断测量可知（图 4-6），消减阶段持续了（20×12）h，在投加 550μm、950μm 微塑料的实验中，平均消减速率在（0.025±0.01）cm/h 范围内变化，空白组消减速率在 0.032cm/h 左右 [图 4-6（a）、（b）]；在投加 1500μm 微塑料的实验中，Ta-9 组冰体消减速率最慢，仅达 0.022cm/h，空白组为 0.031cm/h [图 4-6（c）]。另外，由图 4-5 可知，投加微塑料的实验组冰厚下降幅度在 6.0～7.5cm 范围内，而空白组下降幅度整体在 8.0cm 以上。综上所述，消减过程中微塑料的存在确实阻碍了冰体的融化过程。这是因为结冰本身伴随着冰体对系统中环境因子的俘获，而微塑料具有一定的吸附性能，与母液中环境因子共存时更容易与其形成团聚体，导致冰体内微塑料含量及杂质增多，降低冰体内部与冰体外界的热量传递过程，从而达到减缓冰体融化的

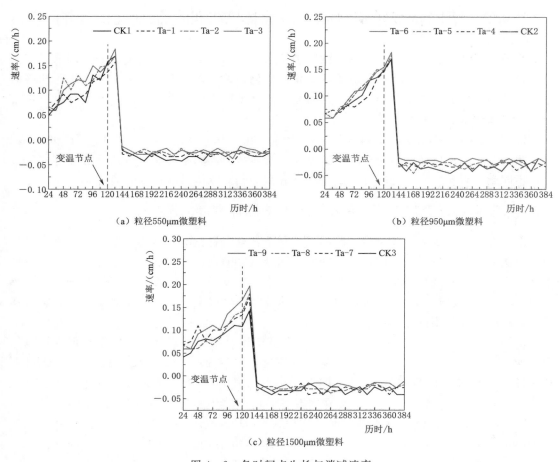

（a）粒径550μm微塑料　　　　（b）粒径950μm微塑料

（c）粒径1500μm微塑料

图 4-6　各时间点生长与消减速率

目的。另外 Ta-3（丰度为 15n/L）相比其他实验组消减速率较小，累积（11×12）h 小于 Ta-1（丰度为 5n/L）、Ta-2（丰度为 10n/L）组的消减速率；Ta-6 消减速率最小，连续在 0.023cm/h 上下浮动，并累积（13×12）h，小于 Ta-4、Ta-5 的消减速率；可见在微塑料投加丰度较大的实验组中消减速率较小，说明微塑料丰度越大对冰体融化的阻碍作用越明显。从结晶学角度分析，微塑料的存在导致原本因密度差作用向液相扩散的一部分环境因子分子聚集在微塑料上，进而滞留在冰体内部，并未向水体扩散，即在结冰过程中微塑料的存在对环境因子向冰下水体迁移产生了一定的阻碍作用，使冰体的净化程度下降，进而影响热传递效果。冰体内杂质丰度越大，热传导性越差，所以冰体内温度热量交换效率低，随着微塑料丰度的增大冰体融化速率越慢。此外，各组在降温后近 12h 内出现冰厚骤增的情况。这是因为冰层生长速率除了取决于低气温的绝对值之外，更重要的是取决于低温持续时间的长短，变温后试验箱内温度需要一段时间才能达到冰体融化温度，所以冰厚不会立即下降，实验显示在 24h 后冰温稳定，冰体才开始融化。

4.3　不同特征微塑料赋存对冰体密度的特征变化的影响

冰的晶体结构、冰内气泡等基本微结构特征是在冰体生长过程中形成的，形成后它们会随着冰温、能量收支、辐射传输等的变化而变化。近年来，湖冰、极地冰、水库冰等对冰体微结构的研究成果不断涌现，分别对冰体内部结构、冰内气泡、冰体密度等进行定量分析，对冰体微结构研究技术较为成熟。

根据第 3 章实验结果，本研究结冰温度选择在 −10℃ 下进行，参考 Eicken 和 Lange 对湖冰的分类方法以及张邀丹对乌梁素海冰、黄河冰、水库冰的研究方法及分类方式，以投加不同微塑料粒径、丰度特征为变量，展开微塑料对冰体微结构影响的研究。

4.3.1　不同结冰温度下不同特征微塑料对冰体密度的影响

研究发现，温度对冰体密度的影响颇为复杂，有学者在研究冰体密度的影响因素时发现，当温度处于 −10℃ 左右时，冰体密度会随着温度的变化而改变，低于 −15℃ 时，冰体密度几乎不受温度变化的影响。窦雅娇等在对不同温度下（−10℃、−15℃、−25℃）冰体内环境因子浓度进行对比发现，温度越低冰体对环境因子的排出作用越弱，微塑料对环境因子的吸附性能不同，则冰体密度就不同。

由图 4 − 7（a）可知，投加粒径 $1500\mu m$ 微塑料时各丰度下冰体密度平均值变化范围为 $0.908 \sim 0.948 g/cm^3$，对应无塑料组冰体密度平均值为 $0.909 g/cm^3$，粒径 $950\mu m$ 微塑料时各丰度下冰体密度平均值变化范围为 $0.903 \sim 0.930 g/cm^3$，对应无塑料组冰体密度平均值为 $0.899 g/cm^3$，粒径 $550\mu m$ 微塑料时各丰度下冰体密度平均值变化范围为 $0.899 \sim 0.927 g/cm^3$，对应无塑料组冰体密度平均值为 $0.915 g/cm^3$。如图 4 − 7（b）所示，粒径 $1500\mu m$、$950\mu m$、$550\mu m$ 微塑料组对应的无塑料组平均冰体密度分别为 $0.913 g/cm^3$、$0.906 g/cm^3$、$0.905 g/cm^3$。此温度下无塑料组冰体密度平均值与上组差别不大，平均值间无显著性（$P > 0.05$）。在图 4 − 7（c）中，粒径 $1500\mu m$、$950\mu m$、$550\mu m$ 微塑料组对应的无塑料组冰体平均密度分别为 $0.877 g/cm^3$、$0.882 g/cm^3$、$0.889 g/cm^3$。综上所述，塑料组密度值整体上大于无塑料组，所以微塑料存在时对应冰体密度值也较大。徐梓竣在研究冰单轴压缩强度实验时测得乌梁素海冰体密度范围为 $0.860 \sim 0.920 g/cm^3$，与本研究中无微塑料组的冰体密度相比差别不大，而且有关学者在研究结冰过程中微塑料与冰—水中环境因子关系时发现，微塑料赋存情况下冰体中各环境因子浓度是不添加微塑料时的 $1.13 \sim 1.41$ 倍，从而导致塑料组密度值较大，与本实验结果相符。当微塑料丰度 15n/L 时，冰体密度值整体较同组其他值大，且此丰度下，粒径 $1500\mu m$ 与 $950\mu m$ 所对应的密度值明显高于粒径 $550\mu m$ 所对应的冰体密度值，引起这一现象的原因可能是本研究所使用的 PE 微塑料密度在 $0.970 g/cm^3$ 左右，在结冰过程中被冰体捕获，不仅占据了原冰内部空间，而且结冰过程中冰内环境因子会选择聚集在微塑料上。

三种结冰温度下冰体密度相较，无塑料组平均冰体密度值最小，结冰温度 −25℃ 和 −15℃ 下冰体密度值显然更大。在添加微塑料的情况下，不同特征微塑料下冰体密度值均比以上温度下冰体密度值低，而同一温度下比较，微塑料组密度值显然比无微塑料组大。

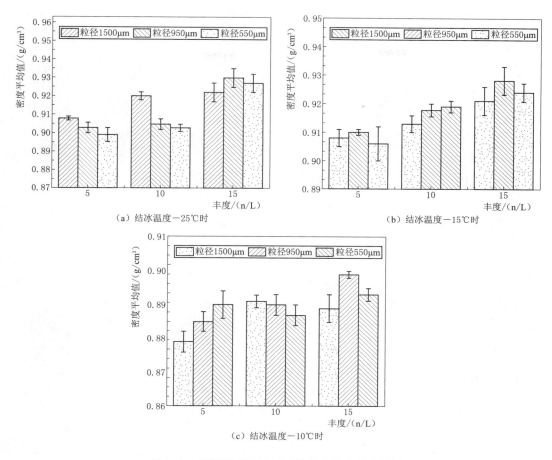

图 4-7　不同微塑料丰度下冰体密度的分布情况

由此可见，微塑料的存在对冰体密度存在促进作用。王志超等研究发现，结冰过程中环境因子因微塑料的存在导致向冰下水体中迁移减少，使冰体的净化程度下降。Salonen研究发现，结冰温度越低时冰体需要更多的面积来释放热量，冰晶体会变为树枝状以增大表面积，导致冰体产生树枝状的分支进一步捕获物质，使冰体的纯度降低，环境因子浓度增大，因此较低温度对冰体密度增加起到促进作用。

4.3.2　不同结冰温度下不同特征微塑料对冰体密度影响的显著性分析

由图4-8可知，结冰温度-15℃与-25℃下对应的冰体密度值显著性较弱，而当结冰温度为-10℃时，不同微塑料丰度下冰体密度值与其他温度下密度值均表现出显著性，此时微塑料组与无微塑料组间冰体密度值差距明显。在-10℃下对各丰度的冰体密度进行深入显著性分析发现，无塑料组与塑料组均存在显著性，丰度5n/L、10n/L下冰体密度间显著性较弱，当微塑料丰度15n/L时微塑料对冰体密度的影响最明显，即在-10℃且丰度15n/L时微塑料对冰体密度的影响效果最明显，如图4-9所示。综上所述，微塑料的存在会增加冰的密度，但在较低温度时影响不显著。

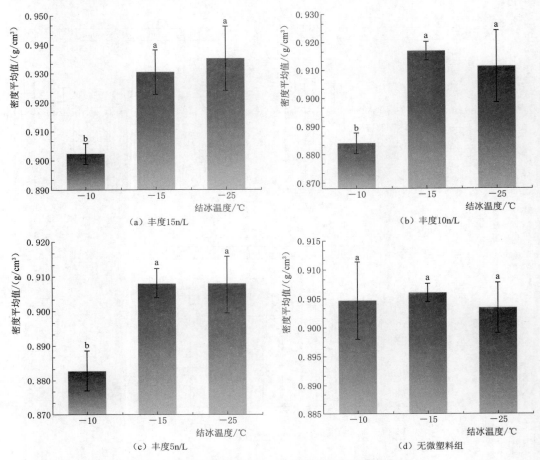

图 4-8　不同微塑料丰度下冰体密度间的显著性分析

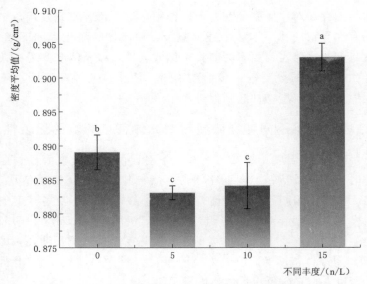

图 4-9　-10℃时不同丰度下冰体密度间显著性分析

4.4　不同特征微塑料对冰体微结构的影响研究

冰的晶体结构、冰内气泡等基本微结构特征是在冰体生长过程中形成的，形成后它们会随着冰温、能量收支、辐射传输等的变化而变化。近年来，湖冰、极地冰、水库冰等对冰体微结构的研究成果不断涌现，分别对冰体内部结构、冰内气泡、冰体密度等进行定量分析，冰体微结构研究技术较为成熟。根据 4.2 节、4.3 节实验结果，本研究结冰选择在 −10℃温度下进行，参考 Eicken 和 Lange 对湖冰的分类方法以及张邀丹对乌梁素海冰、黄河冰、水库冰的研究方法及分类方式，展开微塑料对冰体微结构影响的研究。

4.4.1　不同特征微塑料对冰晶体结构类型的影响

依据冰晶体的晶粒大小、形状对实验所获得的冰晶体结构观测结果进行了归纳整理，冰晶体结构类型有粒状冰、过渡冰、柱状冰、冰花冰。

不添加微塑料时（无塑料组）冰晶体结构情况如图 4−10 所示，冰晶体结构均呈柱状冰结构。

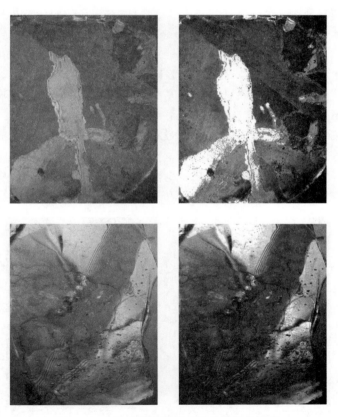

图 4−10　无微塑料赋存时冰晶体结构特征

　　1. 粒径 550μm 微塑料对冰晶体结构类型的影响

　　投加粒径 550μm 微塑料下冰晶体结构如图 4-11 所示。从图 4-11 中可以看出：不同微塑料丰度下的冰晶体结构特征不一致，丰度为 5n/L、10n/L 时表现为单一的柱状冰，丰度为 15n/L 时表现出粒状冰与柱状冰共存的现象，丰度为 20n/L、25n/L 时表现为明显的粒状冰结构。

　　从图 4-11（a）、（b）中可以看出冰晶结构为明显的柱状冰结构，晶体的形状整体呈现显著的狭长状，这是由于冰的冻结过程受环境和气象条件的影响，且冰冻结过程只与外界空气—冰—冰下水的热传导过程有关，所以说冰体生长过程是一个纯热力学生长过程，而且本实验在低温试验箱中进行，结冰时间段内水体一直处于静止、低温且稳定状态。随着温度的降低，水面将会迅速冻结成一层冰花，接着会发展成为初生薄层冰，结合实验温度处理实况，整个结冰温度会继续下降且稳定，冰开始逐渐向下生长，随着冰厚的增长，冰体生长达到稳定期，随后冰体生长达到阈值，冰晶体充分发育，但由于冰晶体与冰晶体之间的相互约束，所以冰只能沿着垂直冰体的方向向下生长，最后整个冰层冰晶体表现为稳定的柱状冰结构。这与张邀丹等对乌梁素海冰和辽河沈阳石佛寺采样点冰晶体观测结果一致。

　　继续投加微塑料 [图 4-11（c）、（d）、（e）] 发现，冰晶结构状态与其他状态不同，冰晶类型近似冰花冰，晶粒形状极其不规则，多为树突状和锯齿状，粒径较小，中间夹有部分粒径较大的冰晶，晶粒边缘存在包裹晶体；在张邀丹等文章中指出冰花冰其冻结过程主要受环境干扰和水动力条件控制，本次实验发现这与微塑料丰度有关系。晶核是提供晶体成长的基础，晶核会以一些尘埃为中心，与水分子在低温下形成一个物质集团，水分子通过发生有序位移不断结合在晶核上，随着低温环境的持续，晶核不断增大形成冰晶体，其存在会打乱该部位水分子的移动通道，结冰过程也是微塑料不断被捕获的过程，随着微塑料丰度的增大水分子的移动通道不断被打乱，导致冰晶结构发生变化。

　　由图 4-11 可知，冰中气泡含量明显较少。柱状冰内气泡分散较集中，粒状冰内气泡分布疏松，范围广泛。与张邀丹在冬季黄河和辽河沈阳石佛寺水库冰内气泡总体含量相较

（a）丰度5n/L

图 4-11（一）　微塑料粒径 550μm 下不同丰度变化冰晶体结构特征

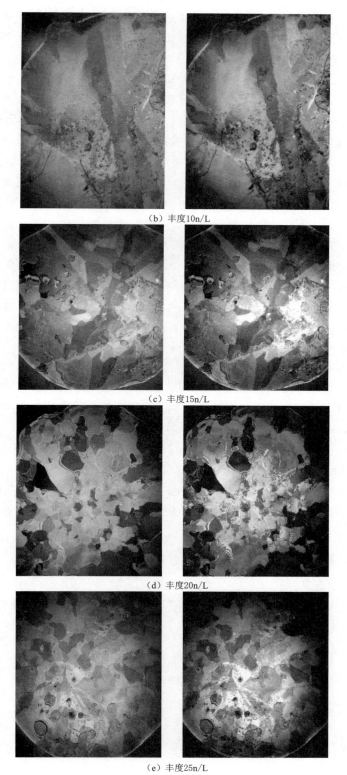

（b）丰度10n/L

（c）丰度15n/L

（d）丰度20n/L

（e）丰度25n/L

图 4-11（二）   微塑料粒径 $550\mu m$ 下不同丰度变化冰晶体结构特征

明显偏少。冰内气泡的存在主要由冻结环境风、流的扰动或者植物呼吸等作用所导致。本实验均在低温试验箱内进行，实验温度、实验环境均长时间稳定，所以冰内气泡含量少。

2. 粒径 $950\mu m$ 微塑料对冰晶体结构类型的影响

投加粒径 $950\mu m$ 微塑料后冰晶体结构如图 4-12 所示。从图 4-12 中可以看出：丰度为 5n/L、10n/L 时表现为柱状冰；丰度 15n/L、20n/L、25n/L 时表现为粒状冰。

如图 4-12 (a) 所示，冰晶体表现为柱状冰结构，冰晶体结构分布杂乱无章，结构粒径形状表现宽大，气泡含量集中分布，且较投加 $1500\mu m$ 微塑料时多。

如图 4-12 (b) 所示，冰晶体结构表现为粒状冰与柱状冰共存的现象。一方面可能是因为结冰仪器壁面会对生长的冰产生边缘效应，边缘效应造成的固—冰界面边缘润湿更好，相互作用力更大，将打破冰一直沿冰体方向向下生长的趋势，进而对冰结构边缘产生影响；另一方面可能是微塑料与冰花在交叉面快速冻结所导致，投加的微塑料在加入结冰容器之前会和所投加药物及底泥长时间接触，微塑料可能通过自身比表面积大及吸附性能增加自身密度，虽然实验微塑料密度小于水的密度，但实验过程中发现有微塑料悬浮于冰内部，富含微塑料的冰层大约持续 2cm 厚。微塑料丰度与营养盐呈现正相关，营养盐更是容易降落在作为悬浮颗粒物的微塑料上，使微塑料粒径增大，占据冰晶内部更大空间，表现为不同于柱状冰的结构状态。

随着微塑料丰度的增大，图 4-12 (c)、(d)、(e) 表现为粒状冰结构，晶体结构界限清晰，在张邈丹研究黄河内蒙古段冰体时发现，粒状冰结构冻结过程主要受环境干扰和水动力条件控制，而本实验水动力条件基本为零，无环境干扰。因此，继续投加微塑料仍表现为粒状冰结构，晶体结构形状多为不规则多边形；其中图 4-12 (d) 结构尺寸近似图 4-12 (e) 的结构分布，图 4-12 (e) 冰晶体结构多呈狭长状，个别接近矩形，与图 4-12 (d) 比较尺寸明显短小；但整个过程没有出现粒状冰与柱状冰相互交替的现象。

冰呈现单一柱状冰结构是因为冰生消过程中水动力条件较弱，不存在明显的流动性，而本次室内模拟过程由于流速为零，水动力条件为零，由纯热力学生长的冰表现为柱状冰结构。

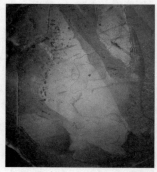

(a) 丰度 5n/L

图 4-12 (一)　微塑料粒径 $950\mu m$ 下不同丰度变化冰晶体结构特征

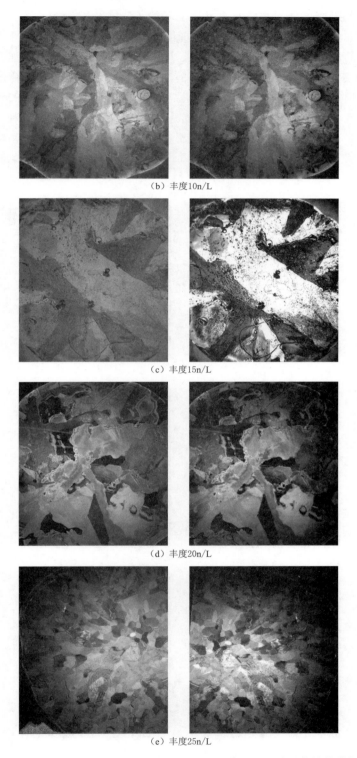

（b）丰度10n/L

（c）丰度15n/L

（d）丰度20n/L

（e）丰度25n/L

图 4-12（二）　微塑料粒径 950μm 下不同丰度变化冰晶体结构特征

3. 粒径 1500μm 微塑料对冰晶体结构类型的影响

投加粒径 1500μm 微塑料下冰晶体结构如图 4－13 所示。从图 4－13 中可以看出：不同微塑料丰度下的冰晶体结构特征表现相似，均表现为粒状冰结构，投加微塑料丰度不同各晶粒尺寸差距较大，与以上实验组不同的是，本组实验未出现柱状冰结构。

综上所述，通过添加不同丰度、粒径微塑料发现，随着微塑料丰度的递增冰晶体结构从柱状冰结构向粒状冰结构演变，当投入微塑料丰度较小（5n/L）时晶粒尺寸较大，形状多呈四边形，整张薄片上晶粒少；当投入微塑料丰度较大（25n/L）时晶粒尺寸较小且数量多，晶粒形状狭长、分布凌乱；投入粒径 1500μm 的微塑料时发现，此时冰结构全为粒状冰。

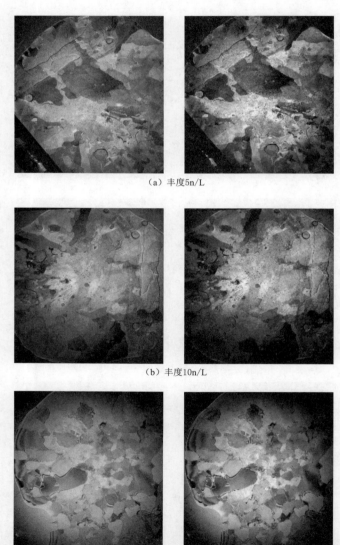

（a）丰度5n/L

（b）丰度10n/L

（c）丰度15n/L

图 4－13（一）　微塑料粒径 1500μm 下不同丰度变化冰晶体结构特征

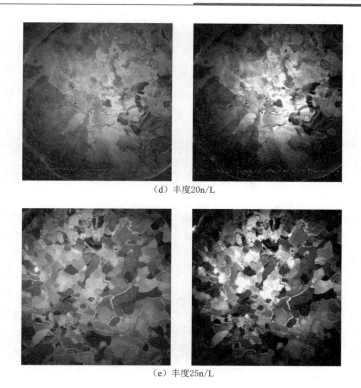

(d) 丰度20n/L

(e) 丰度25n/L

图 4-13（二）　微塑料粒径 $1500\mu m$ 下不同丰度变化冰晶体结构特征

4.4.2　不同特征微塑料对冰晶体粒径的影响

对微塑料赋存下的冰晶体结构图进行处理，获取 347 个冰晶粒尺寸数据，结合前面介绍的冰晶体结构处理方式，使用 ImageProPlus（IPP）计算得到每张晶体薄片中每一个冰晶体的面积和周长。由于冰晶粒形状不规则，因此用与晶粒面积相等的等效圆直径来描述冰晶粒的直径，等效直径的计算公式为

$$D = 2\sqrt{\frac{S}{\pi}} \tag{4-1}$$

式中　D——每张冰晶体薄片上冰晶体的各个等效直径，mm；

　　　S——水平晶体薄片上各个完整晶粒的面积，mm^2，π 取 3.14。

对冰晶直径测量后发现，添加微塑料的冰晶粒等效直径小于 3mm 的冰晶粒占 5.48%，等效直径为 6～9mm 的冰晶粒最多（图 4-14），排在第二位的是 9～12mm 的冰晶粒，二者分别占计算总量的 30.83%、27.38%。随着等效直径的增大，微塑料组冰晶粒数量逐渐减小，等效直径大于 21mm 的冰晶粒仅占计算总量的 3.46%。而无微塑料组除大于 21mm 的冰晶粒之外，粒径分布情况与塑料组相似，即冰晶粒数量与冰晶粒等效直径变化呈负相关。在不添加微塑料的情况下，冰晶体粒径尺寸占比多出现在 9～15mm、12～15mm 段，冰晶粒数量分别共占计算总量的 24.9%、23.3%，而 0～6mm 的冰晶体最少，仅占 1.6%；在 3～9mm 段，含微塑料的冰晶粒占比明显大于无微塑料组，在 12～18mm 晶粒段，无微塑料组冰晶粒占比又明显高于有微塑料组，在 9～12mm 晶粒段两者占比相差不大,说明微塑料的存在实现了冰晶粒粒径向更小粒径方向的转变。

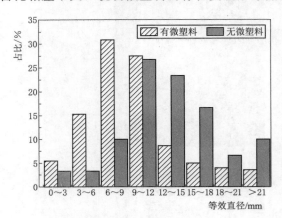

图 4-14 冰晶体粒径总体分布

投加微塑料组冰晶体类型分为柱状冰和粒状冰两种。如图 4-15 所示,对不同的晶体结构进行分析,与图 4-14 中总体分布的规律大体相似,其中:粒状冰等效直径 0~3mm、3~6mm 的晶粒数量均小于 6~9mm 的冰晶粒数量,等效直径大于 9mm 的晶粒占比随着晶粒尺寸的增大逐渐减小。粒状冰的大尺寸晶粒较少,等效直径大于 15mm 的晶粒仅占计算总量的 11.21%。柱状冰 0~3mm、3~6mm、6~9mm 的冰晶粒数量均小于 9~12mm 的冰晶粒数量,等效直径 9~21mm 晶粒数量随晶粒等效直径的增大而减小,柱状冰尺寸偏大,0~6mm 的冰晶粒数量占计算总量的 12.5%,6~21mm 的晶粒数量占 77.09%,大于 21mm 的晶粒数量比粒状冰的占比多,占总量的 10.41%,说明柱状冰尺寸分布较为均匀。

无微塑料组晶体类型均为柱状冰,晶粒尺寸分布情况如图 4-15(b)所示,0~3mm、3~6mm、6~9mm 的晶体数量明显小于 9~12mm 的冰晶粒数量,在 9~21mm 段出现冰晶体粒径数量随晶粒尺寸的增大逐渐降低,说明低丰度微塑料对晶粒尺寸的分布影响不大。与添加塑料组不同的是,大于 21mm 时的晶体数量较 18~21mm 晶体数量多。

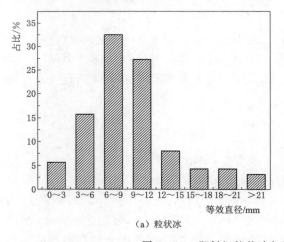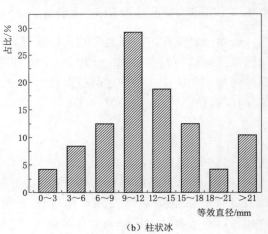

（a）粒状冰   （b）柱状冰

图 4-15 塑料组粒状冰与柱状冰晶体粒径尺寸分布

Michel 在定性描述晶体平均粒径大小时,将冰粒径分为 5 个等级,见表 4-5。

根据 Michel 对冰粒径尺寸的分级,结合不同丰度下冰晶体平均粒径尺寸可以看出,各微塑料组粒径尺寸存在差异,但大部分处在中粒与粗粒冰之间的状态,当投加粒径 950μm、微塑料丰度 10n/L 时,微塑料处于粗粒冰的状态。无微塑料投加组冰粒径范围在 13.10~13.98mm,可见冰晶粒均匀,晶粒等级接近粗粒。综上所述,在 Michel 的划分等次上来说，微塑料对冰晶粒粒径尺寸的影响并没有改变冰晶粒的等级。

表 4-5   冰 晶 粒 划 分 等 次 表

序号	划分等次	平均粒径尺寸/mm	序号	划分等次	平均粒径尺寸/mm
1	巨大粒	各维度长度以米计	4	中粒	1~5
2	极粗粒	>20	5	细粒	<1
3	粗粒	15~20			

4.5 本 章 小 结

在本团队前期对乌梁素海微塑料水和冰中微塑料丰度、粒径、类型研究基础上，考虑到野外实验水质复杂，室内实验条件可控等原因，针对微塑料对冰晶体结构等影响尚不明确的现状，开展不同特征微塑料对冰体生消、冰晶体结构、冰体密度的影响研究实验，主要结果如下：

（1）通过对投加不同特征的微塑料进行结冰、融冰模拟实验发现，结冰过程中微塑料颗粒的存在对冰体生长和消减过程具有一定的影响。在冰体融化过程中，微塑料对冰层的融化起到阻碍作用，且随着微塑料丰度的增加阻碍作用会更明显。融冰结束时各塑料组冰厚下降值与无微塑料组相比，两者差值最大可达 2.5cm。在研究同一丰度下不同粒径微塑料对冰体生消的影响时发现，投加粒径 $550\mu m$ 微塑料的实验组与其他组相较融冰期融化速率最低。

（2）通过对不同结冰温度、不同微塑料丰度下冰体密度的测量发现，在较低温度（$-25℃$、$-15℃$）时冰体密度值较大，冰体密度随微塑料丰度的增加而增大。对各微塑料丰度间的冰体密度进行显著性分析发现，$15℃$、$-25℃$ 下平均冰体密度值间显著性较弱，$-10℃$ 下各冰体密度组间均表现出显著性（$P<0.05$）。对 $-10℃$ 各丰度下的冰体密度进一步做显著性分析发现，微塑料丰度 5n/L 与丰度 10n/L 的实验组间显著性较弱，当丰度为 15n/L 时显著性较强，与其他组呈极显著性（$P<0.01$），此时微塑料对冰体密度的影响最明显。

（3）在对微塑料组和无微塑料组的冰晶体结构观测时发现，微塑料组冰晶体结构类型存在粒状冰与柱状冰两类，柱状冰尺寸整体分布较粒状冰均匀，随着微塑料丰度的增加，冰晶体结构类型会从柱状冰向粒状冰转变；无塑料组冰晶体类型只存在柱状冰。通过计算各微塑料特征下冰晶体等效粒径，等效直径为 6~9mm、9~12mm 的冰晶粒占比较大，分别为 30.83%、27.38%，对于大于 9mm 的冰晶粒来说，随着其等效直径的增大冰晶粒数量逐渐减小，其中粒状冰随着投加微塑料丰度的增加晶体内部粒径明显偏小，相应条件下冰体密度随着微塑料丰度的增加而增大。对各微塑料粒径、丰度下冰晶体平均等效直径进行统计发现，微塑料的存在并没有改变原本冰晶粒的尺寸等级。

参 考 文 献

［1］ 王志超，杨建林，杨帆，等. 乌梁素海冰体中微塑料的分布特征及其与盐度、Chl-a 的响应关系

［J］. 环境科学，2021，42（2）：673 – 680.

［2］　乔延龙，殷小亚，肖广侠，等. 悬浮物胁迫中国对虾幼体的急性毒性研究［J］. 渔业科学进展，2019，40（3）：50 – 56.

［3］　Geilfus N X, Munson K M, Sousa J, et al. Distribution and impacts of microplastic incorporation within sea ice［J］. Marine Pollution Bulletin, 2019, 145：463 – 473.

［4］　Eicken H, Lange M A. Development and properties of sea ice in the coastal regime of the southeastern Weddell Sea［J］. Journal of Geophysical Research：Oceans, 1989, 94（6）：8193 – 8206.

［5］　Schmidt S, Moskal W, Stephen J D M, et al. Limnological properties of Antarctic ponds duringwinter freezing［J］. Antarcticence, 1991, 3（4）：379 – 388.

［6］　Wharton Jr R A, Mckay C P, Clow G D, et al. Perennial ice covers and their influence on Antarctic lake ecosystems［J］. Physical and Biogeochemical Processes in Antarctic Lakes, 1993, 59：53 – 70.

［7］　刘慧慧. 超声波冰体密度检测方法的机理研究［D］. 太原：太原理工大学，2016.

［8］　徐梓竣. 乌梁素海冰单轴压缩强度试验研究［D］. 大连：大连理工大学，2018.

［9］　王志超，窦雅娇，康延秋，等. 微塑料对结冰过程中环境因子迁移的影响［J］. 中国环境科学，2022，42（11）：5369 – 5377.

第5章 沉积物中微塑料赋存特征及其影响因素

微塑料进入湖泊后，部分漂浮在水面，但最终会破碎成更小的塑料碎片沉降在沉积物中。因此无论是微塑料自身形态特征的改变，还是由于其他物理、化学条件对微塑料表面电荷和密度的影响，沉积物都是湖泊水体中微塑料的主要归趋。不仅如此，在湖泊这种持续动态变化的环境中，沉积物中的微塑料可以通过再悬浮过程释放到水体中。因此，沉积物不仅是湖泊水体微塑料的"汇"，同时也常被视为水体中微塑料的重要来源。研究表明，微塑料在沉积物中的迁移效率很低，主要沉降在沉积物的表层，并且难以扩散到其他区域。因此，沉积物中微塑料的赋存状态相较于水体环境更加稳定，也就意味着沉积物中微塑料的赋存特征对于湖泊微塑料的长期变化研究更具有指导意义。

本章通过对底泥微塑料污染特征开展研究，结合数量、颜色、类型等具体特征，探明岱海湖泊微塑料污染的基本情况，解决微塑料分布特征研究过程中存在的数量统计不准确、底泥中微塑料赋存等问题；以及通过室内模拟的方法，探究不同类型和丰度微塑料对湖泊沉积物微生物潜在功能的影响，揭示微塑料对沉积环境的影响效应，填补微塑料对湖泊沉积物微生物潜在功能影响研究方面的空白，以期为湖泊生态环境变化以及改善水体微塑料污染状况提供参考。

5.1 研 究 方 法

1. 实验仪器

实验过程中用到的主要仪器见表 5-1。

表 5-1 主 要 实 验 仪 器

仪器名称	规格型号	生产厂家
扫描电镜	JEM - 2100	日本电子公司
光电子能谱仪	Escalab 250Xi	美国 Thermo Fisher 公司
傅里叶变换红外光谱仪	RX1	美国 PerkinE 公司
激光共聚焦显微镜	OLS 4000	日本 OLYMPUS 公司
体视显微镜	M165FC	德国徕卡公司
紫外可见分光光度计	UV - 6000	上海元析仪器有限公司
智能恒温震荡培养器	ZWYR - 2102C	上海智城分析仪器制造有限公司
真空干燥箱	DZF - 6090	上海一恒科学仪器有限公司

仪器名称	规格型号	生产厂家
电子天平	FA2204B	上海天美天平仪器有限公司
超纯水机	PCWJ－20	成都品成科技有限公司
高速台式离心机	GT10－2	北京时代北利离心机有限公司
集热式磁力搅拌器	DF－101S	金坛区西城新瑞仪器厂
pH 计	PHS－3E	上海仪电科学仪器股份有限公司
真空抽滤器	SHB－IIIG	郑州长城科工贸有限公司
冰箱	BCD－215T BDZ	青岛海尔股份有限公司
底泥采集器	TD－60	郑州南北仪器设备有限公司
充电式自吸泵	CDS－12	江苏省南通市名磊水泵厂

2. 实验试剂

实验过程中用到的主要试剂见表 5－2。

表 5－2　　　　　　　**主 要 实 验 试 剂**

药品名称	药品化学式	等级	生产厂家
氯化钠	$NaCl$	分析纯	国药集团
过氧化氢	H_2O_2	分析纯	国药集团
氯化锌	$ZnCl_2$	分析纯	国药集团
丙酮	C_3H_6O	分析纯	国药集团
硫酸镁	$MgSO_4$	分析纯	国药集团
盐酸	HCl	分析纯	国药集团
硝酸	HNO_3	分析纯	国药集团
甲醛	$HCHO$	分析纯	国药集团
无水乙醇	CH_3CH_2OH	分析纯	国药集团

3. 微塑料检测方法

在对微塑料进行检测之前需对其进行有效的消解与分离。由于长时间的浸泡，取样过程中可能混入其他杂物以及底泥中成分较为复杂的原因，在检测之前需对水样及底泥样品进行消解，目的是去除其中含有的杂质。目前比较常见的消解方法有 H_2O_2 消解法、HNO_3 消解法、KOH 消解法等。邹亚丹等对上述消解方法的效果进行了研究，结果表明 KOH 消解法在浓度为 100g/L，温度为 60℃时具有最好的消解效果，且不会对微塑料表面结构产生影响。孙浩然等使用不同浓度 H_2O_2 和 HNO_3 对微塑料进行消解，结果表明，浓度为 1∶4 的 HNO_3/H_2O_2 组合能够有效消解非塑料类的有机物质，并且不会对塑料颗粒造成明显腐蚀。

对微塑料的检测主要包括数量、形貌的检测以及成分检测两部分。数量及形貌的检测方法主要有目视法、显微镜观察法、扫描电镜法；成分检测方法主要包括全反射傅里叶红外检测法（atr－FTIR）、拉曼光谱法、裂解气相色谱-质谱法（pyr－GC－MS）。数量及形貌特征检测主要用于确定微塑料个数、颜色、尺寸等特征，当体积较小时可借助体视显微镜对上述检测项目进行分析。扫描电镜主要用于观察微塑料在微观条件下的表面形貌特征，如卷曲、孔洞、裂纹等。成分检测主要借助微塑料中含有的不同官能团在特定波长下具有的吸收峰来确定微塑料的具体类别，并通过特定官能团确定出微塑料中含有的其他有机物，以此来分析其有机复合污染效应。

现有检测方法可实现对微塑料种类准确甄别，但对其数量统计仍缺乏有效手段，主要依靠目视计数法来确定体积较大的微塑料，而对于体积较小的微塑料纤维则主要依靠体视显微镜来辅助计数。这一方法存在一定缺陷，即由于操作者原因而可能产生计数误差，这一实验方法上的缺陷对微塑料的数量统计工作会产生较大影响，需加以改进，以提高数据统计精确度。

4. 室内土壤微塑料模拟实验

用彼得逊不锈钢采泥器采集岱海流域三道河附近的表层沉积物（2～5cm），采用铝箔封口袋进行密封带回实验室中，将当天取回的沉积物称取 1kg 置于烧杯中作为供试沉积物，根据李汶璐等的研究结果，本研究采集供试沉积物中微塑料丰度为 （89±2.67） n/kg，底值对后续试验的影响不大。

微塑料采用上海冠部机电科技有限公司生产的粒径为 $550\mu m$ 的 PVC 和 PE。在实验前将微塑料颗粒进行预处理，避免在实验前微生物对微塑料颗粒产生污染，将其放置在辛烷和戊烷中进行浸泡，并置于烘干箱中进行烘干，再放置在紫外线洁净台上消毒 1h，最后在 4℃的仪器中保存备用。

为尽可能模拟实际不同天然水体中沉积物中微塑料的污染，根据现有水体沉积物中微塑料丰度的调查研究设置两类微塑料类型（PVC 与 PE），分别按照沉积物干重质量的 2%、5%、10%加入 6 个试验组中，并用不锈钢勺子不断搅拌使其混合均匀，此外设置不赋存微塑料的对照组（CON），共 7 种处理（表 5-3）。每个处理方式重复 3 次。将恒温箱内的温度设置为 （27±3）℃，采用称重补水法保持沉积物 60%的含水率，每天交替进行 12h 光照、12h 黑暗处理。从进行处理后 24h 开始计，在第 30 天和 60 天对各处理取 3 个重复的沉积物样品，每个样品质量约 5g，进行宏基因组 DNA 的提取和测序分析。

表 5-3 沉积物—微塑料污染模拟实验设置

处理编号	赋存微塑料类型	丰度/%	处理编号	赋存微塑料类型	丰度/%
CON	—	0	PE2	聚乙烯	2
PVC2	聚氯乙烯	2	PE5	聚乙烯	5
PVC5	聚氯乙烯	5	PE10	聚乙烯	10
PVC10	聚氯乙烯	10			

5. 沉积物中微生物宏基因组测序分析及数据分析

选用 CTAB 法提取沉积物微生物 DNA，使用 Nanodrop 检测 DNA 的纯度（OD 260/280 比值），采用 Covaris 超声波破碎仪将 DNA 随机打断后，使用 NEBNext Ultra DNA 建库试剂盒（E7370）构建文库。文库构建完成后，用 Qubit 2.0 进行初步定量，稀释文库，用 Agilent 2100 对文库的插入片段进行检测，插入片段大小符合预期后，再使用 Q-PCR 方法对文库的有效浓度进行准确定量。文库检测合格后，按照有效浓度及目标下机数据量的需求将不同文库 pooling 至 flowcell，cBOT 成簇后使用 Illumina PE150（2×150）平台进行宏基因组测序。

对所得的微生物宏基因组和 KEGG 数据库（Kyoto Encyclopedia of Genes and Genomes，京都基因与基因组百科全书）进行比对，得出微生物各功能丰度的变化情况。使用 Origin 2022 绘制生物功能丰度的比例弦图、各不同类型的微生物功能 30 天和 60 天 KEGG 功能丰度的柱状图。

5.1.1　样品采集方法

对微塑料污染程度及分布特征开展相关研究，获取含有微塑料的底泥样品成为关键一步。底泥样品采集主要用不锈钢底泥采集器采集。底泥取样法：使用底泥采集抓斗在各采样点收集一定量底泥样品收集于铝箔袋中，带回实验室等待检测。具体操作：在各取样点用底泥采集器取表层 0~20cm 底泥样品，并将其收集于铝箔袋，带回实验室后将其贮藏于 4℃环境中。

5.1.2　微塑料预处理与检测方法

1. 微塑料预处理

底泥样品在自然干燥后，采用分级密度分离法分离其中的微塑料：在底泥样品中加入饱和氯化钠溶液（$\rho_{NaCl}=1.20g/cm^3$），搅拌 30min 后，后将其静置 3h 以使裹挟于底泥中的微塑料得以上浮。将上清液用 500 目不锈钢筛过滤，剩余步骤与水样中微塑料样品处理方法相同。由于饱和氯化钠溶液的密度浮选作用不足以使一些密度较大的塑料得以有效浮选。故向经饱和氯化钠溶液浮选后的底泥样品中加入饱和氯化锌溶液，以充分浮选密度更大的微塑料颗粒，同样将其搅拌 30min 后再静置 3h。以上两步密度浮选法均重复三次。

2. 微塑料检测方法

微塑料表面形貌及成分分析：将干燥好的玻璃纤维滤膜放置在立体显微镜下进行观察、计数。根据颜色、类别、形状等对微塑料进行统计。采用激光共聚焦显微镜对选定微塑料样品进行进一步微观结构的观察及图像采集。为了更好地观察微塑料样品表面的机械磨损及水力侵蚀作用，同时研究微塑料对其他物质的吸附，采用扫描电镜（SEM）、X 射线能谱分析仪（EDS）对微塑料样品进行微观结构的分析。微塑料样品在进行上述步骤前需进行喷金处理。傅里叶红外光谱（FTIR）用来鉴别微塑料的成分组成，通过比对样品谱线与数据库中的谱线，分析其具有的特殊官能团，并以此来确定微塑料的种类。

5.1.3　试验材料

1. 供试微塑料

以购自上海冠部机电科技有限公司的 PVC 和 PE 微塑料作为供试材料，从而更真实地模拟沉积物中微塑料污染情况。选用纯度为 99.9%、粒径为 $550\mu m$ 的微塑料颗粒，且均为无规则球状结构（图 5-1）。其中 PE 微塑料颗粒的密度为 $0.96g/cm^3$，熔点为 135℃，弯曲强度为 $50kg/cm^2$；PVC 微塑料颗粒的密度为 $1.35g/cm^3$，熔点为 130℃，弯曲强度为 $80kg/cm^2$。供试微塑料颗粒首先在辛烷和戊烷中浸泡以进行预处理，并在干燥箱中干燥，然后在紫外线清洁器上消毒 1h，以避免微生物污染，最后储存在 4℃条件下备用。

 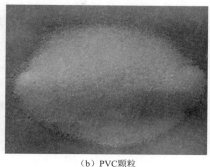

（a）PE （b）PVC颗粒

图 5-1 实验中使用的微塑料颗粒样品

2. 试验沉积物来源

2021 年 4 月从岱海流域三道河附近采集供试沉积物，并利用彼得逊不锈钢采泥器收集表层沉积物（2～5cm）。沉积物样品放入铝箔封口袋内密封，然后运回实验室，除去样品中植物残体、贝壳和砾石等杂质，对供试沉积物进行基本理化性质及微塑料丰度测定。利用密度分离法完成对微塑料的提取，具体步骤包括：保持 70℃的温度将沉积物样品烘干24h 到恒重后，加入 30% H_2O_2 溶液以消解有机物，再用 1.2g/L NaCl 溶液浮选后沉降24h，最后使用玻璃纤维过滤器（滤膜尺寸为 47mm；孔径为 0.45μm）对上清液进行真空抽滤，滤纸保持 40℃烘干 24h 即可。使用立体显微镜（M65FC）观测可疑微塑料颗粒并利用 NanoMeasuer1.2 软件统计微塑料丰度（单位是 n/kg），激光共聚焦显微镜（OLS4000）用来观测微塑料颗粒的形状、粒径和颜色等形态特征。微塑料粒径按最长边的长度来记，如果粒径在 500μm 以下或很难测定时，用傅里叶红外光谱仪（FTIR）来鉴定微塑料颗粒成分，详见表 5-4。本次研究供试沉积物微塑料丰度比较低，其本底值对于后续试验影响不大。

表 5-4 供试沉积物基本理化性质及微塑料丰度

项目	pH	含水率/%	含盐率/%	ω（TOC）/(g/kg)	ω（TP）/(g/kg)	ω（TN）/(g/kg)	微塑料丰度/(n/kg)
参数	9.40	58.58	2.4	23.05	1.423	3.230	89±2.67

5.1.4 沉积物培养实验

在恒温箱中进行模拟实验，通过对已有沉积物中微塑料含量的调查研究，本研究设置了两种微塑料类型（PVC、PE）和三种丰度（沉积物干重质量的 2%、5%、10%），并设置了一个未添加微塑料的对照处理（CON），共计 7 种处理（表 5-5），每个处理重复进行了 3 次。在每种处理条件下，将 1kg 沉积物置于 1L 烧杯中进行培养，随后按比例向沉积物中添加不同类型和丰度的微塑料，并使用不锈钢勺进行多次搅拌和混合，以达到均匀混合的效果。保持沉积物含水率为 60% 并维持温度为（27±3）℃，于恒温箱中进行培养，模拟日光照射且每隔 12h 交替光照及黑暗环境，在实验期间每天加超纯水以维持培养水位，使液面恰好覆盖沉积物 1cm 的距离。在向沉积物中添加微塑料之前，进行了为期 7 天的预先培养，将正式的实验周期则被设定为 60 天。自微塑料添加后 24h 起，分别于第 7 天、15 天、30 天、45 天、60 天时，从每个培养容器中提取三个重复的沉积物样品，以减少由沉积物异质性引起的变化，将采集的沉积物样品（每次 50～100g）进行均质化和离心后用于沉积物理化性质和酶的分析。将第 30 天和第 60 天采集的样品（每次取 5～10g 样品放入 10mL 离心管中）储存在 −60℃ 的冷冻室中，用于沉积物 DNA 提取和测序分析。

表 5-5　　　　　　　　　　　微塑料污染模拟实验设置

处理编号	添加微塑料类型	添加微塑料丰度/%	处理编号	添加微塑料类型	添加微塑料丰度/%
CON	—	0	PE2	聚乙烯	2
PVC2	聚氯乙烯	2	PE5	聚乙烯	5
PVC5	聚氯乙烯	5	PE10	聚乙烯	10
PVC10	聚氯乙烯	10			

5.1.5　指标测定与方法

1. 微塑料测试表征

在沉积物培养实验的第 60 天随机取出部分沉积物样品于培养皿中，置于 30℃ 烘箱中干燥 96h，并利用密度分离的方法，经过消解、浮选、抽滤、烘干等步骤得到实验培养后的微塑料。为去除微塑料表面黏附的土壤颗粒，将分离提取出的微塑料颗粒在超纯水和无水乙醇中摇晃三次，并在室温下进行干燥，用于下一阶段的观察和测试。

（1）扫描电子显微镜分析。采用扫描电子显微镜（SEM，SU-8010，Hitachi）技术，对 PE 和 PVC 微塑料的表面形貌和微观结构进行了观察。对微塑料样品进行随机抽样，并将其固定在双面胶带上，接着使用离子溅射器在微塑料颗粒表面喷涂铂金，最后将其置于扫描电子显微镜下进行观测和分析。

（2）X 射线衍射仪分析。利用 X 射线衍射仪（XRD，Smart Lab Rigaku）对 PE 和 PVC 微塑料的晶体结构进行观测和分析。XRD 使用 $Cu-k\alpha$，2θ 范围从 $5°$ 到 $90°$。

（3）傅里叶变换红外光谱分析。PE 和 PVC 微塑料表面官能团的测定通过傅里叶变换红外光谱（FTIR，TENSOR II BRUKE，德国）进行。从实验前后的微塑料中分别随机抽取 5 个样品，放置在 FTIR 附件上。傅里叶红外扫描的波形值范围是 $675\sim4000cm^{-1}$，最大分辨率为 $4cm^{-1}$。将每个样品进行 100 次扫描，并循环三次。在自动基线校正方式下，通过 OMNIC 软件离线显示所有光谱。

（4）测量表面与水的接触角。微塑料样品表面的疏水性大小测定通过接触角测定仪（Contact Angle System，OCA20，德国）进行。将 PE 和 PVC 微塑料颗粒放在载玻片上，并放入接触角测量仪的样品台中。然后，使用微型注射器向微塑料表面滴入 $2\mu L$ 的液体，当液体接触到样品表面时，立即进行计时，10s 之后，进行拍照并记录。最后，利用 SCA20 软件来拟合，并对液体和微塑料接触角即气液固三个交点所做的气液界面切线进行了分析。

2. 沉积物理化指标的测定方法

实验室检测沉积物常规的 TN、TOC、TP、CEC、pH，具体方法见表 5-6。

表 5 - 6 沉积物理化指标测定方法

理化指标	测定方法	标准号
TN	凯氏定氮法	HJ 717—2014
TOC	重铬酸钾氧化-外加热法	LY/T 1237—1999
TP	碱熔-钼锑分光光度法	HJ 632—2011
CEC	三氯化六氨合钴浸取-分光光度法	HJ 889—2017
pH	电位法	HJ 962—2018

3. 沉积物酶活性的测定

根据 Dick 的方法，测定沉积物中过氧化氢酶、多酚氧化酶和脲酶的活性，并使用分光光度计进行分析。在沉积物中加 3% H_2O_2 溶液，维持 3℃温度，静置 30min 后再加 1mol/L H_2SO_4 终止反应，滤液过滤后再加 0.5mol/L H_2SO_4，用 20mol/mL $KMnO_4$ 测定吸收 O_2 量从而测定沉积物过氧化氢酶活性。多酚氧化酶活性测定以注入沉积物多酚氧化速度为依据，用比色法来测定产生氧化型产物的数量。沉积物脲酶活性通常以加入柠檬酸盐缓冲液和尿素溶液后 1g 沉积物释放的 NH_3—N 的 mg 数来表示。

4. 沉积物微生物多样性和功能的测定

(1) 样品 DNA 提取与浓度测定。沉积物总 DNA 的提取使用 Fast DNA SpinKit for Soil (MP Biomedicals，美国) 试剂盒。根据说明书提供的标准提取方法，从每个样品中分别将取 5～10g 的原始冻存样品和沉积物培养样品放置 Lysing Matrix E tube 试剂盒内。然后，用 100μLDES 洗脱后，再用 1%琼脂糖凝胶经 DNA 电泳验证。利用 QuantiFluor dsDNA (Promega Corporation，美国) 试剂盒对采集的 DNA 样品进行浓度检测，随后将沉淀的 DNA 样品储存于温度为 -20℃的冰箱中。

(2) PCR 扩增。选用正向引物 338 F (5′-ACTCCTACGGGAGGCAGCA-3′) 和反向引物 806 R (5′-GGACTACHVGGGTWTCTAAT-3′) 进行细菌 V3～V4 区域的 PCR 扩增。首先在 95℃下进行 3min 的预变性处理，然后进行 1 次反复循环。在 95℃的高温环境下加热 30s，然后在 55℃的低温环境下冷却 30s，最后在 72℃的条件下保持延展状态 45s，反复进行 27 次循环反应。在温度达到 72℃并持续加热 10min 之后，进行最终延伸处理。采用 Axygen DNA 凝胶提取试剂盒纯化 PCR 产物，再用 Quant-iT PicoGreen ds-DNA 试剂盒进行定量检测。

(3) 高通量测序。将纯化的扩增子通过上海美吉生物科技有限公司 Illumina MiSeq 平台进行高通量测序。

5.2 沉积物中微塑料赋存特征及复合污染影响因素分析

5.2.1 沉积物中微塑料丰度特征分析

同乌梁素海表层水微塑料研究结果相类似，在所有采样点的底泥样品中也均发现了微塑料的存在 (图 5 - 3)，但丰度相较表层水中有较大幅度下降，从 (24±7)n/kg 到 (14±3)n/kg 不等，如图 5 - 2 所示。但同样说明该区域底泥也已经受到微塑料的污染，且

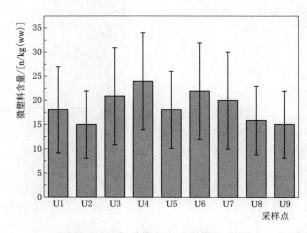

图 5-2　各采样点底泥微塑料含量

同样存在空间分布的差异性与不均匀性。丰度最高值点出现在 U4 点[（24±7）n/kg]，该处水域面积宽阔，且距离退水渠入湖口距离较远，水力条件较为稳定，有利于微塑料颗粒及碎片的沉积，因此有较高的微塑料含量。采样点 U1、U2 和 U3 底泥中微塑料丰度分别为（18±6）n/kg、（15±7）n/kg、（21±7）n/kg。以上数据结果表明，各采样点与退水渠入湖处的距离可能对微塑料的含量呈现负相关关系，即距退水渠入湖口近的取样点处有数量更少的微塑料存在，反之则含有更多的

微塑料颗粒。湖水流速减小以及水力冲刷作用的减缓为塑性颗粒的沉降提供了良好的条件，这可能是导致底泥中微塑料丰度从 U1 向 U4 增大的一个重要因素。从湖中部直到乌梁素海与黄河退水渠交汇处，各采样点底泥中微塑料丰度值逐渐降低，分别为：U5[（17±5）n/kg]、U6[（21±8）n/kg]、U7[（19±7）n/kg]、U8[（16±5）n/kg]和 U9[（14±3）n/kg]。随着水体从乌梁素海退入黄河的过程的进行，水流速度加快，而这一水力条件不利于微塑料的沉淀，水流使底泥受到扰动，所以只能有少量塑料在底泥中得以沉降。乌梁素海深度为 0.5～2.5m，属于浅水型湖泊，因此湖水流入黄河的过程也可能将湖底的本已沉积的底泥再次搅起而将其裹挟进入黄河中。同时，大部分塑料的密度相较水而言均较小，不易沉于水中这些因素的叠加作用可能一同导致了这些取样点中微塑料含量的减少。为了

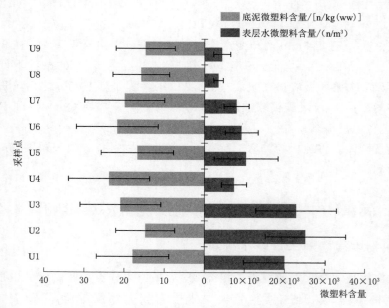

图 5-3　各采样点表层水及底泥中微塑料含量对比

对乌梁素海底泥沉积物中的微塑料污染进行整体评估，本研究将所得数据与其他已有关于沉积物微塑料污染的数据进行了比较，见表5-7。通过对比可以看出，乌梁素海底泥沉积物中微塑料丰度值低于意大利的Chiusi湖和我国的永江，但也和某些研究区域获得的数据具有类似性，如我国的太湖。塑料颗粒物污染的空间分布不均匀性可能是由湖泊净流入量、周围环境和大气流动等因素造成的，但频繁的人为活动是造成这种污染的最主要因素。河套灌区的农田退水是乌梁素海表层水中微塑料污染的重要来源之一。因此，这一源头也是乌梁素海底泥中微塑料污染的重要来源，并且经过长时间的积累，这种微塑性污染在湖泊沉积物中沉积效应会更加显著。与此同时，湖周边村镇生活污水的汇入以及渔业、旅游资源的开发对该湖泊底泥沉积物中微塑料的污染均会起到促进作用。可以肯定的是，这些因素在对乌梁素海底泥沉积物微塑料污染的具体贡献方面，如所占比例、年内分配等方面的具体内容需要做出进一步的研究与分析。

表5-7   **研究区微塑料的尺寸、丰度和主要材质**

研究区域	粒径	丰度	材质	参考文献
Yongjiang River	330～1000mm	（285±110）n/kg	PE，PP，PET	[Zhang 等，2019]
Taihu Lake	100～1000mm	（11.0～234.6）items/kg	PE，PET，PS，PP	[Su 等，2016]
Three Gorges Reservoir	<0.5mm	（102±78）n/kg	PS，PP，PE	[Di 等，2017]
urban river in Scotland, UK	<0.09mm	（161～432）n/kg	PE，PP，PS	[Blair 等，2019]
Chiusi Lake, Italy	<0.5mm	234 particles/kg dry weight	—	[Fischer 等，2016]
St. Lawrence River, Canada	<2.0mm	［13759±13685（SE）]/m²	—	[Rowshyra 等，2014]
River Thames, UK	1～4mm	66 particles/100g	PP，Polysster and Polyarylsulphone	[Horton 等，2016]
Lake Kerala, India	—	（252.80±25.76）particles/m²	LDPE	[Sruthy 等，2017]

5.2.2 沉积物中微塑料形貌特征分析

乌梁素海底泥沉积物样品中检测到的微塑料主要形状与表层水中的结果具有一致性，包括纤维、碎片、薄膜和颗粒如图5-4（a）所示，这种分类方法直接按照微塑料的形状进行划分，具有简便、易于具体操作的优点，并已在太湖等相关研究中进行了具体的应用。同时，这些微塑料类型的检出也从一个方面说明了底泥沉积物中微塑料的来源性，即表层水是底泥微塑料的直接贡献者。图5-5是底泥中微塑料在激光共聚焦显微镜下的影响，从图中可以看出，底泥中的微塑料形状具有不规则性，并且有薄厚不均的情况，这说明长时间的水流冲刷与剪切作用对塑料的破坏与碎化作用。在各底泥沉积物样品中，纤维微塑性塑料所占比例最大，从40.01％到62.50％不等。洗衣机在洗涤过程中产生的纤维状微塑料，由生活污水输送至自然水体是微塑料污染的一个相当大的来源。渔业也显著增加了湖泊中微塑料的含量，如渔网和钓鱼线的断裂和破碎。湖泊沉积物采样点中碎片状微塑料的最高比例为33.3％，出现在U2点；最小比例为8.3％，出现在U6点。U2点水域面积宽阔，远离退水渠入湖口，水力条件相对稳定，有利于微塑料的沉积，因此该区域底泥微塑料含量相对较高。相较而言，U6点具有相对较快的流速，不利于塑料碎片的沉降，所以沉积物中微塑料数量较低，在此条件下，碎片状微塑料的含量也会相应地减少。碎片可能来自多种来源，包括日常生活中塑料材料的破碎，如塑料容器、包装材料甚至塑料袋。乌梁素海各沉积物样品中，薄膜状微塑料含量最高比例占26.67%，出现在U9点；最低比例占13.34%，出现在U2点。内蒙古河套灌区农业的发达得益于黄河的充分灌溉，农业地膜的推广也发挥着不可替代的作用，残留的农业地膜是一种潜在的地膜微塑料来源，可以通过退水进入湖中，但是该类微塑料的贡献具体数据仍需要具体研究与分析。颗粒物在沉积物中所占比例为6.6%~13.3%，分别出现在U1点和U9点。塑料颗粒是塑料制造业重要的基础材料，如容器和包装材料。生活垃圾中的颗粒状塑料（如个人护理产品中的塑料珠）也可能促进了其数量的增长。然而，这些塑料的确切来源及其具体贡献尚不清楚，需要对其做出进一步的研究分析。

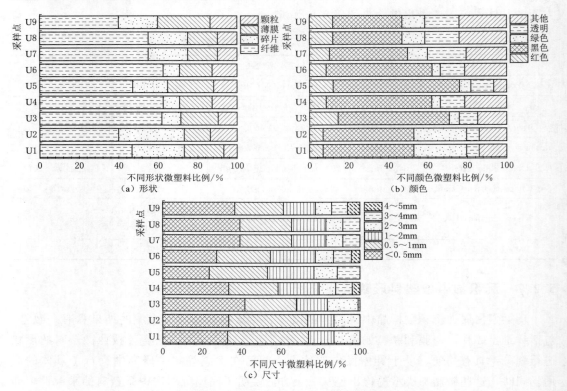

图 5 - 4   乌梁素海底泥微塑形状、颜色及尺寸比例

乌梁素海各底泥样品中，有色微塑料占样品各点总数的比例从80.1%到93.4%不等［图 5 - 4（b）］。从图中可知，有色微塑料在这类污染物中占据主要地位。检测到的主要颜色包括黑色、红色、绿色和透明色与表层水的颜色类别具有一定的一致性。其中黑色塑料占比最大，U5点为64.71%，U9点为35.29%。有研究指出，塑料碎片或塑料颗粒本身进入水体后会使动物误食，通过在其消化道内的累计使其产生"伪饱"现象，但由于其不能排出体外最终使摄入该类有机物的动物死亡。在此基础上，塑料制品的着色以及其他添加剂也会随着微塑料的摄入而产生潜在的毒害风险。例如DEHP对水生动物就具有潜在的毒性作用，例如行为反应异常、生殖功能受到不可逆损害等。对DEHP的研究也表明，

该类塑料制品添加剂可能对雌性大鼠有毒性作用，会诱导成年雌性大鼠的神经内分泌轴反馈失调，影响其生殖系统的发育。关于塑料着色染料的生物毒理研究还较少，应进一步研究其在微塑料中的物质变化及其对水生生物的影响。底泥样品中透明微塑料含量在6.6%（U1）到20.1%（U7）之间。农膜的应用为农作物的收获提供了强有力的技术支持，因为农膜具有良好的保墒保温特性，因此在华北干旱寒冷地区得到了普遍应用。河套灌区农用地膜的大范围使用与回收机制的不完善，是造成该湖泊底泥中微塑料污染的重要原因之一。

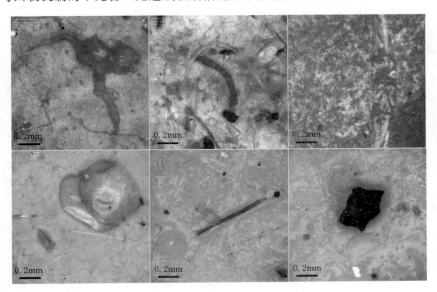

图 5-5　乌梁素海底泥微塑形貌特征

与表层水粒径分布规则相同，乌梁素海沉积物中收集的微型塑料也分为 6 类：<0.5mm、0.5～1mm、1～2mm、2～3mm、3～4mm 和 4～5mm［图 5-4（c）］。小于 2mm 的塑料占总塑料量的很大比例，其平均比例为 79.69%，与以往的同类相关研究一致。粒径大于 3mm 的微塑料占比普遍偏小，甚至在 U1、U2 点未发现粒径大于 3mm 的微塑料颗粒，进一步表明流速对微塑料分布特征的影响。该结果同时表明微塑料的分解过程的持续性。在太湖沉积物微塑料污染的相关文献中也报道了类似的结果，该湖泊沉积物中的微塑性物质含量为 11.0～234.6 个/(kg·dw)。然而，乌梁素海沉积物中的微塑料含量低于三峡水库、圣劳伦斯河和中国永江等水体。相关研究结果表明，微塑料的含量和尺寸之间存在负相关关系，即其体积越小，其拥有的数量越大。湍流、泥沙扰动等影响较小的区域可能具有较多的塑性颗粒。除此以外，一些不可或缺的因素（如静置浸泡、水力冲刷和机械摩擦），加速了塑料分解为更小的微塑料，例如粒径小于 2mm 的纤维状微塑料，也是乌梁素海沉积物中的主要类别。由于他们的大小与浮游动物和其他水生动物相似，所以小体积的微型塑料对水生生物的危害可能更大，可能通过食物网的营养传递对人类健康产生潜在的伤害。

5.2.3　沉积物中微塑料复合污染及影响因素分析

沉积物中微塑性物质的数量、大小、颜色等一般特征信息不足以全面分析其污染状况。在此基础上，利用傅里叶变换红外光谱对乌梁素海沉积物中的塑料样品进行了鉴定（图 5-6）。从图中光谱可知：底泥样品中微塑料的主要种类是 PE、PET、PP 和 PVC，所占比例分别为 39.2％、26.1％、16.5％和 18.2％，与表层水中的种类基本相一致，但新出现了 PVC（$\rho = 1.4g/cm^3$）。需要说明的是，FTIR 检测中也发现了一些非塑料样品，如水中残留的动植物。以上所列百分比仅为已确认的微塑性样品的比例。在本研究中，塑料样品的检测成功率为 82.39％，这样的检测成功率与过氧化氢完全消化样品有关。

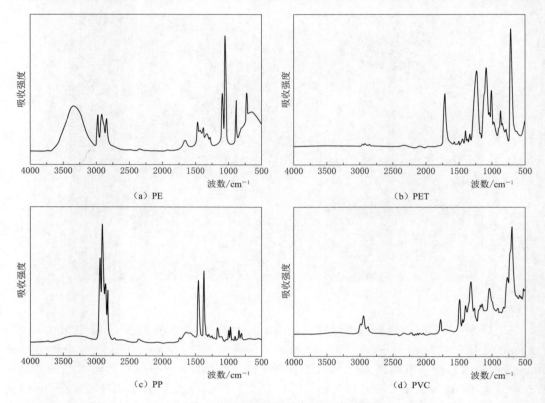

图 5-6　乌梁素海底泥微塑料 FTIR 图谱

在这项研究中，借助 EDS 技术，在微塑料表面也检测到金属元素如铝、镍和铁的存在，如图 5-7 所示。乌梁素海存在重金属的污染，而其与微塑料的结合表明一种复合污染物的出现。研究表明，每年约有 $2 \times 10^8 m^3$ 的工业废水排入乌梁素海中。湖泊中存在丰富的金属元素，可对水生动物产生威胁，并且 Ni、Al 等金属元素可通过食物链对人体进行营养传递，进而对人体产生毒性作用。镍的过量积累可能导致皮炎，增加人类患癌症的风险，铝的过量摄入可能损害神经系统、免疫系统和骨骼。SEM 图像显示微塑料表面存在不同程度的裂纹、孔洞、卷曲与撕裂特征如图 5-8 所示，微塑性这一微观特点可以为金属元素提供广泛的附着位点，这一效应可能导致微塑料污染与金属污染的叠加效应。经过长时间的水力冲蚀和摩擦，塑料表面会产生更多的凹口和沟槽，微塑料破碎程度加大，间接地增大微塑料的比表面积，为金属离子提供更多的场所。微塑性塑料与金属元素的定量特征及结合机理尚不清楚，这一问题需作进一步的深入分析。

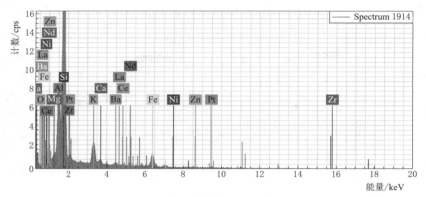

图 5-7 乌梁素海底泥微塑料 EDS 图谱

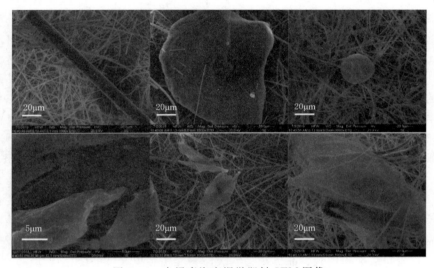

图 5-8 乌梁素海底泥微塑料 SEM 图像

针对此次沉积物中微塑料类型发现，PE 所占比例最大，这可能是也是由于农业薄膜的使用，因为一般的农业地膜都是由 PE 制成的。并且由于聚乙烯是生产塑料袋和包装材料的重要材料，因此聚乙烯的检测也与周围生活污水的排放密切相关，但其具体来源的还需要进行深入的研究。PP 具有良好的可塑性和稳定性，经常用作食品容器，而 PET 则以饮料瓶和液体容器的形式出现在日常生活中。PVC 通常用作建筑材料，如供水和排水管，也用作发泡和密封材料。这一结果显示，日常生活中使用的各类塑料制品的随意丢弃是乌梁素海水体及底泥微塑料污染的主要因素之一。

5.3 微塑料对沉积物酶活性和微生物功能的影响研究

5.3.1 微塑料对沉积物理化性质和酶活性的影响

目前，微塑料作为一类新型的有机污染物，对水体中的生物体产生了潜在的危害，而大多数人工塑料难以被完全降解。微塑料可以在水中进行远距离的移动，通过河湖输入到沉积物中，会对沉积物理化性质和酶活性产生一定的影响。同时，微塑料因其较大的比表面积、吸附能力和难以降解的特性，成为微生物保护和营养输送的理想载体，为微生物提供了一个稳定的生长环境和丰富的营养基质。微塑料表面的生物膜会导致其表面形态、表面粗糙度和官能团等物理化学特性发生变化，从而对其在环境中的行为产生影响。

本章通过进行沉积物—微塑料污染的室内模拟实验，以探究 PE 和 PVC 两种类型微塑料在实验前后的表面形貌、晶体结构、表面官能团和疏水性的变化，同时探究微塑料对沉积物理化性质和沉积物过氧化氢酶、多酚氧化酶、脲酶等活性的影响，以期科学地评价微塑料的环境效应、预测微塑料的生态风险。

1. 培养前后微塑料的表征分析

相关研究发现，在光、热、生物等因素的影响下，微塑料的表面形态及表面特征（如颜色、比表面积和官能团等）会发生变化。Ashton 等研究发现在海水中赋存的微塑料颗粒表面存在明显的裂缝和孔洞。微塑料的比表面积和孔隙度等性质受到其大小、形状和表面粗糙度的影响，因此微塑料的表面形态变化会对这些性质产生影响。与未经自然风化的微塑料相比，经过环境作用后的微塑料表面变得更加粗糙，其表面积和孔隙率也随之增加。在紫外线等外界因素的影响下，微塑料表面会发生分子链的断裂，同时，其还会与周围介质中的氧元素等相互作用，从而形成一种含有氧官能团的复合物，因此微塑料表面官能团等化学特性的变化可以作为其表面风化特点的标志。Veerasingam 等研究人员于河口及附近潮滩沉积物发现树脂颗粒表面有酯基、酮基等含氧官能团出现，表明微塑料已在自然环境中氧化。此外，在环境介质中，微塑料的表面疏水性也会发生改变。Lobelle 等将聚乙烯薄膜投放至深度为 2m 的海港，发现随着暴露时间的增加，薄膜的疏水能力逐渐减弱。然而，目前有关微塑料在沉积物长期暴露条件下所发生的表面形态和性质变化的系统研究还比较匮乏。因此本研究通过测量微塑料表面与水的接触角大小、扫描电镜观测、傅里叶红外光谱测定和、X 射线衍射仪观测等表征手段，分析聚乙烯和聚氯乙烯微塑料在经过实验培养后表面结构和形貌、晶体结构、表面官能团和疏水性的变化规律。

（1）SEM 分析。所选 PE［化学式为（C_2H_4）n］和 PVC［化学式为（CH_2—CHCl）n］微塑料的表面形貌如图 5-9 所示。通过扫描电镜观测结果可知，实验开始前的 PE 和 PVC 微塑料表面相对光滑，且呈不规则的颗粒形状如图 5-9（a）和（c）所示。在实验培养 60 天后，两种类型的微塑料表面形貌均发生了明显变化，出现清晰的开裂痕迹及裂缝，具有片状分层结构并形成了粗糙、不规则表面如图 5-9（b）和（d）所示，说明两种微塑料在沉积物中经过实验培养后可能均出现了一定程度的老化和降解现象。

（2）XRD 分析。PE 和 PVC 微塑料的化学组成和结晶形态如图 5-10 所示。XRD 图中衍射峰的尖锐程度反映了物质的结晶程度，通常聚合物的结晶度越高，其衍射峰的尖锐度越显著。如图 5-10（a）描述了沉积物培养前后 PE 微塑料结晶特征的变化。沉积物培养前（0 天），PE 微塑料所呈现的两个衍射峰均与聚乙烯重叠，且未发现其他晶体杂质的衍射峰，这表明供试的 PE 微塑料具有单相和半晶体结构，具有良好的有机化学抗性。而经过 60 天的沉积物培养试验后，PE 塑料出现了复合衍射峰，两个衍射峰与石英石和钠长石相同且重叠，说明 PE 微塑料颗粒的表面可能吸附了钠长石和石英石，同时在 $2\theta =$ 21.30°处的衍射峰强度降低的原因可能是由于钠长石被吸附在 PE 微塑料颗粒表面造成的。

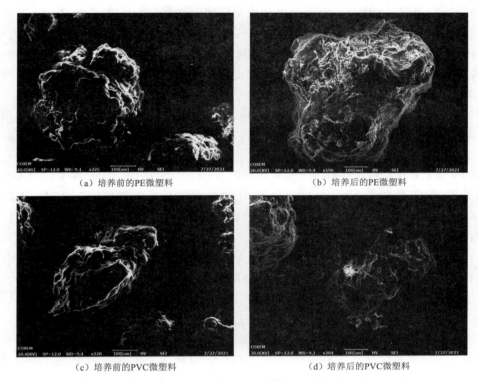

（a）培养前的PE微塑料　　　　　　　（b）培养后的PE微塑料

（c）培养前的PVC微塑料　　　　　　　（d）培养后的PVC微塑料

图 5-9　培养前后微塑料表面形貌

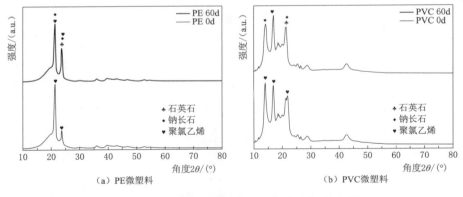

（a）PE微塑料　　　　　　　　　　（b）PVC微塑料

图 5-10　两种类型微塑料在培养前后的 XRD 图

　　如图 5-10（b）描述了沉积物培养前后 PVC 微塑料结晶特征的变化。原始 PVC 微塑料（0 天）呈现出的三个衍射峰均与聚氯乙烯重叠，这说明 PVC 微塑料也具有一定的结晶性能。而实验培养 60 天后 PVC 微塑料在 $2\theta=21.06°$ 处出现了聚氯乙烯和钠长石的复合衍射峰，同时在 $2\theta=13.92°$ 处也检测到了钠长石的衍射峰，两者对应的衍射峰强度也相应降低，说明 PVC 微塑料颗粒表面可能也存在吸附对钠长石和石英石的现象。由于氢键、静电相互作用和范德华力等机制，塑料自身就具有较强的吸附和富集环境有机污染物的能力，这可能会影响微生物群落。

（3）FTIR 分析。使用 FTIR 分别对实验前和实验培养 60 天后得到的 PE 和 PVC 微塑料表面官能团进行检测，并进行数据采集。FTIR 测试结果如图 5-11 所示，实验培养 60 天后，PE 和 PVC 两种类型微塑料分别在 3434cm^{-1} 和 3202cm^{-1} 处出现了明显的吸收峰，（羟基的吸收峰波数范围在 3200～3700cm^{-1} 之间），吸收峰峰形较宽，且波段强度较实验前两种微塑料均相应增强，说明 PE 和 PVC 微塑料经过了沉积物培养后，微塑料表面被氧化引入了羟基，发生了表面降解。微塑料表面的这些官能团被认为是重要的，因为氧化基团导致亲水性增加，进而导致微生物有效附着在微塑料表面，从而可能促进生物降解。

对比实验前后 PE 微塑料官能团的变化如图 5-11（a）所示，发现在 FT-IR 光谱中均呈现出四个明显的特征吸收峰，分别出现在 2921cm^{-1}（非对称—CH$_2$ 键拉伸）、2852cm^{-1}（—CH$_2$ 键弯曲变形）、1468cm^{-1}（—CH$_2$ 键摇摆变形）和 1365cm^{-1}（C=C 键面内弯曲变形）波数处。除此之外，719cm^{-1} 处的特征吸收峰是 C=C 键被顺式双取代的标志。经过 60 天沉积物培养后，发现这五个光谱波段的强度都出现了不同程度的下降，这意味着 PE 微塑料的表面可能已经出现了降解现象。微塑料暴露在沉积物环境中，可能会在微生物的作用下形成一层表面薄膜，对其产生降解作用。

在如图 5-11（b）中，培养前后 PVC 微塑料的 FT-IR 光谱均在 689cm^{-1} 和 967cm^{-1} 处呈现了两个特征吸收峰，分别代表—CH 键顺式和反式双取代的弯曲变形，但是波段强度并没有明显变化。而在 1432cm^{-1} 和 2915cm^{-1} 处出现的两个特征吸收峰，分别代表称—CH$_2$ 键弯曲变形和拉伸，相较于 0 天 PVC 处理，60 天后 PVC 处理明显在这两个特征峰附近的波段强度明显降低，同样地经过沉积物培养，PVC 微塑料表面也可能出现表面降解现象。

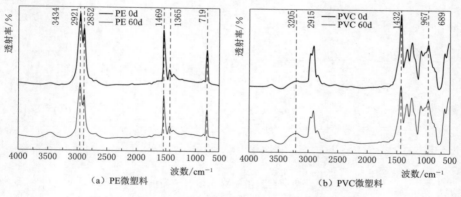

图 5-11　两种类型微塑料在培养前后的 FTIR 光谱图

（4）接触角分析。接触角可作为表征微塑料表面疏水性变化的参数，接触角越大，表明微塑料表面疏水性越强。如图 5-12 所示，以微塑料表面接触角的变化为例，分析了 PE 和 PVC 两种类型微塑料在实验培养前后疏水性的变化特征。实验培养 60 天后的 PE 和 PVC 微塑料表面接触角的大小分别从实验前的 115.71°下降至 105.10°、从实验前的 114.90°下降至 105.811°，这说明两种类型的微塑料表面疏水性均降低，且亲水能力相对增强。在生物或化学作用下微塑料表面可能出现了极性基团，从而增加了微塑料表面的亲水性。微塑料表面的疏水性发生变化，将会对其表面微生物的附着和污染物的复合能力产生影响，如微塑料表面微生物群落结构会因为表面疏水性的下降而发生改变，从而能间接影响微域内沉积物的生态环境。

细菌分泌的生物表面活性剂在微塑料生物降解中起着至关重要的作用。生物表面活性剂分子使表面张力下降，从利于微生物的吸附和定殖，这是微塑料被微生物降解的先决条件。一般通过测量微塑料表面与水的接触角大小来估算微塑料表面张力的变化，通常情况下，与水的接触角越小则说明降解后微塑料具有更高的亲水性。

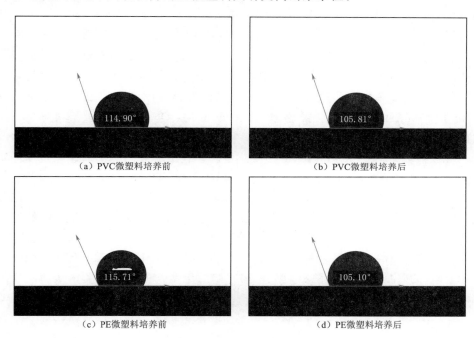

图 5-12　两种类型微塑料在培养前后接触角（表面疏水性）对比图

（5）微塑料的微生物降解。PE 和 PVC 微塑料均是不溶性聚合物，不能被微生物直接吸收，聚合物必须在体外水解，即由微生物分泌的酶进行降解，主要将长链裂解为短链，得到的小分子产物包括乙二醇和乙醇等，可以通过草酰乙酸盐、乙酸和乙醛酸代谢途径等，为微生物生长提供丰富的碳源。与 PE 微塑料相比，PVC 微塑料特殊的官能团和双键可以使降解酶的接触位点增加，从而提高其微生物降解速率；但 PVC 微塑料在被微生物降解之前通常要进行预处理，因为 PVC 微塑料是一种带负电的大分子，链中存在氯原子，允许偶极-偶极相互作用，其表面的亲水性需要改变，以确保生物相容性和细胞附着力；而 PE 微塑料疏水性强、分子量和结晶度高等特性使其被微生物降解的难度远远高于其他类型的微塑料。

目前，相关研究已经证实，克雷伯氏菌属、芽孢杆菌菌属、假单胞菌属和不动杆菌属等 20 多个菌属，可以通过破坏 PE 微塑料表面或在表面形成生物膜，起到降解 PE 微塑料的作用。真菌和细菌对 PVC 微塑料都有降解作用，但真菌是主要参与 PVC 微塑料降解的微生物，因为真菌的黏附性和菌丝入侵能力会对 PVC 微塑料的降解效率产生重要的影响。

Tirupati 等利用 PVC 微塑料作为菌株生长的唯一碳源，对比纯空白 PVC 微塑料与实验组 PVC 微塑料的傅里叶红外光谱，发现实验组 PVC 微塑料中 C＝C 键发生了明显断裂并生成新的 C＝O 键，从而证实了旋孢腔菌株可以利用漆酶降解 PVC 微塑料。

2. 不同特征微塑料对沉积物理化性质的影响

当微塑料颗粒进入水生生态系统时，作为新的具有吸附作用的物质，他们会干扰沉积物中颗粒之间的电荷相互作用和范德华力等作用，这可能会对沉积物中离子的相互作用和过程产生一系列物理化学性质上的影响。Liu 等研究发现向沉积物中添加两种浓度梯度聚丙烯塑料可以直接影响沉积物中 DOP、DOC 和 DON 的浓度。雷晓婷等在综述中总结了微塑料对沉积物的物理和化学性质的影响，微塑料在沉积物中受到 pH、盐度、有机物质和离子交换等多种复杂环境因素的综合作用，进而促进各种离子和有机污染物的吸附能力增强。然而，目前有关微塑料对沉积物的物理和化学特性影响的研究还鲜见报道，相关促进作用或抑制作用及其机理研究还有待进一步深入开展。因此本研究主要测定沉积物中 pH、阳离子交换容量、碳氮磷含量等理化指标的变化，进一步探究微塑料对沉积物的环境影响效应。

（1）沉积物阳离子交换容量和 pH 值变化情况。在沉积物培养实验中，定期测定对照组 CON 与添加微塑料的五组实验组中沉积物的 CEC 和 pH，结果如图 5-13 所示。如图 5-13（a）所知，随着培养时间的增加，所有处理组中 CEC 含量均呈现降低的趋势，但对照组 CEC 含量下降幅度较小，变化范围在 25～24.1cmol/kg。添加微塑料的实验组中 CEC 含量变化范围在 25.2～19.4cmol/kg，下降幅度明显大于对照组，平均约为对照组的 5～5.6 倍，其中 PVC2 处理由实验开始时的 25.2cmol/kg 下降到第 60 天时 19.4cmol/kg。沉积物中 CEC 的降低可能与微塑料对沉积物原始团聚结构的破坏有关，从而阻碍了沉积物胶体表面对阳离子的吸附。

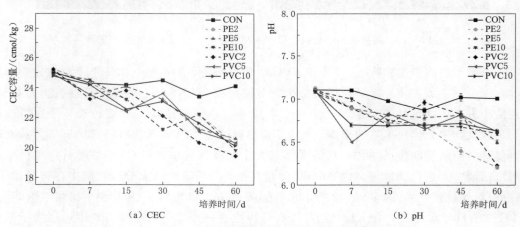

图 5-13　添加不同特征微塑料的沉积物中 CEC 和 pH 变化

如图 5-13（b）所示，实验组和对照组中沉积物 pH 随时间增长均出现降低的整体趋势。与对照组相比，添加微塑料的各处理 pH 下降更明显，特别是 PE2 和 PVC2 处理组 pH 随时间变化最显著，分别从初始 7.13 下降至 6.21，从初始 7.10 下降至 6.23。从而可以推断，PE 和 PVC 两种类型的微塑料均会影响沉积物酸碱性，而且微塑料长期积累在沉积物中会引起沉积物酸化。已有研究发现，土壤酸化可能对土壤微生物的群落结构产生一定影响，而本研究中沉积物中 pH 的改变可能也会导致沉积物营养和微生物群落的变化。

（2）沉积物中总有机碳含量变化。沉积物中碳、氮、磷含量作为微生物生长的决定性环境因子，对沉积物的物理、化学性质和酶活性产生了重要的影响。图 5-14 显示了沉积物中的 TOC 在实验过程中的变化情况。对照组中 TOC 含量随着培养时间的增加始终呈不断下降的趋势，从初始 23.6g/kg 下降至 18.6g/kg。而与对照组相比，添加微塑料的实验组 TOC 含量变化范围在 29.3～14.0g/kg，在培养开始 15 天内沉积物中 TOC 含量呈上升趋势，相较于实验开始时明显增加了 5.93%～23.63%，其中在第 15 天时 PE10 和 PVC10 处理中 TOC 含量高达 28.9g/kg 和 29.3g/kg。然后随着培养时间的增长实验组各处理中 TOC 含量均呈显著下降趋势，特别是在添加浓度为 10% 微塑料的处理组中，在后 45 天内 PE10 和 PVC10 处理组的 TOC 含量分别下降了 35.00% 和 52.22%。

由于 PE 和 PVC 微塑料主要由碳元素组成，且其含量超过 90%，因此微塑料可能对沉积物的碳储存和转化产生影响。微塑料及其降解中间体释放的 DOC 可以为微生物提供碳源，这可能是添加微塑料的实验组中沉积物 TOC 含量在短时间内增加的原因。然而，微生物在不同环境中对碳的利用和反应不同，也导致不同处理组中 TOC 含量的波动不同。

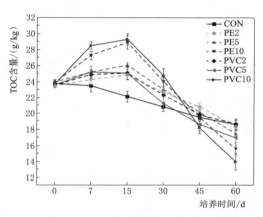

图 5-14　添加不同特征微塑料的
沉积物中 TOC 含量变化

（3）沉积物中总氮含量变化。图 5-15 显示了实验培养过程中沉积物 TN 含量的变化。未添加微塑料的对照组在前 7 天的培养过程中，TN 含量基本保持不变，维持在 2.66g/kg 左右，随着培养时间的增加，TN 含量有小幅度的下降，到第 60 天时沉积物 TN 含量为 2.58g/kg。添加微塑料的 5 组实验组中 TN 含量在 60 天内均呈明显下降趋势，变化范围在 2.67～2.03g/kg 之间，实验培养至第 60 天时的 TN 含量与实验开始时相比下降了 13.96%～23.97%。其中 PE10 与 PVC10 处理中 TN 含量下降最显著，分别从初始 2.63g/kg 下降到 2.09g/kg，从初始 2.67g/kg 下降到 2.03g/kg，特别是从第 7 天开始两组处理的 TN 含量下降幅度明显变大，从第 45 天开始 TN 含量基本趋于稳定。

本研究发现，高浓度微塑料度使 TN 含量下降更明显。这与许多研究结果一致，张祯明等发现在沉积物中加入不同颗粒大小和不同丰度的 PE 微塑料粉末，明显抑制了沉积物 TN 和 TP 含量，并认为微塑料丰度比颗粒大小对 TN 含量的影响更显著；Qian 等通过研究微塑料残留量较高的农田中土壤养分含量，发现与未添加微塑料的对照土壤相比，微塑料处理过的土壤中 TN 含量明显降低了 42.10%。已有研究发现微塑料会对氮循环产生影响，其主要的原因分为两个方面：①通过添加"惰性"物质加速水生态系统中养分通量的速度；②通过影响沉积物中与硝化和反硝化有关酶的活性来影响氮循环过程。

（4）沉积物中总磷含量变化。图 5-16 显示了实验过程中沉积物 TP 含量的变化。对照组中 TP 含量呈现不规则变化，但随时间的增加有小幅度的下降，从初始 1.41g/kg 下降到第 60 天时的 1.34g/kg，总体变化趋势不明显。与对照组相比，添加微塑料的实验组 TP 含量变化范围在 1.42～1.02g/kg，在 60 天内 TP 含量下降显著，特别是从第 7 天到 15 天内五组处理均有大幅度下降，其中 PVC5 处理从 1.32g/kg 下降到 1.17g/kg。在后 30 天的培养过程中，实验组中 TP 含量分别有不同程度的浮动，但总体呈下降趋势。

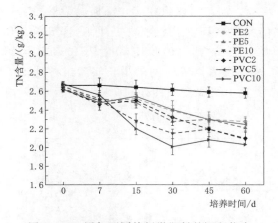 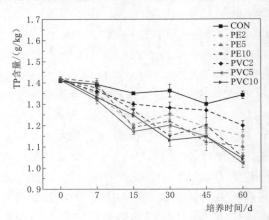

图 5-15　添加不同特征微塑料的沉积物中　　　图 5-16　添加不同特征微塑料的沉积物中
　　　　　　　TN 含量变化　　　　　　　　　　　　　　　　TP 含量变化

　　以上结果可以看出，微塑料与沉积物中 TP 含量的变化有着显著的关系。先前的研究发现，微塑料可以通过抑制沉积物中与磷循环有关基因的表达，继而对沉积物磷含量产生抑制作用，因此可以推断长期积累在沉积物中的微塑料会影响沉积物中微生物的功能，影响沉积物的营养元素。研究表明，微塑料作为高分子聚合物对磷具有物理吸附作用，这将削弱沉积物颗粒吸附磷的能力，进而影响沉积物 TP 的含量。因此微塑料有可能加剧沉积物对磷的吸附与解吸，从而使沉积物总磷含量损失增大。

　　（5）微塑料类型和浓度对沉积物理化性质的影响。不同类型和浓度的微塑料对沉积物理化性质的影响如图 5-17 所示。将所有培养时间内测定的理化指标数据汇总，并基于微塑料的类型和浓度进行分类，每个方框的上界和下界分别表示 75% 和 25% 的百分位数，弧线代表正态分布曲线，细横线分别代表沉积物各种理化指标数值的中位数，粗横线分别代表沉积物各种理化指标数值的平均值。可以看出，相较于未添加微塑料的对照组，添加微塑料的沉积物 CEC 容量、pH、TN、TP 平均含量均降低，TOC 平均含量略有上升。从添加微塑料的类型来看，PVC 对沉积物 CEC 容量影响更显著［图 5-17（a）］，PE 对沉积物 TP 含量影响更显著［图 5-17（e）］，而微塑料类型差异对沉积物 pH、TOC 和 TN 含量的影响差异不显著。根据单因素方差分析，不同浓度微塑料的沉积物理化指标具有显著差异性（$P < 0.05$）。从微塑料的浓度来看，浓度为 10% 的微塑料降低沉积物 CEC 容量和 TN 含量的作用更显著，也能更显著增加沉积物 TOC 含量。Liu 等研究发现在高浓度（28%）聚丙烯微塑料能显著增加土壤体系中可溶性有机碳的含量，增加幅度达到 35% 以上。这与本研究结果相同，说明高浓度微塑料的积累可能刺激沉积物中酶活性，从而可能成为沉积物中微生物生长的重要碳源。

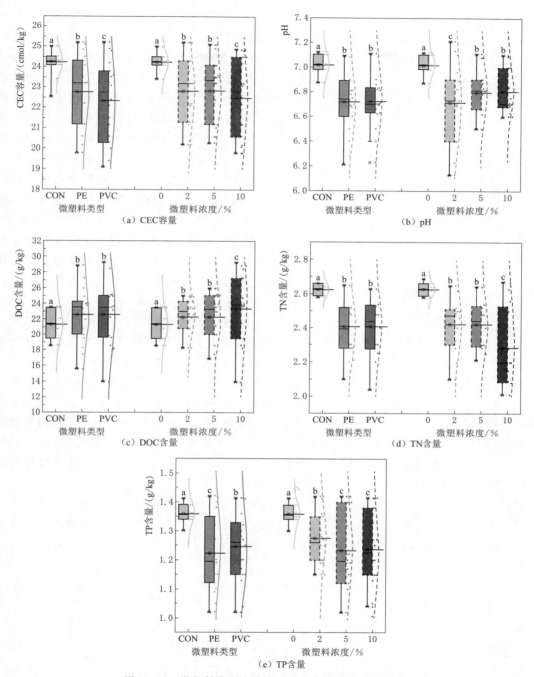

图 5-17 微塑料类型和浓度对沉积物理化性质的影响

3. 不同特征微塑料对沉积物酶活性的影响

沉积物中的酶是水生生态系统中营养循环和能量流动的动力。在生态体系中，一切生物化学反应都要依靠酶的催化作用，包括各种天然和外源有机物的降解、转化和合成等过程，酶催化反应对沉积物中营养物质的释放、污染物的降解和有机物的形成起着至关重要的作用。因此，沉积物中的酶可以评价水体营养水平及微生物活性。水生环境中的大多数胞外酶是氧化还原酶和水解酶，目前研究最广泛的是参与碳、氮和磷循环的酶。其中过氧化物酶、多酚酶和脲酶具有独特的生态功能，参与了碳、氮、磷循环和微生物活动等过程，因此被广泛应用于评估生态系统的健康和质量。微塑料残留对于沉积物中酶活性影响的研究可为评价沉积物生态学变化和增进对于沉积物中微塑料污染可能产生的微生物生态效应等方面的认识。研究发现，微塑料会影响沉积物 pH、盐碱度等理化性质，并且会进一步影响沉积物酶活性，微塑料对沉积物酶活性的影响还取决于微塑料的类型。近年来，微塑料对沉积物中酶活性的研究较多，但是有关不同赋存特征的微塑料对沉积物酶活性的研究较少。因此，本章节主要以种三种沉积物中的酶为研究对象，分析添加不同特征微塑料对沉积物酶活性的影响。

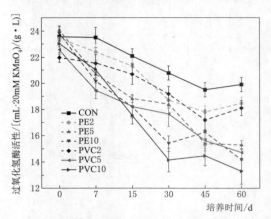

图 5-18　添加不同特征微塑料的沉积物中过氧化氢酶活性变化

（1）沉积物中过氧化氢酶活性的变化。在培养过程中，沉积物中过氧化氢酶活性的变化如图 5-18 所示。对照组中过氧化氢酶活性变化范围在 19.89~23.60（mL·20mM KMnO$_4$）/（g·L），添加微塑料的实验组中过氧化氢酶活性变化范围在 13.30~24.21（mL·20mM KMnO$_4$）/（g·L）。随着培养时间的增长，所有处理组中过氧化氢酶活性均逐渐降低，而与对照处理相比，添加不同浓度和类型微塑料的五组实验组对过氧化氢酶活性都有更明显抑制作用。实验组各处理沉积物中过氧化氢酶的活性在第 15 天到第 30 天内下降速度较快，然后逐渐趋于稳定，直到实验结束，说明微塑料在培养过程的前 30 天内对过氧化氢酶活性的抑制效应最显著。

有研究认为，过氧化氢酶的活性与好氧微生物的数量呈现显著的相关性，因此常被用于指示好氧微生物的存在。在本研究中，过氧化氢酶的活性随着添加微塑料浓度的增大而明显下降，这可能是由于微塑料及其添加剂不利于好氧菌的生长。

（2）沉积物中多酚氧化酶活性的变化。在培养过程中，沉积物中多酚氧化酶活性的变化如图 5-19 所示。对照组中多酚氧化酶活性变化范围在 2.2~2.43μmol/（g·min），添加微塑料的实验组中变化范围在 1.60~2.55μmol/（g·min）。随着培养时间的增长，所有处理组中多酚氧化酶活性均逐渐降低，而与对照处理相比，添加不同浓度和类型微塑料的五组实验组对多酚氧化酶活性都有更明显的抑制作用。从第 7 天开始，实验

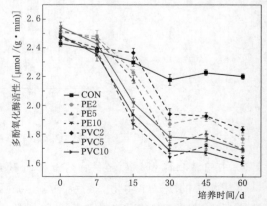

图 5-19　添加不同特征微塑料的沉积物中多酚氧化酶活性变化

组沉积物中多酚氧化酶活性开始迅速下降，随后在实验培养的第二个 30 天内逐渐趋于稳定，这表明微塑料对多酚氧化酶活性的抑制作用主要发生在培养前期。

已有研究结果表明，微塑料作为"惰性物质"可能会引起土壤或沉积物的孔隙率增加以及团聚体结构改变等，并进一步影响沉积物中酶的活性。多酚氧化酶是有机质和有机组分转化过程中所涉及的酶，多酚氧化酶活性易受 pH 影响，从而间接地影响微生物群落结构多样性。另外多酚氧化酶还有调节环境条件及反馈信息作用，对于生态系统的平衡和稳定具有至关重要的作用。Liu 等观察到添加高浓度（28.00%）的聚丙烯微塑料明显增加了黄土中的多酚氧化酶活性，Anderson Abel de Souza Machado 等在研究中利用聚丙烯酸纤维、聚乙烯碎片、聚酰胺珠子和聚酯纤维，观察到微塑料浓度（0.05%～2.00%）与多酚氧化酶活性之间存在明显关系。但已有的对柏林碱性土壤的研究结果与本研究中微塑料对多酚氧化酶活性的抑制作用不同，这可能与沉积物性质和微塑料种类有关，本研究中测试的沉积物中有机碳和有机氮含量高于柏林土壤的有机碳和有机氮含量，可能导致不同土壤或沉积物之间的细菌多样性和酶活性不同。

（3）沉积物中脲酶活性的变化。沉积物中的脲酶活性随着培养时间的增加，呈现出如图 5-20 所示的变化趋势。对照组中脲酶活性变化范围在 $0.54\sim0.62\mu mol/(g\cdot min)$，添加微塑料的实验组中变化范围在 $0.32\sim0.66\mu mol/(g\cdot min)$。随着培养时间的增长，所有处理组中脲酶活性均有不同程度的下降，而与对照组处理相比，添加不同浓度和类型微塑料的五组实验组对脲酶活性都有更明显的抑制作用。添加微塑料的实验组在培养过程的前 30 天内脲酶活性下降显著。所有实验组处理中脲酶活性随时间的波动情况可划分为两种，其中 PE10 和 PVC10

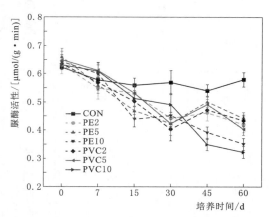

图 5-20　添加不同特征微塑料的沉积物中脲酶活性变化

两组处理中脲酶活性的变化情况明显区别于其他处理组，在 60 天内呈现持续下降趋势。可以看出，添加 10%浓度微塑料的处理组（PE10 和 PVC10）对脲酶活性的抑制作用最明显，在第 60 天时脲酶活性分别下降到 $0.35\mu mol/(g\cdot min)$ 和 $0.32\mu mol/(g\cdot min)$，从而推断脲酶活性的下降幅度可能与添加微塑料的浓度有关。

脲酶在土壤中扮演着重要的角色，其能够加速含氮有机物的分解，从而促进氮的循环，并促进有机氮向可利用的有效氮的转化。在这项研究中，微塑料的存在明显地抑制了脲酶的活性，这可能与沉积物中 TN 含量的降低有关。此外，其他研究也证实了土壤中溶解性 DON 含量的变化与土壤脲酶含量之间的关联。微塑料可能会对脲酶的活性产生影响，这种影响可能是通过影响沉积物或土壤中的氮物质含量所引起的。

（4）微塑料类型和浓度对沉积物酶活性的影响。不同类型和浓度的微塑料对酶活性的影响如图 5-21 所示。将所有培养时间内测定的理化指标数据汇总，并基于微塑料的类型和浓度进行分类，每个方框的上界和下界分别表示 75% 和 25% 的百分位数，弧线代表正态分布曲线，细横线分别代表各种酶活性值的中位数，粗横线分别代表各种酶活性值的平均值。可以看出，相较于较未添加微塑料的对照组，添加微塑料的沉积物中三种酶的平均活性均降低。从微塑料的类型来看，PVC 对过氧化氢酶活性的影响明显 ［图 5-21 (a)］，PE 对沉积物多酚氧化酶 ［图 5-21 (c)］和脲酶 ［图 5-21 (b)］活性的影响明显。根据单因素方差分析，添加不同浓度微塑料的沉积物中三种酶活性具有显著差异性（$P<0.05$）。从微塑料的浓度来看，沉积物中的微塑料浓度（从 2% 增长到 10%）与三种酶活性均呈负相关关系。

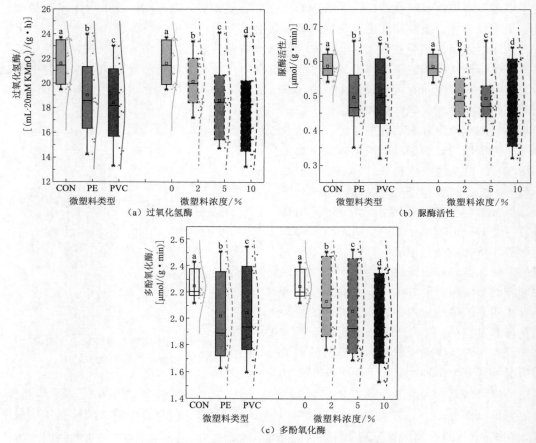

（a）过氧化氢酶　　　　　　　　　　（b）脲酶活性

（c）多酚氧化酶

图 5-21　微塑料类型和浓度对三种酶活性的影响

5.3.2　微塑料对沉积物微生物多样性和功能的影响

沉积物含有丰富的有机质与营养盐，微生物群落作为水生生态环境养分的主要分解者与能量储存者在营养转化与循环过程中起着至关重要的作用。与水体悬浮微生物相比较，沉积物所含微生物种类更丰富，这对于保持水生生态系统生态平衡具有特别重要的意义；同时沉积物也为微生物提供了良好的生长环境，促进其增殖、代谢以及繁殖，因此研究沉积物中菌群分布对于理解沉积物中有机污染来源及控制具有重要意义。另外，微塑料和其他污染物进入水体后在物理或者化学方式的影响下从水相向固相迁移，沉积物内的功能微生物对微塑料进行富集和降解，形成了复杂的微生物群落结构。

微塑料颗粒在沉积物中的积累是一种日益增长的污染物，对沉积物中的微生物生态效应造成了未知的影响。塑料中释放的污染物质，如邻苯二甲酸盐和邻苯二甲酸二丁酯等，会对沉积物造成污染，导致沉积物微生物多样性减少。此外，微塑料因带负电荷，微生物细胞能够通过静电吸引的方式把沉积物颗粒相互联结在一起，从而使得沉积物中细菌与真菌的数量随之显著改变。目前，微塑料已成为全球海洋和淡水环境污染的主要来源之一。在水生态系统中，微生物扮演着不可或缺的角色，他们参与了物质循环和能量传递的过程，然而已有微塑料对于水体沉积物中微生物群落结构与功能的影响研究却相对较少。

本章节通过高通量测序研究微塑料在沉积物微生物物种多样性及功能上的作用，分析在实验过程中微生物 Alpha、Beta 多样性、物种组成及优势细菌菌群的相对丰度的变化规律，并进行细菌潜在功能的预测分析，揭示微塑料对细菌群落结构和功能的影响。

1. 高通量测序数据图统计

沉积物微生物群落是生态系统的重要组成部分，其既是参与沉积物物质和能量循环的决定性因素，也对沉积物生态功能产生重要影响。沉积物中微生物种群的丰度和组成特征是反映水生生态系统健康状态的标志。利用 16SrRNA 测序技术，本研究对沉积物中细菌群落结构进行了测定。通过对 IlluminaNovaSeq 测序得到的下机数据进行拼接和质控，对低质量序列进行去除，并进行嵌合体过滤，从而获得了一组有效序列，这些序列可以用于后续的分析。接着，基于生物信息学 97% 的相似水平，对所有样本的有效序列进行了OTUs（Operational Taxonomic Units）的聚类分析，并对 OTUs 序列进行了物种注释。沉积物中细菌共检测到 57 个门、158 个纲、356 个目、570 个科、977 个属、1791 个种。本次测序一共获得了 2156007 个有效序列，如图 5-22 所示，在不同实验处理条件下，沉积物细菌有效序列数均随培养时间而改变。可见沉积物各处理细菌序列数变化趋势基本一致，随培养时间增长均呈现逐渐降低的趋势。其中细菌序列数在 PVC10 处理中从初始60943 降至 48763，最后在第 60 天降至 42635，降低幅度最大。其次是在 PE10 处理中从初始 60889 降至 49883，最后降至 42934。而除对照组处理外，在 PVC2 处理中细菌序列数由最初的 60723 下降到最后的 47197，且下降的程度最低。由此可知，在经过实验培养

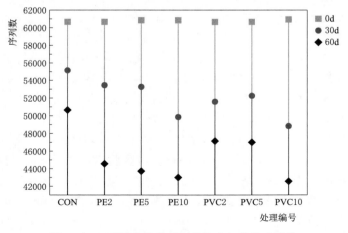

图 5-22 不同实验处理沉积物中细菌的序列数

后，PE10 与 PVC10 处理中细菌序列数的变化幅度较大，说明微塑料赋存浓度较大时，对细菌群落存在明显的抑制作用。

归并同一样品或多个样品中相似性较大的序列后得到 OTUs 单位，并比较分析了不同种类微塑料对于沉积物 OTUs 数量的影响。利用 Venn 图对若干样本中相同和特有的 OTUs 数量进行统计和分析，能够较为直观地显示出环境样本不同分类水平下组成结构的相似性和重叠程度。如图 5-23 所示，本研究分别比较了 PE、PVC 微塑料暴露下的沉积物处理与对照处理中细菌 OTUs 数量的差异。根据数据显示，CON 和 PVC 处理有 1249个相同的 OTUs 数量，而 CON 和 PE 处理有 1327 个相同的 OTUs 数量，这表明 PVC 微塑料会引起沉积物中细菌群落组成发生更显著的改变。PE 和 PVC 均由石油衍生烃类合成，均具有碳-碳主链，但两者的组成结构和物理性质（如结晶度、强度等）并不完全相同，导致微生物群落组成和结构受微塑料种类的影响。PE 是一种具有高比表面积的发泡塑料，其吸附环境中的蛋白质和其他营养物质的能力有助于微生物的定殖；同时还具有良好的耐低温性能。为了满足市场需求，目前常采用化学添加剂对含有氯键的一般树脂颗粒PVC 进行改性，以提高其性能，故 PVC 在降解时会释放邻苯二甲酸酯等化学物质，有研究显示土壤邻苯二甲酸酯类物质含量增加会导致土壤微生物多样性降低。

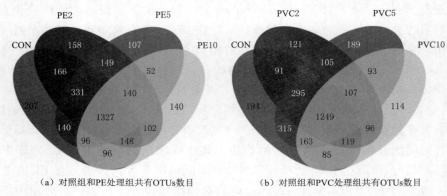

（a）对照组和 PE 处理组共有 OTUs 数目　　　（b）对照组和 PVC 处理组共有 OTUs 数目

图 5-23　样本组内和样本组间细菌 OTUs 数目的 Venn 图

2. 不同特征微塑料对沉积物微生物多样性的影响

（1）沉积物中细菌群落 Alpha 多样性分析。微塑料的种类与丰度是导致其对沉积物中细菌群落丰富度和多样性影响差异的主要原因。本研究在全部样品的测序覆盖度超过 97%的条件下，进行细菌群落 Alpha 多样性指数的统计，测序结果呈现出样品的真实性，细菌序列在样品中已经得到了基本的检测。微生物群落多样性的评估采用了 Simpson 指数和Shannon 指数，而丰富度的评估则使用了 Chao1 指数和 Ace 指数。微生物的多样性与Shannon 指数呈正相关，即 Shannon 指数越高，微生物的多样性越丰富；多样性与 Simpson 指数呈反比例关系，即 Simpson 指数越高，微生物群落的多样性越受到影响。随着Chao1 指数和 Ace 指数的升高，表示微生物群落的多样性增加。如图 5-24 所示，显示了添加不同浓度 PE 和 PVC 微塑料的沉积物中细菌 Simpson 指数、Shannon 指数、Chao1 指数和 Ace 指数的变化情况。在培养期间沉积物中细菌群落多样性指数的变化方面，各处理沉积物中 Shannon 指数逐渐下降，特别是在第 60 天时，微塑料处理组与对照组呈现显著差异（$P<0.05$）；而各实验组的 Simpson 指数与对照组相比无显著差异。在培养期间沉积物中细菌群落丰富度指数的变化方面，所有处理的 Chao1 指数和 Ace 指数均呈现先下降后上升的趋势。对于所有添加微塑料的处理组中 Shannon 指数从培养开始到结束的变化幅度均大于对照组，其中，对照组处理的 Shannon 指数从初始 6.23 降到最终 5.84，下降率从 4.92% 减小至 2.83%；而 PE10 和 PVC10 处理的 Shannon 指数在 60 天内呈显著下降趋势（$P<0.05$），分别从初始 6.32 下降到 4.66、从初始 6.22 下降到 4.63，下降率分别从 7.64% 增长至 17.96%、从 10.9% 增长至 16.97%，这说明添加高浓度的微塑料可能在培养后期加速细菌群落多样性的下降［图 5-24（a）］。培养至第 60 天时各组的 Chao1 指数都略有上升，对照组处理从初始 2970.15 增长为 2929.53，平均上升率为 0.90%；而添加微塑料的 5 组处理平均上升率在 0.17%～0.67%，说明微塑料对培养后期细菌群落丰富度的恢复有较强的抑制作用［图 5-24（c）］。这与 Fei 等的研究结果一致，他们观察到添加微塑料培养 29 天后降低了土壤细菌群落的多样性，并在一定程度上抑制了被 PE 微塑料污染的土壤中细菌丰富度的恢复。这可能是因为微塑料可以与沉积物中微生物竞争微生物用于生长和移动的空间，从而导致沉积物中微生物活动减少，进而降低微生物的多样性和丰富度。同时，环境因素（如温度和湿度）也影响微塑料的特性，可能导致沉积物中的微生物多样性减少。

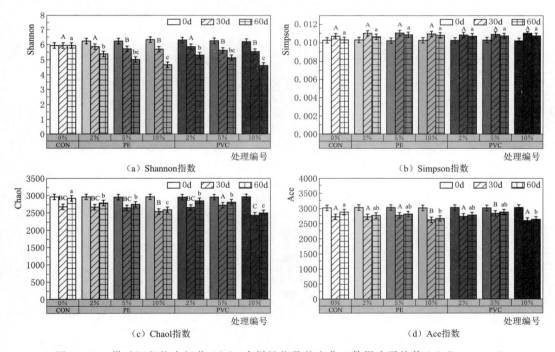

（a）Shannon 指数　　　　　　　　　　（b）Simpson 指数

（c）Chao1 指数　　　　　　　　　　　（d）Ace 指数

图 5-24　供试沉积物中细菌 Alpha 多样性指数的变化（数据为平均值±S.D.，$n=3$）

微塑料对沉积物细菌群落 α 多样性的影响可能是由多种因素共同作用的结果，如塑料丰度、类型及粒径等均会导致评价结果出现差异。Huang 及其团队运用 16SrRNA 高通量测序技术，探究 LDPE 微塑料对土壤微生物群落和酶活性的影响，研究结果表明，浓度为 0.076g/kg 的 LDPE 微塑料并未显著改变土壤细菌群落的多样性，但是显著提高了细菌群落的丰富度，这可能是因为微塑料丰度的差异对菌群结构产生了不同的影响。与之不同的是，Meredith 等研究发现向沉积物中分别加入 PLA、PE、PVC 和 PUF 微塑料会引起细菌群落的多样性产生较大差异，PLA 处理组表现出最高的细菌丰富度和多样性，而 PE 处理组则呈现出最低的细菌丰富度和多样性；另外，PVC 处理组与其他处理组差异显著，而 PUF 处理组与对照组的细菌多样性水平高度相似，这表明微生物与微塑料之间存在着错综复杂的相互作用，这种相互作用不仅受到微塑料丰度的影响，还可能与微塑料的种类和沉积物的物理化学性质等因素有关。

（2）沉积物中细菌群落 Beta 多样性分析。Beta 多样性分析是通过组间比较分析不同微生物群落之间的物种多样性，来探讨不同分组样本之间在群落组成上的相似性及差异性。采用 Weighted - Unifrac 主坐标（PCoA）进行分析，以筛选出对样品差异贡献率较高的两个坐标组，进而生成合作图。PCoA 分析实际上是把样本间的相似距离映射到一个二维平面内并投影到坐标轴的不同角度，寻找最能体现原始距离分布规律的两个坐标轴来输出数据。

不同处理下沉积物中细菌 OTUs 主坐标分析结果如图 5 - 25 所示，根据第 30 天时样

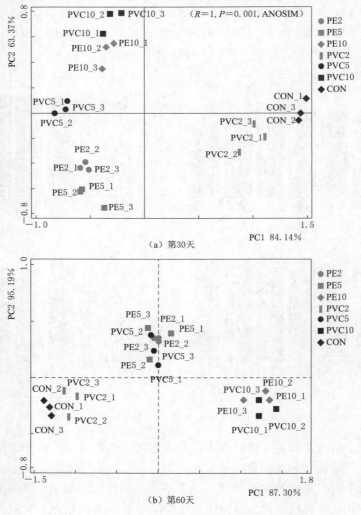

图 5 - 25　不同微塑料处理下沉积物细菌主成分分析

本间 PC1、PC2 方差贡献率分别为 84.14％、63.37％，第 60 天时样本间 PC1、PC2 方差贡献率分别为 87.30％、95.19％可知，PC1 与 PC2 可以用于解释微生物群落结构变化的关键信息。每组三个重复被单独聚合为一组，这表明实验处理的可重复性表现良好；根据 ANOSIM 检验结果 $R=1$ 和 $P=0.001$ 可知，各组间差异均显著高于组内差异。可以将多个样品点根据不同处理划分为不同区块，同样验证了其微生物多样性及丰度的差异性。其中由第 30 天时 PCoA 分析结果可知，CON 处理组和 PVC2 处理组距离较近，表明 CON 处理组和 PVC2 处理组的细菌群落组成和结构较为相似。由第 60 天时 PCoA 分析结果可知，各处理间形成的区块更为明显，其中 CON 和 PVC2 处理组相距较近，PE2、PVC5 和 PE5 处理组相距较近，PE10 和 PVC10 处理组相距较近，说明在培养后期高浓度微塑料很大程度地改变了微生物的群落组成。

3. 不同特征微塑料对沉积物微生物群落组成的影响

（1）沉积物中门水平上细菌群落结构的变化。微塑料在门水平上对细菌群落结构的影响因其不同的赋存特征而异，尽管不同处理中优势菌群的组成相同，但微塑料的添加改变了各物种的相对丰度，其决定于微塑料类型及其丰度。实验培养期间，各样本门水平细菌群落结构的变化如图 5-26 所示。在沉积物中，前 12 个细菌门所占序列读数比例在 86.43％～97.75％之间，而其他细菌门则被归类为"其他分类（Others）"。绿弯菌门（Chloroflexi）是丰度最高的优势菌，其占比为 15.58％～30.98％；变形菌门（Proteobacteria）次之，占比为 13.29％～21.22％；其次是占比为 8.33％～18.06％的拟杆菌门（Bacteroidota）、占比为 8.06％～10.68％的后壁菌门（Firmicutes）、占比为 7.25％～10.45％的放线菌门（Actinobacteriota）以及占比为 4.27％～9.52％的脱硫菌门（Desulfobacterota）。在培养过程中，各处理组中绿弯菌门（Chloroflexi）的相对丰度水平随培养时间的增长呈不断上升趋势，但与对照组中绿弯菌门的平均增长幅度（16.63％）相比，绿弯菌门在 PE5、PE10 和 PVC10 处理组中的平均增长幅度明显较低，分别为 8.26％、6.95％和 9.22％，且在第 60 天时绿弯菌门在这三个处理组中均呈现明显较低的相对丰度水平。变形菌门（Poteobacteria）的相对丰度水平在对照组中呈现持续下降的趋势（从初

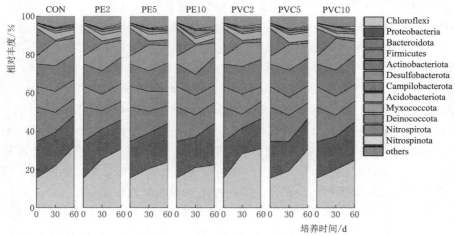

图 5-26 供试沉积物中门水平上的物种相对丰度的变化

始 19.03％下降至第 60 天的 16.06％），而在添加微塑料的处理中总体呈现先下降后上升的趋势，具体表现在前 30 天内实验组中变形菌门相对丰度呈现明显下降趋势（各组平均相对丰度从 19.10％下降到 15.31％），在随后 30 天的培养中呈上升趋势直至实验结束（各组平均相对丰度从 15.31％上升到 17.22％），特别是在添加了 PVC 微塑料的处理中增长较为明显，如 PVC10 处理中变形菌门的相对丰度在后 30 天内增长了 2.96％。且在第 60 天时 PE5、PE10 和 PVC10 处理中变形菌门的相对丰度分别为 20.22％、21.74％和 20.00％，明显高于对照组中的丰度（16.06％）。同样，所有处理中拟杆菌门（Bacteroidota）的相对丰度水平在前 30 天内呈大幅度下降趋势，其相对丰度下降了 2.75％～10.76％，而在后 30 天内下降幅度基本趋于平缓，特别是 PE10 和 PVC10 处理中的拟杆菌门相对丰度仅分别降低了 0.57％和 0.25％，此外，在所有微塑料处理中，放线菌门（Actinobacteriota）的相对丰度水平总体呈上升趋势（各组平均相对丰度从 11.89％上升至 15.50％），而在第 60 天时微塑料处理组中放线菌门的平均相对丰度为 15.21％，明显高于对照组（13.10％），特别是在高浓度微塑料处理（PE10 和 PVC10）中放线菌门的相对丰度分别达到 15.50％和 15.02％。

　　针对沉积物中微塑料污染的微生物生态效应研究还比较有限，通过对有限的一些报道进行比较，可以发现当微塑料加入沉积物或者土壤时细菌群落变化表现出多样性。Qi 等在以小麦为栽培对象的盆栽土壤加入浓度为 1％PE 微塑料，发现经过 60 天的实验培养后根际土壤中的变形菌（Proteobacteria）相对丰度降低，放线菌（Actinobacteriota）的相对丰度上升，在培养 4 个月后这种差异逐渐减小。这与本研究结果相似，放线菌普遍定居在营养丰富的环境中，由于 PE5、PE10 和 PVC10 处理中添加的微塑料浓度较高，可能在培养后期改善了微生物生长的营养条件，致使实验组中放线菌门的相对丰度明显高于对照组。已发现放线菌中若干菌属一般都和天然有机聚合物有联系，可能会对某些合成聚合物产生降解作用。这些研究表明放线菌可作为生物降解塑料的潜在微生物资源。据 Wolińska 等的研究，PE 微塑料已被证实可以被放线菌中最大的链霉菌属所分解；Lwanga 和其他研究人员发现，蚯蚓肠道内分离到的 4 种放线菌门细菌能显著降低 PE 微塑料粒径。由本研究结果可知，放线菌门相对丰度在 PE10 处理中第 60 天时达到最大值（15.5％），这可能是因为与 PE 微塑料降解相关的放线菌群富集到微塑料上，但是微塑料颗粒较小，难以与沉积物分离来分析微塑料表面微生物群落，所以无法确定微塑料上是否存在放线菌。而与本研究结果相反的是，Huang 及其团队人员研究发现在微塑料暴露的土壤中拟杆菌门（Bacteriodietes）和变形菌门（Proteobacteria）在培养第 90 天时出现明显富集现象。拟杆菌门是一种广泛分布于各种生态系统中的微生物细菌门，被认为是专门用于分解生物圈中复杂有机物的微生物群，在本研究结果中，微塑料处理的沉积物中拟杆菌门相对丰度下降，可能是由于土壤中溶解性有机物（DOM）含量的潜在变化，也可能与沉积物理化性质的改变有关，如沉积物中 TOC 和 TN 含量的下降。故可以推断，微塑料对细菌群落结构的影响可能与其对沉积物的理化特性或营养条件等方面的改变有关。

　　（2）沉积物中科水平上细菌群落结构的变化。图 5 - 27 显示了不同沉积物处理中所属绿弯菌门（Chloroflexi）、变形菌门（Proteobacteria）、脱硫菌门（Desulfobacterota）和放线菌门（Actinobacteriota）的前 11 种细菌科（OTUs 数量＞1％）之间的相对丰度差异。

实验结果表明，与 CON 对照处理相比，在所有 PE 处理、PVC2 和 PVC10 处理中，伯克霍尔德氏菌（Burkholderiaceae）和假单胞菌科（Pseudomonadaceae）的相对丰度均呈现增加现象，而在 PVC5 处理中则出现了明显的降低趋势。相反的是，在 PVC5 处理下，脱硫菌科（Desulfosareinaceae、Desulfocapsaceae）的相对丰度得到了显著提升。此外，添加 PE、5％和 10％浓度的 PVC 微塑料明显降低了沉积物中鞘氨醇单胞菌科（Sphingomonadaceae）的相对丰度，同时 PE 微塑料对 Norank（OrderGaiellales）和黄单胞杆菌（Xanthomonadaceae）也产生了抑制效应。

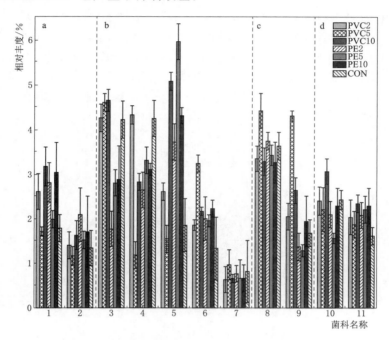

图 5-27　微塑料对特定细菌科丰度的影响
选择相对丰度＞1％的细菌科；a 表示绿弯菌门，b 表示变形菌门，c 表示脱硫菌门，d 表示放线菌门

本研究发现，微塑料的添加使伯克霍尔德菌科、黄单胞杆菌科和假单胞菌科等科水平细菌的 OTUs 数量出现明显变化，且有研究已经证实这些细菌科均与氮循环密切相关。根据 Ju 等的研究结果，PE 微塑料可以提高伯克霍尔德氏菌科的相对丰度，并且与固氮作用密切相关。此外，他们还证实了假单胞菌科细菌具有更强的同步硝化和反硝化能力。微塑料的赋存对沉积物中氮循环产生了一定的影响，其机理可能在于增加了沉积物的孔隙度，从而促进了氧扩散和硝化作用。近期研究已经证实，在土壤中加入粒径为 2mm 的聚乙烯薄膜（1％）后，土壤孔隙度明显增大，且土壤水分蒸发速率也相应地增加。另外，本研究发现脱硫菌科在 PVC5 处理中相对丰度最高，而伯克霍尔德氏和假单胞菌科等在 PVC5 处理中则被明显抑制，这和 Meredith 等向沉积物中加入 PVC 微塑料后得到的研究结论是一致的，可能与硫化物对硝化作用的抑制作用有关。有研究证明 PVC 微塑料处理两周后的沉积物中硫酸盐还原菌所产生的硫化物可以抑制硝化作用，进而抑制反硝化过程。此外，在本研究中，微塑料暴露于沉积物后，鞘氨醇单胞菌科的相对丰度显著下降，这是由

于鞘氨醇菌具备生物降解多种对环境有害的有机化合物的能力，其中包括但不限于多环芳烃、二噁英和氯化苯酚等，这表明微塑料可能影响有机污染物的生物降解过程。

4. 不同特征微塑料对沉积物微生物潜在功能的影响

（1）KEGG 第一层级（Level1）功能基因分析。在本研究中，使用 PICRUST 方法预测沉积物微生物功能，并利用 KEGG 数据库（Kyoto encyclopedia of genes and genomes，其核心为生物代谢通路分析数据库）将微生物的代谢通路分为 3 个层级。在第一层级（Level 1）水平上各代谢通路丰度占比的 Circos 图如图 5 - 28 所示。由图可见，把所有沉积物样本中的微生物代谢通路分为六大类，包括新陈代谢通路（Metabolism，77.68%）、遗传信息处理通路（Genetic Information Processing，7.63%）、环境信息处理通路（Environmental Information Processing，5.14%）、细胞过程通路（Cellular Process，4.49%）、人类疾病通路（Human Diseases，3.29%）和有机体系统通路（Organisam Systems，1.77%）。其中微生物的新陈代谢通路占比最大，说明细胞的新陈代谢是维持微生物生命活动的重要功能。

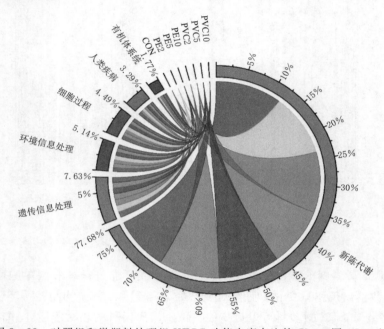

图 5 - 28　对照组和微塑料处理组 KEGG 功能丰度占比的 Circos 图（Level 1）

（2）KEGG 第二层级（Level 2）功能基因分析。如图 5 - 29 所示，在第二层级（Level 2）水平上，将实验培养 60 天后不同处理中细菌的代谢通路进行了比较分析（相对丰度大于 1% 的预测功能基因）。从图中可以看出，在 Level 2 层级的所有预测功能中，共有 41 个二级功能基因（Kos）被检测到，这些基因控制着微生物的生存，包括氨基酸、碳水化合物以及能量代谢等微生物的基本代谢功能。除此之外，还包括参与膜转运、复制、修复以及脂质代谢功能在内的相对丰度超过 4% 的高比例微生物功能基因。不同处理中功能基因的相对丰度存在显著差异，微生物的膜转运蛋白（Membrane transport）、细胞运动（Cell motility）以及外源物质的生物降解和代谢（Xenobiotics biodegradation and metabolism）功能在 PVC5、PVC10 和所有 PE 处理中得到明显改善。相较于对照组，氨基酸代谢（Amino acid metabolism）、碳水化合物代谢（Carbohydrate metabolism）和能量代谢（Energy metabolism）的功能基因丰度均呈现出下降的趋势。

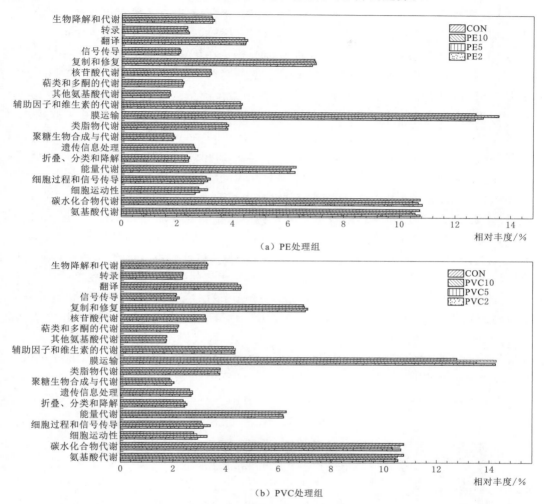

（a）PE 处理组

（b）PVC 处理组

图 5-29 对比不同微塑料处理组与对照组对细菌 KEGG 代谢通路的影响（Level 2）

根据 KEGG 代谢通路的预测，微塑料暴露可促进细胞膜转运蛋白和运动等功能，但同时也会抑制微生物某些必要的代谢途径。膜转运蛋白在蛋白质系统中扮演着至关重要的角色，其能够有效地调控细菌环境中的不良变化，从而为环境风险评估提供重要信息。目前关于污染物诱导的微生物代谢过程和机制方面已有很多报道。Fajardo 及其团队的研究表明，在高浓度重金属暴露的情况下，参与转运蛋白的功能基因丰度显著提高。本研究认为微塑料有可能刺激沉积物细菌膜转运蛋白功能，继而调节维持细胞内环境稳定的机制。此外，添加微塑料的处理组微生物表现出更强的细胞运动性，特别是在 PE 处理组中，可能有助于促进细菌对营养物质的迁移并逃避有毒物质来适应环境的变化；除了受到微塑料污染影响外，非生物因素及沉积物养分变化对微生物群落功能亦有影响。本研究也发现微塑料可导致微生物氨基酸、碳水化合物及能量代谢等微生物生存所必需的代谢功能基因丰度下降，这可能是因为微塑料可导致沉积物含水率及营养物质（如固氮作用）的变化。同时，研究表明，微塑料基质对生物膜内氨基酸代谢途径、辅助因子和维生素代谢途径产生了显著的促进作用，进一步证实了微塑料作为特殊的微生物栖息地既可以改变其群落结构又可以对微生物功能产生影响，对生态系统微生物群落生态功能也具有潜在作用。

（3）KEGG 第三层级（Level 3）功能基因分析。在第三级（Level 3）水平的代谢通路中，不同微塑料处理下微生物功能的绝对丰度排名前 22 的优势功能如图 5 - 30 所示。由 KEGG 分析结果显示，微塑料处理的沉积物中微生物的优势功能均与代谢（Metabolism）和环境信息处理（Environmental information processing）有关，其中，除了 ABC 转运体（ABC transporters）和细菌分泌系统（Bacterial secretion system）属于膜转运蛋白（Membrane transport）通路外，其余通路均与代谢相关，并且主要属于全局和概览地图（Global and overview maps）、能量代谢（Energy metabolism）、碳水化合物代谢（Carbohydrate metabolism）和氨基酸代谢（Amino acid metabolism）等第二级（Level 2）代谢通路。另外，预测结果显示，沉积物中微塑料积累后导致 ABC 转运体（ABC transporters）、细菌分泌系统（Bacterial secretion system）、氮代谢（Nitrogen metabolism）、氨基酸生物合成（Biosynthesis of amino acids）和微生物代谢的多样性（Microbial metabolism in diverse environments）代谢通路明显优于对照组，而柠檬酸盐循环（TCA循环）［Citrate cycle（TCA cycle）］、糖酵解和糖质新生（Glycolysis / Gluconeogenesis）、原核生物的碳固定途径（Carbon fixation pathways in prokaryotes）、乙醛酸和二羧酸代谢（Glyoxylate and dicarboxylate metabolism）、丙酮酸代谢（Pyruvate metabolism）、半胱氨酸和蛋氨酸代谢（Cysteine and methionine metabolism）、碳代谢（Carbon metabolism）等代谢通路的丰度明显低于对照组。

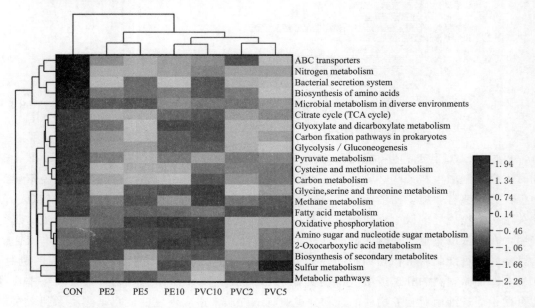

图 5 - 30 对照组与不同微塑料处理组中优势代谢通路（绝对丰度前 22）的热图（Level 3）

　　微生物在碳代谢过程中，主要参与无机碳固定与有机碳分解转化。碳代谢功能相关微生物主要可以分为两类。一类涉及碳同化过程，这类微生物一般为自养型并以固定 CO_2 的方式促进其生长繁殖。卡尔文循环、还原性三羧酸循环、还原乙酰辅酶 A 途径、3-羟基丙酸/4-羟基丁酸、3-羟基丙酸和二羧酸/4-羟基丁酸，这 6 个步骤共同构成了微生物进行碳固定的复杂过程。另外一类参与碳代谢的微生物通常是指参与有机碳分解的微生物，他们将有机碳用作自身生理活动的碳源。有机碳降解以碳水化合物代谢为主，由糖酵解路径、磷酸戊糖路径和三羧酸循环三个模块组成。由本研究结果可知，在所有微塑料处理组中，原核生物的碳固定途径（Carbon fixation pathways in prokaryotes）、乙醛酸和二羧酸的代谢（Glyoxylate and dicarboxylate metabolism）以及丙酮酸的代谢（Pyruvate metabolism）通路均表现出一定程度的抑制效果；且实验组中与有机碳降解有关功能中的碳柠檬酸盐循环（Citrate cycle）、糖酵解和糖质新生（Glycolysis / Gluconeogenesis）、半胱氨酸和蛋氨酸代谢（Cysteine and methionine metabolism）通路的丰度也明显低于未添加微塑料的对照组。在缺氧或无氧的情况下，微生物在糖酵解过程中把葡萄糖分解成丙酮酸产生少量 ATP，是生物体中普遍存在的葡萄糖分解途径，对维持机体正常生理活动起着至关重要的作用。三羧酸循环是在有氧条件下进行的供能方式，同时也是连接糖类、脂类和氨基酸三种物质代谢的关键节点。特别是添加较高浓度的微塑料处理组中（PE10 和 PVC10）更明显地干扰了糖酵解和半胱氨酸的正常合成过程，从而阻碍了碳代谢通路的功能表达，最终对有机物的有效分解产生了不利影响。近年来越来越多的证据显示，土壤微生物对土壤碳库有重要作用。Qian 等在对塑料覆膜在土壤中残留量的研究中还发现，覆膜碎片能显著减少微生物与碳循环有关的功能基因在土壤中的表达量，进而减少土壤碳含量。综上，可以说明添加微塑料可能干扰了碳代谢过程中卡尔文循环、还原乙酰辅酶 A 途径、糖酵解以及三羧酸循环等 4 个模块的正常运作，从而对微生物对碳的吸收和利用产生了负面影响。

5.3.3　沉积物性质对微生物影响路径分析

　　沉积物中的微生物是衡量沉积物质量的一个重要生物指标，其中细菌是数量最为丰富、种类最为繁多的微生物。随着现代科学技术发展，对微生物的认识不断加深，其在生态学及环境效应方面也发挥了越来越大作用。多项研究表明，微生物群落的多样性与生态系统过程息息相关，其中包括微生物的生长、环境养分的循环以及沉积物的性质变化等，这些因素共同构成了维持水生态环境健康的重要组成部分。微生物群落的形成不仅受到污染物质的影响，还受到非生物因素的干扰和影响。已有研究证明，pH 这一非生物因子在生态系统细胞外酶活性中起着很强的调节作用，可以改变酶的空间构象并影响酶与底物的相互作用，从而成为影响细菌多样性的驱动力。然而目前关于环境因子对沉积物微生物群落影响及其作用路径的研究还比较少。

　　本章研究微塑料处理的沉积物中细菌与 5 种沉积物理化指标和 3 种酶活性之间的相关性，并通过构建结构方程模型探究沉积物理化性质对优势菌的直接和间接影响及标准化总效应，揭示微塑料对微生物的作用机理。

　　1. 沉积物理化性质和酶活性与优势菌群的相关性分析

　　微生物群落受多种环境条件影响，例如沉积物 CEC 容量、TOC、TN 和 TP 含量、

pH 等，沉积物酶活性对沉积物微生物也有显著影响。在本研究中，对添加微塑料的沉积物中优势菌群（门水平）与 5 种沉积物理化指标和 3 种酶活性进行了相关性分析，得出结论如图 5-31 所示。从图中可以看出，显著的差异性存在于沉积物优势细菌与理化性质和酶活性之间（$P < 0.05$）。其中拟杆菌门（Bacteroidota）与 TN 含量呈现明显的负相关关系；TP 含量与拟杆菌门（Bacteroidota）和变形菌门（Proteobacteria）呈现明显的负相关关系；变形菌门（Proteobacteria）与 TOC 含量存在明显的正相关关系。此外，CEC 容量和过氧化氢酶活性均与拟杆菌门（Bacteroidota）和变形菌门（Proteobacteria）呈显著正相关；脲酶和多酚氧化酶活性分别与拟杆菌门（Bacteroidota）和绿弯菌门（Chloroflexi）有显著负、正相关性。

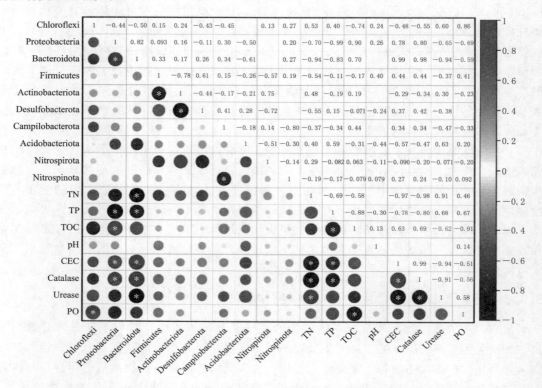

图 5-31　沉积物中细菌（门水平）与沉积物理化指标和酶活性之间的相关性
（＊$P < 0.05$；颜色越深且圆形半径越大代表显著性越强）

经相关性分析，沉积物的各种理化性质和酶活性与沉积物微生物均有显著相关关系，且理化性质和酶活性的改变会对微生物多样性造成影响。已有研究证明塑料薄膜的残留物可以大大改变土壤或沉积物中的酶活性和微生物功能。在物质循环中，沉积物酶活性作为微生物活性和养分有效性的代表，发挥着关键作用。通过提高微生物的活性可以使胞外酶分泌增多，有利于沉积物中碳氮磷等营养的排放，从而有益于营养物质的转运。在本研究中，沉积物优势菌门与过氧化氢酶、多酚氧化酶、脲酶等酶活性存在明显的相关关系，且酶活性的变化可能会引起沉积物微生物群落发生改变，由第 4 章研究结果已知，PE 和 PVC 微塑料对几种酶活性有明显的抑制作用。进入沉积物中的微塑料可能对沉积物的物理结构、化学性质及酶的活性产生影响，从而对沉积物中的微生物群落产生作用。因此，研究沉积物理化性质和微生物群落之间的相关性具有重要意义。

2. 沉积物理化性质对优势菌的影响路径分析

由相关性分析，可以获得与沉积物门水平上优势菌群存在显著关系的沉积物理化性质和酶，本研究针对这些和优势菌群显著相关的沉积物指标，通过建立结构方程模型，以深入探究沉积物性质与优势菌群之间的影响方式。如图 5-32 所示，基于这些结构方程模型中的评价参数，通过计算 $\chi^2=3.290$，df$=7$，$P=0.518$，GFI$=0.911$，RMSEA$=0.040$；$\chi^2=4.870$，df$=8$，$P=0.408$，GFI$=0.923$，RMSEA$=0.000$，得知本研究所建的结构方程具有较好的拟合效果，平均而言该模型分别解释了沉积物中细菌（门水平）的变形菌门（Proteobacteria）和拟杆菌门（Bacteroidota）比率为 99.60% 和 99.50% 的变化。在解释变量中沉积物理化指标 pH、CEC、TN、TP、TOC 以及沉积物氧化氢酶活性、脲酶活性和多酚氧化酶活性对沉积物优势菌群的作用。

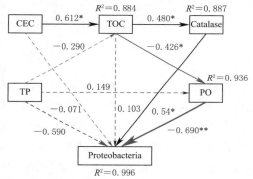
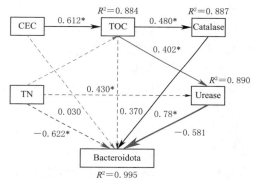

（a）沉积物与变形菌门构建的结构方程模型 （b）沉积物与拟杆菌门构建的结构方程模型

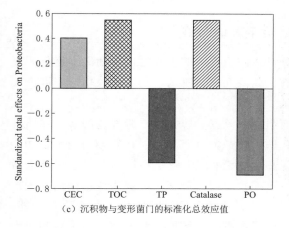
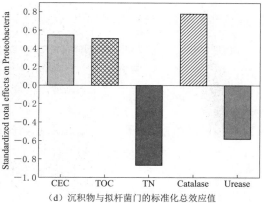

（c）沉积物与变形菌门的标准化总效应值 （d）沉积物与拟杆菌门的标准化总效应值

图 5-32　沉积物与优势菌构建的结构方程模型及其标准化总效应值（直接效应加间接效应）
（方框表示变量，箭头表示因果关系的方向。实线和虚线箭头分别表示显著和不显著的关系；箭头旁边的数字是路径系数，箭头的宽度与路径系数的大小成正比；R^2 代表解释变量的大小；模型的拟合通过 χ^2 检验，df，GFI 和 RMSEA 检验来实现；图中 $^*P<0.05$；$^{**}P<0.01$；$^{***}P<0.001$）

如图 5-32 所示，对变形菌门有直接影响作用的是多酚氧化酶和过氧化氢酶活性（路径系数分别为 -0.690 和 0.540；显著性分别为 $P<0.01$ 和 $P<0.05$）；对拟杆菌门有直接影响作用的是 TN 含量、过氧化氢酶和脲酶活性（路径系数分别为 -0.622、0.78 和 -0.581；显著性分别为 $P<0.01$，$P<0.05$ 和 $P<0.05$）。TP 含量可以通过作用于多酚氧化酶活性来间接抑制变形菌门，而 TN 含量对拟杆菌门有直接的抑制作用（路径系数为 -0.622，$P<0.05$），并且可以通过作用于脲酶活性而间接的影响拟杆菌门。此外，CEC 容量和 TOC 含量都是通过作用于酶活性来间接影响细菌门，如 TOC 含量可以通过影响过氧化氢酶的活性来促进拟杆菌门的生长，又可以通过改变脲酶的活性对拟杆菌门产生间接的抑制作用 [图 5-32（b）]。根据结构方程模型中标准化总效应值为直接效应与中介效应累积之和的方法计算，可以得出多酚氧化酶活性对变形菌门起着主要的抑制作用（标准化总效应值为 -0.690）[图 5-32（c）]，而 TN 含量和过氧化氢酶活性对拟杆菌门起着主要作用（标准化总效应值分别为 -0.872 和 0.780）[图 5-32（d）]。

进一步的结构方程表明，沉积物的理化特性不仅可以直接影响优势细菌，还可以通过影响酶活性的变化来间接影响细菌的生长（图 5-32）。多酚氧化酶难降解化合物如单宁和木质素的降解，从而抑制了 DOM 的生物降解能力，而变形适合在生长在营养丰富的环境中，因此对多酚氧化酶对变形菌门产生了直接的抑制作用。过氧化氢酶几乎存在于所有的生物体中，主要与好氧微生物的呼吸作用有关，这可能与其对变形菌门和拟杆菌门的直接促进作用有关。已有研究表明，PE 和 PVC 微塑料的赋存对脲酶活性产生了抑制作用，同时也降低了微生物的多样性以及丰富度，这与本研究的结果相似。此外，脲酶活性与氮循环密切相关，能促进有机氮转化为有效氮，脲酶活性降低的原因可能与沉积物中溶解物质的浓度有关，这一点也在 Liu 等的研究结果中得到了证实，即沉积物中 DOC 和 DON 浓度的变化与脲酶活性有关。这表明微塑料可能通过影响沉积物中碳和氮等物质的浓度来影响沉积物中的脲酶活性。

5.3.4　微塑料对沉积物中微生物代谢功能丰度的影响

本研究赋存不同种类和不同丰度微塑料处理下沉积物中微生物的代谢功能丰度仍明显较高，沉积物赋存不同种类和不同丰度微塑料，如图 5-33 所示，最主要的功能丰度由大到小分别为新陈代谢（77%~78%）、遗传信息处理（7%~8%）、环境信息处理（5%）、细胞进程（4%~5%）、人类疾病（3%）和有机体系统（2%）。以上所叙述的功能在所有的沉积物样品中都存在，其中微生物的新陈代谢占比最大（77.87%），其余的微生物功能丰度占比仅 22.13%。此结果与尹强等研究结果岱海沉积物中微生物代谢功能是主要的微生物功能一致；此外，张雨晴等研究发现岱海沉积物中的优势细菌门类为变形菌门，变形菌门中包含多种代谢种类，这也说明岱海沉积物中微生物代谢功能是主要的微生物功能；李汶璐等进行了微塑料对岱海沉积物细菌群落组成的影响，结果表明微塑料的类型和丰度会影响沉积物中各物种相对丰度发生了变化，但其优势菌门仍为变形菌门。故本研究结果说明微塑料对各微生物功能丰度会产生影响，但并不会改变原有的沉积物中微生物功能丰度的排列顺序。

根据 30 天和 60 天的 KEGG 功能丰度统计图，选择微生物代谢功能丰度，微生物代谢

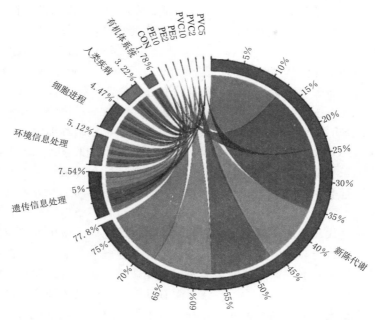

图 5-33 赋存不同丰度 PVC 和 PE 沉积物中微生物不同功能丰度比例弦图

功能丰度柱状图如图 5-34 所示（表 5-8 为图 5-34 的注释）。沉积物中的微生物碳水化合物代谢是影响沉积物生态平衡的主要因素之一。塑料本身以及塑料吸附的多环芳烃和其他有机化合物，而且还可以吸收有机碳，为一些具有碳水化合物降解功能的细菌提供了营养，进而使得原有的细菌碳水化合物的分解加强，这也解释了本研究中进行不同种类和不同丰度微塑料处理后的岱海沉积物中微生物碳水化合物降解功能基因与空白对照出现差异的原因。赋存不同类型和丰度的微塑料对沉积物中微生物代谢功能丰度的影响如图 5-34所示，在培养的前期［图 5-34 (a)］赋存 PE2 微塑料能提升微生物代谢功能丰度（较空白对照升高 4.26%），但赋存其他丰度 PE 微塑料和 PVC 微塑料的微生物功能丰度代谢都

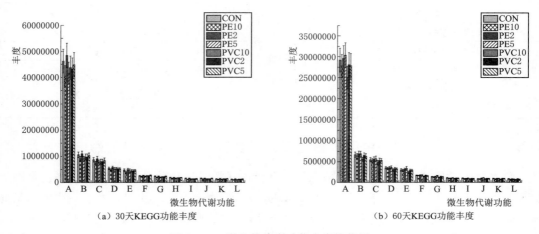

图 5-34 微生物代谢功能丰度柱状图

呈现降低的趋势，其中赋存 PE10 的试验组降低程度最大（比空白对照组降低了 13.1%）。在培养后期 ［图 5 - 34 （b）］，赋存 PE2、PE5 微塑料能提升微生物的代谢功能丰度（较空白对照组分别升高 1.75%、4.37%）；而赋存丰度越大的 PVC 微塑料对微生物的代谢功能丰度降低的越大，其中降低程度最大的试验组为赋存 PVC10（较空白对照组降低 14%）。沉积物中的微塑料可能影响微生物群落，尤其是通过改变营养循环，影响沉积物的能量流动，进而对湖泊水生生态系统稳定产生影响。细菌的代谢与有机物的组成和可用性密切相关。Pinto M 等的研究发现，PVC 微塑料与其他材料表面孵化培育细菌，细菌群落的组成有着明显的差异，XUE K 等研究发现微生物量增多，基因丰度越高，微生物分解能力越强。本研究中在沉积物中赋存不同类型和丰度的微塑料进行经过培育后，其环境中的营养成分受到影响，并且 PVC 微塑料表面附着的细菌的群落组成与 PE 微塑料表面附着的细菌的群落组成可能产生了差异，具有代谢功能细菌减少，影响了微生物代谢，进而产生了在培育阶段对于微生物代谢功能丰度的不同影响结果。除此之外，微生物群落的功能还受到非生物因素和沉积物自身养分的影响。本研究中发现赋存微塑料后，氨基酸代谢、碳水化合物代谢、能量代谢等基本代谢相关的功能基因丰度减少，这可能是赋存微塑料会对沉积物水分和养分产生影响导致的。湖泊沉积物会随着湖泊生态体系的循环运动迁移到湖泊的各个角落，沉积物作为湖泊生物生存的营养物质，也保证着湖泊生物能够正常的生长，而沉积物中微生物代谢功能基因的变化会对沉积物中的碳、氮、磷等营养元素循环产生影响，改变湖泊中营养物质含量，进而影响湖泊生物的正常生长。

表 5 - 8 微生物代谢功能注释表

中 文 描 述	Function	英 文 描 述
全局和概览图	A	Global and overview maps
碳水化合物代谢	B	Carbohydrate metabolism
氨基酸代谢	C	Amino acid metabolism
能量代谢	D	Energy metabolism
辅因子和维生素的代谢	E	Metabolism of cofactors and vitamins
核苷酸代谢	F	Nucleotide metabolism
脂质代谢	G	Lipid metabolism
其他次生代谢物的生物合成	H	Biosynthesis of other secondary metabolites
其他氨基酸的代谢	I	Metabolism of other amino acids
异生素生物降解和代谢	J	Xenobiotics biodegradation and metabolism
聚糖生物合成和代谢	K	Glycan biosynthesis and metabolism
萜类化合物和聚酮化合物的代谢	L	Metabolism of terpenoids and polyketides

5.3.5 微塑料对沉积物中微生物遗传、环境信息及功能丰度的影响

微生物的遗传信息处理、环境信息处理和细胞过程是微生物功能的第二大体，对微生物有着极其重要的作用。根据 30 天和 60 天的 KEGG 功能丰度统计图，微生物遗传信息处理功能丰度柱状图如图 5 - 35 所示、微生物环境信息处理功能丰度柱状图如图 5 - 36 所示、微生物细胞过程功能丰度柱状图如图 5 - 37 所示，表 5 - 9 为图 5 - 35～图 5 - 37 的注释。

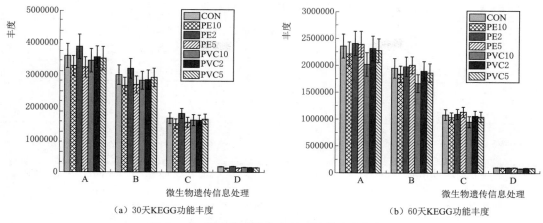

图 5-35 微生物遗传信息处理功能丰度柱状图

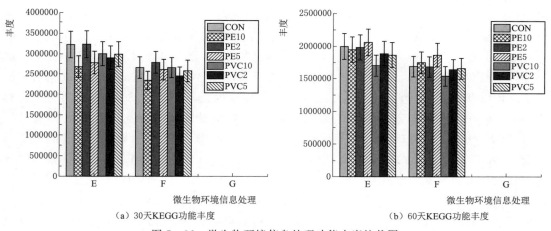

图 5-36 微生物环境信息处理功能丰度柱状图

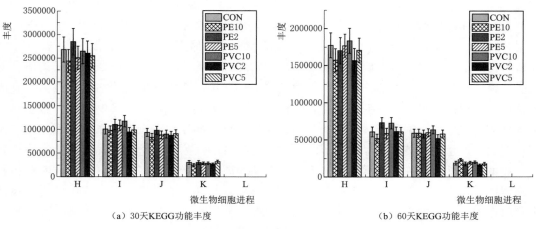

图 5-37 微生物细胞过程功能丰度柱状图

表 5 - 9　　　　微生物遗传信息处理、环境信息处理和细胞过程功能注释表

中 文 描 述	Function	英 文 描 述
翻译	A	Translation
复制和修复	B	Replication and repair
折叠、分类和降解	C	Folding, sorting and degradation
转录	D	Transcription
膜运输	E	Membrane transport
信号转导	F	Signal transduction
信号分子和相互作用	G	Signaling molecules and interaction
细胞群落-原核生物	H	Cellular community - prokaryotes
细胞运动	I	Cell motility

赋存不同类型和丰度的微塑料对沉积物中微生物遗传信息处理、环境信息处理和细胞过程功能丰度的影响如图 5 - 35~图 5 - 37 所示，在培养前期，赋存低丰度的 PE2 微塑料对沉积物中微生物遗传信息处理、环境信息处理和细胞过程功能丰度都有促进作用（较空白对照组分别升高 6.87%、2.2%、6.23%）赋存 PVC10 微塑料会使微生物细胞过程功能丰度较空白对照组升高 1.45%，其余不同丰度的 PE 和 PVC 微塑料都会降低沉积物中微生物遗传信息处理、环境信息处理和细胞过程功能丰度，其中赋存 PE10 微塑料对微生物遗传信息处理、环境信息处理和细胞过程功能丰度抑制最大（较空白对照组分别降低 9.97%、14.8%、8.88%）。在培养后期，赋存 PE2 和 PE5 微塑料会提高微生物的遗传信息处理功能丰度（较空白对照组分别升高 1.73%、2.65%），赋存 PE5 微塑料使微生物环境信息处理功能丰度较空白对照组升高 6.7%，赋存 PVC10 微生物细胞过程功能丰度较空白对照组升高 7.3%，其余不同丰度的 PE 和 PVC 微塑料都会对微生物遗传信息处理、环境信息处理和细胞过程功能丰度起抑制作用，其中赋存 PVC10 微塑料对微生物遗传信息处理和环境信息处理功能丰度抑制最大（较空白对照组分别降低 13.9%、12%），赋存 PVC2 微塑料对微生物细胞过程功能丰度抑制最大（较空白对照组降低 9.77%）。

蛋白质在细胞和生物体的生命活动过程中，起着十分重要的作用。遗传物质 DNA 的复制、转录，微生物环境信息进行处理，以及细胞过程都会有蛋白质和酶的参与。例如，多酚氧化酶活性可以间接影响微生物群落结构的多样性，具有调节环境条件和反馈信息的功能。膜转运蛋白可以调节细菌环境中发生的不良变化，为环境风险评估提供信息。有研究发现，投加微塑料可以改变土壤的物理性质，并且会进一步影响土壤酶活性，微塑料对土壤酶活性的影响还取决于微塑料的类型。此外，李淑英等发现在重金属污染下，蛋白质容易变性，严重时可能造成蛋白质失活。本研究中赋存微塑料后，对微生物遗传信息处理、环境信息处理和细胞过程功能丰度产生影响的原因可能是赋存微塑料后会改变沉积物的物理性质，进而对沉积物内各种酶活性产生影响，并且微塑料容易对环境中的重金属产生吸附作用，可能加重沉积物的重金属污染情况，使沉积物内蛋白质变性甚至失活。

对于 PVC 和 PE 两种微塑料对其功能丰度的影响不同，产生这个结果的原因可能是这两种类型的微塑料对于沉积物中酶活性产生的影响不同，以及不同类型微塑料对重金属吸

附能力不同。在沉积体系中，存在着一种保持污染物吸收与降解平衡的机制，而赋存微塑料后由于其对环境中污染物质有吸附特性，这些污染物在脱附作用下，会对沉积物中的微生物产生毒性效应，使微生物遗传信息处理、环境信息处理和细胞过程功能在此过程中受到影响，影响微生物活性，该平衡就会被打破，从而使湖泊系统难以达到新的平衡，湖泊水体将受到严重的污染。

5.3.6 微塑料对沉积物中微生物有机体系统功能丰度的影响

微生物的人类疾病和有机体系统功能丰度也是微生物功能的重要组成部分。根据对微生物人类疾病和有机体系统功能的研究，微生物人类疾病和有机体系统的 30 天和 60 天 KEGG 功能丰度图如图 5-38、图 5-39 所示，表 5-11 为图 5-38、图 5-39 的注释。

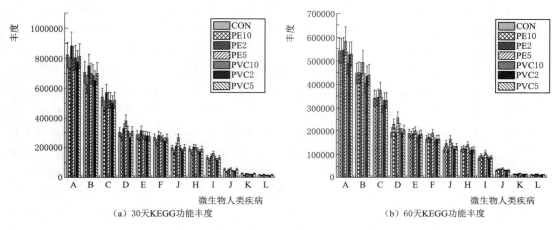

图 5-38 微生物人类疾病功能丰度柱状图

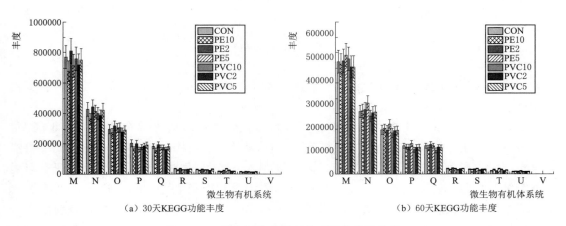

图 5-39 微生物有机体系统功能丰度柱状图

从不同丰度和不同类型的微塑料对微生物人类疾病和有机体系统功能影响来分析，在培养前期，赋存 PE2 微塑料会提高沉积物中微生物人类疾病和有机体系统功能丰度（较空白对照组分别提高了 6.28%、4.97%），赋存 PE5 微塑料只会使得微生物人类疾病功能丰度较空白对照组提高 3.63%，其余丰度的 PE 和 PVC 微塑料都对微生物人类疾病和有机体系统功能丰度有抑制作用，其中 PE10 的抑制作用最大（较空白对照组分别减少了 12.5%、12.88%）。在培养后期，赋存不同丰度 PE 微塑料都会使微生物人类疾病功能丰度有所提高，PE5 微塑料产生的影响最为明显（较空白对照组提高了 14.44%），不同丰度的 PVC 微塑料对微生物人类疾病功能丰度都起到抑制作用，抑制效果最明显的为赋存 PVC10 微塑料（较空白对照组减少 5.6%）。对于微生物有机体系统功能丰度只在赋存 PE2 微塑料条件下，其功能丰度较空白对照组提高 1.12%，其余各丰度的微塑料对微生物有机体系统功能丰度都呈现出抑制作用，赋存 PVC10 微塑料的抑制效果最明显（较空白对照组减少 10.64%）。

　　本实验中赋存不同种类和丰度微塑料对人类疾病功能产生的影响结果，是由于微塑料表面容易吸附有机污染物会对沉积物中微生物群落产生复合毒性效应，抑制细菌活性。此外经过上述对微生物代谢功能丰度的分析，PE 微塑料能略微提升微生物代谢功能丰度，但 PVC 微塑料只会降低微生物代谢功能丰度，这可能造成不同种类微塑料对这些营养成分的代谢效果不同。对致病细菌产生的影响不同，进而对微生物人类疾病基因丰度产生不同的影响。本研究中赋存微塑料对微生物有机体系统功能丰度产生影响，可能是由于微塑料会对沉积物中酶活性和微生物群落结构产生影响，而微生物为了适应新的群落结构，可能会自行调整有机体系统功能，所以会产生这样的结果。环境中的微塑料表面会被微生物所定殖，形成生物膜结构，而微塑料能够通过表面形成的生物膜结构携带抗性基因，对人体健康造成的潜在风险，当在条件适应的情况下水底中的沉积物会不稳定，会再次接触上覆水体，进而成为二次污染介质。这些污染物中可能包括有携带抗性基因生物膜的微塑料在水体中迁移，通过食物链转移至捕食者和人类，从而对人类健康造成危害。本研究赋存微塑料对沉积物微生物人类疾病功能的影响，可以为湖泊水体污染对人类健康风险评估提供参考。

5.4　本　章　小　结

　　通过对底泥中微塑料的含量、形貌特征、成分、微观特征的讨论，以及微塑料对沉积物中微生物功能的研究，结论如下：

　　（1）乌梁素海底泥中也存在微塑料污染状况，微塑料峰值出现在该湖泊东北部 U4 点，该点水力条件较弱，有利于微塑料沉降。与表层水微塑料分布特征相似，底泥中微塑料含量同样出现由北向南逐渐递减的趋势。SEM 分析结果表明，微塑料表面出现不同程度的刻蚀、孔洞、裂纹等形貌特征，有利于水体中常规污染物的附着，产生污染叠加效应。通过对微塑料表面的 EDS 测出，发现了 Fe、Zn、Ni 等金属元素的存在，表明已经出现金属污染与微塑料污染的结合，存在复合污染的风险。

　　（2）赋存不同丰度的 PE 微塑料，在整个培养期中 PE2 微塑料对 6 种微生物功能丰度都有一定的促进作用。PE5 微塑料在培养前期只对微生物人类疾病功能基因产生促进作用，对其余 5 种微生物功能丰度都会产生不同程度的抑制，但随着培养时间的增加，微生物代谢、遗传信息处理、环境信息处理这 3 种微生物功能基因也会转变为促进作用。

（3）赋存不同丰度的 PVC 微塑料，在整个培养期中 PVC10 微塑料对微生物细胞过程功能丰度起到促进作用，对于其余 5 种微生物功能丰度都会产生不同程度的抑制作用，而赋存除 PVC10 微塑料外其他不同丰度的 PVC 微塑料在整个培养期间对微生物功能丰度的影响都表现为抑制作用。

参 考 文 献

［1］ 李汶璐，王志超，杨文焕，等．微塑料对沉积物细菌群落组成和多样性的影响［J］．环境科学，2022，43（5）：2606-2613.

［2］ 尹强．岱海沉积物中微生物群落结构及功能特征研究［D］．包头：内蒙古科技大学，2021.

［3］ Wang Zhichao, Li Wenlu, Li Weiping, et al. Impacts of microplastics addition on sediment environmental properties, enzymatic activities and bacterial diversity［J］. Chemosphere, 2022, 307（3）.

［4］ Wang Zhichao, Li Wenlu, Yang Wenhuan, et al. Ecological effects of microplastics on microorganism characteristics in sediments of the Daihai Lakeshore, China［J］. Journal of Freshwater Ecology, 2022, 37（1）: 15-31.

［5］ Wang Zhichao, Li Wenlu, Li Weiping, et al. Effects of microplastics on the water characteristic curve of soils with different textures［J］. Chemosphere, 2022.

［6］ 冯雪莹，孙玉焕，张书武，等．微塑料对土壤-植物系统的生态效应［J］．土壤学报，2021，5（2）：299-313.

［7］ 张彦，窦明，邹磊，等．不同微塑料赋存环境对小麦萌发与幼苗生长影响研究［J］．中国环境科学，2021，41（8）：3867-3877.

［8］ 廖苑辰，娜孜依古丽，李梅，等．微塑料对小麦生长及生理生化特性的影响［J］．环境科学，2019，40（10）：4661-4667.

［9］ 张国珍，任豪，周添红，等．淡水环境中微塑料的分布及生物毒性研究进展［J］．给水排水，2022，58（1）：162-171.

第 **6** 章 微塑料对土壤理化性质的影响研究

内蒙古河套灌区是中国三大灌区之一，是重要的商品粮油生产基地，但内蒙古河套灌区土壤由于 1000 多万亩耕地盐渍化严重，为了保持不受地理环境的影响，地膜覆盖技术已成为河套灌区的重要农艺措施，其中 80% 以上的农田需要使用地膜覆盖进行保墒，但由于农膜回收机制不完善，长期规模化使用，使得土壤中微塑料含量逐年上升，土壤微塑料可能影响河套灌区农田土壤健康，导致可利用农业土地资源在逐渐减少。故本章首先通过室内试验筛选出对土壤中微塑料的识别影响最小的消解方法，并通过采集河套灌区不同灌溉类型（滴灌和畦灌）、不同覆膜年限（覆膜 5 年、10 年、20 年）下的土壤样品，从定性和定量的角度分析微塑料在研究区域的分布情况。其次，选用不同类型的微塑料利用室内模拟实验的方法，研究微塑料对土壤水分入渗和蒸发的影响，阐明不同丰度及类型的微塑料对累积入渗时间和土壤含水率的影响，揭示微塑料赋存对土壤水分入渗湿润锋和土壤蒸发特性的影响。最后，利用压力薄膜仪，重点探明不同特征 PVC 微塑料对土壤水分特征曲线的影响效应，并基于 RETC 软件评价其对 VG 模型、BC 模型等土壤水分特征曲线模型的影响效果。以 van Genuchten、Brooks-Corey 等土壤水分特征曲线模型，作为微塑料污染土壤水力特性模拟评价的基础。利用 RETC 等土壤水力特性模拟软件，以 MAPE 以及 NSE 等作为评价依据，通过对相关水力特性的实测值与模拟值进行数值分析，对模型的适用性进行评价，并进一步对模型参数进行率定，开展微塑料对土壤水力特性的数值模拟与预测。探究不同特征的 PVC 微塑料赋存于土壤中对土壤水分特征曲线的影响效果和对土壤孔隙特征的影响，并对微塑料赋存土壤的水分特征曲线模型适应性进行分析。同时通过 RETC 软件阐明 PVC 微塑料对 VG 模型、BC 模型等土壤水分特征曲线模型的不同适用性。

本章通过开展微塑料对土壤水力特性的影响规律研究并探究其影响机理，可弥补不同特征微塑料赋存对土壤水力特性影响机理研究的不足，可为更好地进行微塑料赋存条件下水土资源的高效利用奠定基础，也可为国内北方大面积覆膜种植的灌区微塑料治理提供参考。通过开展河套灌区土壤中微塑料的丰度、赋存特征等的研究，对于明晰微塑料在河套灌区土壤中的分布现状及危害具有重要意义，并可为河套灌区大规模覆膜种植的可持续发展提供指导。

6.1 研　究　方　法

6.1.1 取样点设置及样品处理

河套灌区是中国三大灌区之一，是中国重要的商品粮、油生产基地，受年均蒸发量大（约 2200mm）、年均降水量小（约 150mm）等因素影响，地膜覆盖技术已成为河套灌区重要的农艺措施，平均地膜使用量已达 45kg/hm^2，特别是膜下滴灌技术大规模推广后，覆膜种植更是在河套灌区得到了跨越式发展。研究区位于河套灌区上游巴彦淖尔市磴口县，该区域既有覆膜种植已超 20 年的传统农田，也有近年来新开垦的农田，种植作物主要为玉米和葵花。

实验于 2019 年作物种植前，选取研究区不同覆膜年限（5 年、10 年、20 年）及不同灌溉类型（畦灌、滴灌）田块作为取样点，共设置 6 个取样点，每个取样点设置 3 组重复取样，共取样品 18 组，取样点概况见表 6-1。每个取样点处选取 50cm×50cm 的正方形样方，于 0～10cm、10～20cm、20～30cm 处土层进行分层取样，相互不混合，清除大的可见垃圾后，装入采样袋带回实验室，平铺于桌面并置于避光处烘干备用。

表 6-1 取 样 点 概 况

取 样 点	地 理 坐 标	覆 膜 年 限	灌 溉 类 型
S1	107.05°E，40.40°N	5	畦灌
S2	107.07°E，40.44°N	5	滴灌
S3	107.04°E，40.39°N	10	畦灌
S4	107.01°E，40.43°N	10	滴灌
S5	107.03°E，40.47°N	20	畦灌
S6	106.96°E，40.47°N	20	滴灌

采用饱和氯化钠溶液密度分离法从土壤样品中提取微塑料。将土壤样品置于烘箱中 100℃烘 24h 后放入烧杯中，加入 1.2 g/mL 饱和氯化钠溶液并进行超声 2min，用玻璃棒将混合物搅拌 30min，静置 24h 后将包括微塑料在内的上清液收集到锥形瓶中。超声、搅拌、收集上清液等步骤重复 3 次，以保证将土壤中的微塑料进行充分提取。随后将浓度为 30%的 H$_2$O$_2$ 溶液加入上清液中并充分混合，置于 50℃的摇床中消解 72h，以保证充分消解上清液中的有机物等。最后，用真空抽滤装置过滤，采用孔径为 0.45μm 的玻璃纤维素滤膜，真空抽滤过后，将滤膜置于玻璃培养皿中备用。为防止外源污染，微塑料的分离、提取和观察等均在洁净密闭的环境中进行，且使用锡箔纸将放有滤膜的培养皿覆盖。

将通过密度分离法得到的滤膜置于蔡司显微镜（Axio Scope A1，Germany）下进行观察，并通过蔡司显微镜的计数功能进行微塑料的计数；使用激光共聚焦显微镜（Olympus，OLS4000）进行微塑料的外观及形态特征分析，并通过激光共聚焦显微镜的拍照功能进行拍照，拍照时记录放大倍数并在该倍数下进行微塑料的尺寸测量；利用扫描电镜-能谱仪（QUANTA 400，Fei，the USA）对微塑料表面特征及表面附着物进行观察与分析，观察前需将微塑料颗粒分离到样条表面的导电胶上，并对其进行镀金（Au）处理。

6.1.2 实验材料

备试土壤采集于在内蒙古河套灌区，为了减少土壤中微塑料的本底值，选择未经耕作、人工干扰较小的土壤样品，采集深度为地面以下 50～150cm，去除大粒径杂质后带回实验室，将土样进行风干，在此过程中需不断进行翻拌，使土壤加速并完全风干；随后对土壤样品砸碎处理对其进行研磨，在碾碎过程中为避免对后续实验产生污染，故选用玛瑙材质的研钵进行捣碎进行研磨；最后将研磨后的土壤样品收集过 2mm 筛，确保土质均质。

进行土壤水分入渗和蒸发的实验时，利用纳米激光粒度仪（NANOPHOXTM，Symaptec 公司，德国）对土壤样品进行颗粒分析，其中黏粒（粒径小于 0.002mm）占比 1.32%，粉粒（0.01~0.50mm）占比 18.60%，砂粒（0.50~1.0mm）占比 80.08%，土质属于砂壤土。本实验所使用微塑料为广东特塑朗化工有限公司制造，有 PE、PVC、PP 三种，其物理化学性质见表 6-2，微塑料粒径为 150um，形状为球状。

表 6-2　　　　　　　　　　　　微塑料的物理化学性质

微塑料名称	化 学 结 构	化学式	密度/(g/cm³)	熔点/℃
PE	$\left[CH_2{-}CH_2 \right]_n$	$(C_2H_4)_n$	0.962	85~110
PVC	$\left[CH_2{-}CH \atop \quad\quad Cl \right]_n$	$(C_2H_3Cl)_n$	1.38	150~200
PP		$(C_3H_6)_n$	0.90	176

在进行基于 CT 扫描的微塑料对砂壤土孔隙结构的影响研究时，利用纳米激光粒度仪（NANOPHOXTM，Symaptec 公司，德国）对土壤样品进行颗粒分析，其中黏粒（粒径小于 0.002mm）占比 1.32%，粉粒（0.01~0.50mm）占比 18.60%，砂粒（0.50~1.0mm）占比 80.08%，土质属于砂壤土。本实验所使用聚丙烯微塑料为广东特塑朗化工有限公司制造，微塑料粒径为 150μm，形状为球状，密度为 0.90g/cm³，熔点 176℃。根据戚瑞敏等对中国典型覆膜农区微塑料粒径分级统计的研究，不同种植条件下农田土壤中（50~100μm）和（100~250μm）两种小粒径等级的微塑料含量占较大比例，故本实验选用 150μm 的微塑料进行研究具有广泛代表性。另外，由于本课题组前期在微塑料对土壤水分入渗和蒸发影响的实验中，发现 2% 丰度聚丙烯微塑料对土壤水分运移影响最为显著，因此本实验采用 2% 丰度聚丙烯微塑料进行模拟。

供试土柱制备选用直径 5cm，高度 5cm 的金属环刀进行制样。首先将样品土样均匀填装在环刀中，为消除优势流对于 CT 扫描结果的影响，在环刀内壁均匀涂抹凡士林，每 3cm 进行打毛并压实，土壤容重 1.5g/cm³。另制备土壤与 2% 丰度聚丙烯微塑料均匀混合，并按原土柱中的容重进行填装。各土柱填装完成后，在容器中过水浸泡 24h，使土柱中水分饱和，之后将其拿出放到干燥沙盘吸水并静置 12h，随后放入烘箱烘干，烘干时长 48h。其中无微塑料赋存的空白处理编号为 CK，赋存 2% 丰度聚丙烯微塑料的处理编号为 M，每组各设置 3 个平行处理。最后放进装有泡沫箱的纸箱里送检。

6.1.3　实验设计与方法

实验共设置 3 种微塑料丰度、3 种微塑料类型和 1 个对照处理，共计 10 个处理（表 6-3），每个处理 3 次重复。选用内径为 10cm、高度为 50cm 的透明有机玻璃柱进行实验，其柱壁贴软卷尺，底部 5cm 为反滤层，并设有排气孔，装土高度 35cm。为防止土样从玻璃柱底流失，装土前在土柱底部铺设一层纱布，为避免优势流对实验结果的影响，实验前在土柱内侧均匀涂抹一层凡士林。按照不同实验设置将微塑料和土壤均匀混合，按照 1.5g/cm³ 土壤容重装土，为避免压实作用对实验结果造成的影响，每 5cm 分层装入，层间进行打毛处理。

表 6-3 实 验 设 计 变 量

处理编号	微塑料质量占土壤比重/%	微塑料类型	处理编号	微塑料质量占土壤比重/%	微塑料类型
CK	0	无	Q2	1.0	PVC
A1	0.5	PE	Q3	2.0	PVC
A2	1.0	PE	Z1	0.5	PP
A3	2.0	PE	Z2	1.0	PP
Q1	0.5	PVC	Z3	2.0	PP

采用一维定水头法测定土壤水分入渗过程，通过马氏瓶供水，水头高度控制在 10cm，实验前用流量计控制实验组中的流量使其保持一致。入渗实验开始后，观察湿润锋的运移以及马氏瓶的水位情况，按照前密后疏的原则，记录相应时间下湿润锋的运移情况及马氏瓶的水位刻度。当湿润锋到达土柱深度 30cm 处时停止供水，记录累积入渗时间，并用防水塑料膜封住土柱管口，入渗过程结束。在湿润锋停止运移后，用小型土钻从土壤深度 0~5cm、5~10cm、10~15cm、15~20cm、20~25cm 和 25~30cm 处取土，用烘干法测含水率。为防止水分蒸发，将所有的土柱用塑料薄膜封口，静置 24h，为之后的蒸发模拟实验做准备。入渗实验装置如图 6-1 所示。

将所有的土柱放置在环境相对稳定的室内，拿下柱口塑料薄膜，将四个土柱平行放置，打开红外线灯（275W）作为光源对其同时进行蒸发实验，灯底部与土柱表土距离均为 30cm，昼夜照射，采用称重法（称重法的原理是根据称量前后的重量变化，来确定该时段内的蒸发量）。在蒸发开始后 1h、2h、3h、4h、6h、8h、10h、12h 和 15~27h 测定土柱蒸发量，同步测量蒸发皿的水面蒸发，蒸发试验期间室温在 18~23℃，日平均湿度约为 35%，平均水面蒸发量为 1.75mm/h。蒸发实验装置如图 6-2 所示。

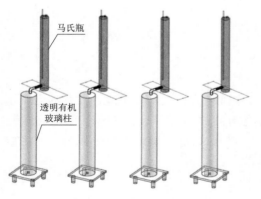

图 6-1 入渗实验装置图

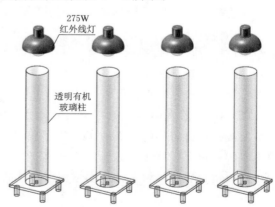

图 6-2 蒸发实验装置图

共设置 7 种消解方案,每种方案设置 3 组重复实验,消解方法具体参数见表 6-4。

表 6-4   消 解 方 法 具 体 参 数

方案	消 解 液	浓度和体积比	温度/℃	时间/h
T1	HNO_3	65% (质量浓度)	60	24
T2	$HNO_3 : HClO_4$	1:1 (体积比)	25	24
T3	$HNO_3 : H_2O_2$	4:1 (体积比)	25	24
T4	$HNO_3 : H_2O_2$	3:1 (体积比)	60	24
T5	$K_2S_2O_8$	4% (质量浓度)	65	24
T6	H_2O_2	30% (质量浓度)	25	24
T7	KOH	10% (质量浓度)	25	24

实验前对所有微塑料颗粒进行 20min 超声清洗以降低实验误差,而后各取 0.5g 微塑料颗粒置于 250mL 的具塞锥形瓶中,加入 100mL 不同的消解液。将锥形瓶放入恒温培养振荡仪中进行消解,消解条件见表 6-4。消解后,用 0.45μm 玻璃纤维膜进行过滤,将过滤后附有微塑料的滤膜在烘箱 50℃烘 2h。在加速电压 20kV,通过 SEM-EDS 扫描电镜(QUANTA400,美国)对干燥后的微塑料颗粒进行表面形态的鉴定(放大 1000 倍),扫描前对微塑料进行镀金处理;在分辨率 $4cm^{-1}$,检测范围 $400 \sim 4000cm^{-1}$,信噪比 45000:1 条件下通过 ATR-FT-IR 红外光谱仪(RXI,美国)对微塑料颗粒进行成分的识别,测定前使用 ZKKJ 粉末压片机(FW-4,天津)对微塑料进行制片处理,使其处于扁平状态;通过荧光分光光度计(F-4600,Hitachi,日本)测定微塑料颗粒的荧光强度。

6.1.4 土壤水分特征曲线测定及模型评价指标计算

1. 土壤水分蒸发模型

为进一步研究不同丰度及类型微塑料对土壤水分蒸发的影响,采用 Black 模型和 Rose 模型进行拟合,拟合公式如下:

(1) Black 蒸发模型。Black 蒸发模型形式简单,广泛应用于蒸发下边界没有水分持续补给时土壤累积蒸发量随时间的变化情况,其表达式为

$$E = F + Bt_0^{1/2} \qquad (6-1)$$

式中 E——累积蒸发量,g;

t_0——蒸发历时,h;

F、B——蒸发参数。

(2) Rose 蒸发模型。Rose 蒸发模型也具有形式简单的特点,其是通过大量的土壤水分蒸发模拟试验得出的,表明了土壤累积蒸发量与时间的关系。王志超评价了 Rose 模型模拟农膜残留下砂壤土和砂土蒸发过程的适用性,结果表明,Rose 模型受残膜量的影响较小,更适合农膜残留下的土壤累积蒸发量的计算。公式为

$$E = Ct_0 + Dt_0^{1/2} \qquad (6-2)$$

式中 C——稳定蒸发参数;

D——水分扩散参数;

t_0——蒸发历时，h。

2. 土壤水分特征曲线测定

为了分析土壤水分特征曲线与微塑料之间的关系，本次实验设定一种类型（PVC），三种粒径（150μm、550μm、950μm），三种丰度（土重的 0.5%、1.0%、2.0%）和一个对照，共 10 组，为了尽量减少误差，每次实验重复三次。为统一起见，各实验处理编号设置见表 6-5。将实验前准备好的不同分量的微塑料与土样按比例加入，倒入杯中，经过固定时间的混掺，按照实验前确定的 1.5g/cm³ 容重将其稳定装入环刀中。

选用美国 SEC 公司制造的 1500F1 型压力薄膜仪测土壤水分特征曲线。将环刀放在陶土板，稳定出水，使其能吸水，至饱和状态，而后将陶土板上水分吸尽，将环刀取出。调节控制开关，稳定升至 0kPa、1kPa、2kPa、4kPa、6kPa、8kPa、10kPa、20kPa、40kPa、70kPa、100kPa、200kPa、400kPa、700kPa、1000kPa、1500kPa，得到对应的各含水率。

表 6-5　　　　　　　　　　试 验 设 计

处理编号	微塑料丰度/%	微塑料粒径/μm	处理编号	微塑料丰度/%	微塑料粒径/μm
T0	0	0	T5	1.0	550
T1	0.5	150	T6	2.0	550
T2	1.0	150	T7	0.5	950
T3	2.0	150	T8	1.0	950
T4	0.5	550	T9	2.0	950

3. 常用土壤水分特征曲线

根据相关研究可知，该模型能在一定程度上表达土壤水分特征曲线，从而选用 VG 模型拟合各组土壤水分特征曲线，其公式为

$$\theta = \begin{cases} \theta_r + (\theta_s - \theta_r)[1+(\alpha \cdot h)^n]^{-m}, & h<0 \\ \theta_s, & h\geqslant0 \end{cases} \tag{6-3}$$

其中

$$m = 1 - \frac{1}{n}$$

式中　θ——土壤含水率，cm³/cm³；

　　　h——土壤负压，cm；

　　　θ_r——土壤残余含水率，cm³/cm³；

　　　θ_s——土壤饱和含水率，cm³/cm³；

　　α、n——拟合参数值。

除了使用 VG 模型外，还用到 BC 模型，其公式为

$$S_e = \frac{\theta - \theta_r}{\theta_s - \theta_r} = (\alpha \cdot h)^{-\lambda} \quad (\alpha h>1) \tag{6-4}$$

式中　λ——土壤参数；

　　　S_e——饱和度。

4. 模型评价指标计算及数据处理

本次所有实验的实验数据均通过 Excel 2017 分析处理，通过 Origin 2017 制图。以

RETC 软件进行拟合。比较分析各组实测值与模拟值，评价分析指标包括 R^2、$MAPE$ 以及 $RMSE$。

$$ERMS = \sqrt{\frac{\sum_{t=1}^{T}(Q_0^t - Q_m^t)^2}{T}} \qquad (6-5)$$

$$EMAP = \frac{100\%}{T}\sum_{i=1}^{n}\left|\frac{Q_0 - Q_m}{Q_0}\right| \qquad (6-6)$$

式中　Q_0——观测值，cm^3/cm^3；

$\quad\quad Q_m$——模拟值，cm^3/cm^3；

$\quad\quad Q_t$——第 t 时刻的某个值，cm^3/cm^3；

$\quad\quad T$——数据点个数。

6.1.5　CT 断层扫描

CT 是一种非侵入性和非破坏性的成像技术，它使用 X 射线扫描物体而不损坏样品的情况下获得样品内部三维结构和形貌信息。本次 CT 所用仪器为 skysCan2211 320kV，将供试土柱放进 CT 扫描仪，从顶端每隔 0.1mm 扫描一个横截面，5cm 高长的土柱共扫描得 500 幅横截面图片，间距 1 度进行拍摄纵截面图，图片间距 1 度。共 360 张纵截面图，CT 扫描的峰值电压为 320kV。扫描土柱的每个横截面的 CT 胶片，密度越小，显示的颜色就越深，所以图像中的小圆点就是土壤中的大孔隙。

CT 扫描装置主要由 X 射线产生装置、X 射线检测器、图像处理器和图像显示装置组成。CT 扫描仪器首先发射 X 射线束。当 X 射线束穿透土壤柱时，土壤中物质的密度会发生变化，X 射线的吸收能力也会发生变化。当 X 射线到达检测器并以不同的射线能量被探测到时，就会形成一个投影信号，从而产生一组投影数据。当 X 射线穿过由不同物体组成的密度为 D 的一组物体时，他们的衰减程度是由物质在光通路中每个离散点的衰减系数决定的，即

$$I = I_0 \exp\left[\int w(x)\,dx\right] \qquad (6-7)$$

式中　I——射线的衰减强度；

$\quad\quad I_0$——X 射线的初始强度；

$\quad\quad w$——该物体的线性衰减系数。

因此，CT 将 X 射线束在多个方向扫描一定厚度的物体，得到其内部各点的衰减系数，再用转换器将其转换成电子信号，之后转变为数字，根据原始矩阵序列转化形成 CT 图像（图 6-3）。

图 6-3　CT 原始图像

6.1.6　图像处理与土壤空隙结构特征参数测定

将得到的土柱截面图 CT 扫面图像，基于 $29.4\mu m$ 扫描分辨率，对样品进行孔隙率、孔隙体积、孔隙表面积分析和三维视图内部展示，利用 CT 自带软件完成，输出 tiff 格式

图像。采用 Avzio 软件对土体进行 CT 扫描，确定孔隙立体结构图，紧实土壤颗粒呈白色，土壤孔隙呈深色。

　　研究利用 Avizo 软件（版本 9.0）对 CT 图像进行分析处理。Avizo 软件可以进行图像重建并获取孔隙结构的特征参数如孔隙度、孔隙数量、平均孔隙体积、成圆率，定量研究微塑料赋存条件下土壤孔隙结构特征。Avizo 软件分析处理土壤样品 CT 图像过程如图 6-4 所示。

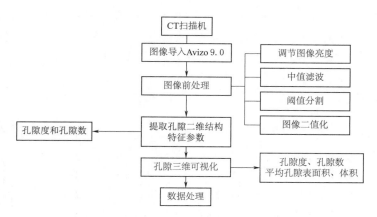

图 6-4　Avizo 软件分析处理土壤样品 CT 图像过程

　　土壤孔隙结构特征参数测定如下：

　　（1）孔隙度、孔隙数、孔隙面积、孔隙周长和孔隙体积。孔隙度、孔隙数、孔隙面积和孔隙周长均可以通过 Avizo 二值化后的图像进行处理获得。孔隙体积通过三维可视化后得出。

　　（2）当量孔径。当量孔径指面积与不规则物体面积相同的圆形的直径，其计算公式为

$$d=\sqrt{\frac{A}{\pi}} \tag{6-8}$$

式中　d——当量孔径，μm；

　　　A——孔隙实测面积，μm^2。

　　（3）成圆率。成圆率通常用来描述物体横截面接近圆的程度，用各项异性 DA 值表征，DA 值越趋近于 0，孔隙横截面越接近于理论圆，孔隙形态越规则。其计算公式为

$$R=\frac{4\pi A}{L^2} \tag{6-9}$$

式中　R——成圆率；

　　　L——孔隙实测周长，μm。

6.2　土壤中微塑料消解方法

6.2.1　不同消解方法对微塑料质量的影响

　　消解前、消解后分别对微塑料颗粒称重，结果如图 6-5 所示。由图 6-5 可知，与消

解前相比，T1、T2、T3、T4 方案消解后 10 种微塑料质量几乎均显著降低（$P<0.05$），其中 T1 方案消解后，受消解液腐蚀、熔化等因素影响，PA-12 质量减少最为严重，较消解前减小了（97±2）%；其他类型的微塑料颗粒质量则平均降低了（38±3）%；同时，经 T3、T4 方案消解后 PA-12 质量减小程度［（67±4）%］较其他类型微塑料［（15±3）%］也更为严重。综上可知，T1、T2、T3、T4 消解方案对微塑料质量影响较大，不宜作为微塑料的消解方案，这也与 CLAESSENS 等的研究中 HNO_3 与 H_2O_2 混合进行消解会产生大量气泡，且对微塑料颗粒影响较大的结果一致；然而 CLAESSENS 的研究也发现将 PS 微塑料放入 HNO_3 消解液中会使微塑料产生明显的融合现象，这与本研究的实验结果不同，这可能是由于聚苯乙烯的结构属线型结构，且碳原子上有连续间隔的庞大苯基基团，这种结构决定了 PS 对一定浓度的无机酸、有机酸、盐类溶液及碱类、醇类、植物油类等都有较好的抵抗性。

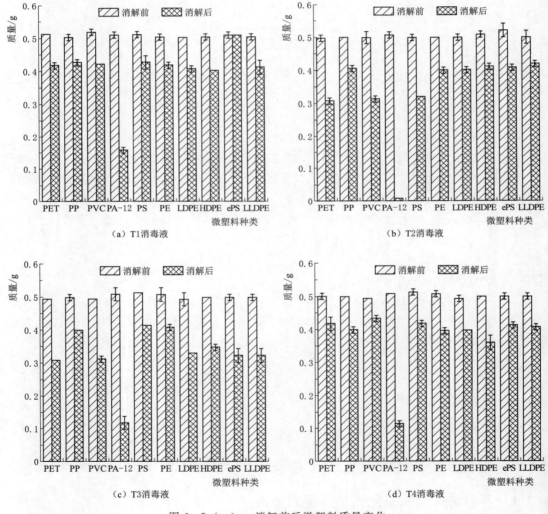

图 6-5（一）　消解前后微塑料质量变化

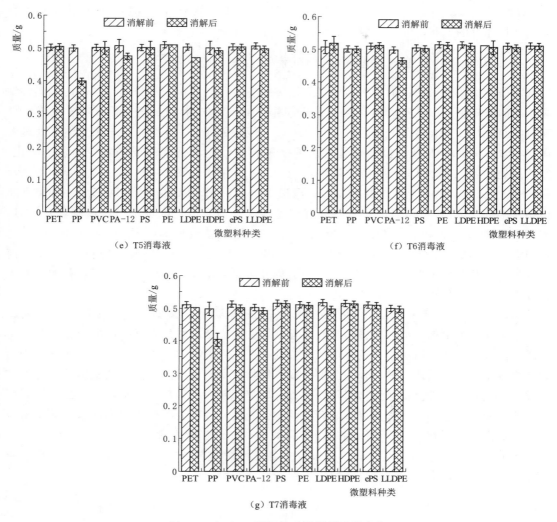

图 6-5（二）　消解前后微塑料质量变化

与酸性消解液相比，T5、T6 和 T7 方案消解后对微塑料的质量影响较小，其中经 T5 方案消解后的微塑料质量出现少量增加现象，增加幅度为（2±3）％～（3±3）％，这可能是由于在消解过程中微塑料吸附了其他离子等原因产生的；T6、T7 方案则对微塑料的质量影响最小，特别是以 30％（质量浓度）H_2O_2 作为消解液的 T6 方案，消解前、消解后微塑料质量变化幅度最小仅为（0.5±1）％～（3±1）％。已有研究表明，碱性消解液（NaOH、KOH）会对微塑料造成轻微的损害，COLE 等发现使用 NaOH 消解会导致尼龙纤维部分损伤，且造成 PS 的降解，这可能是由于 NaOH 的强腐蚀性所致。另外，PA-12 在 10 种常见微塑料类型中，对消解液的类型选择最为敏感，这可能是由于其自身不耐强酸的材质所决定，且在实验中可以明显观察到 PA-12 因失去挠性和脆化等原因而出现降解、黄化等现象。综上可知，30％（质量浓度）H_2O_2 在 7 种消解方案中对微塑料的质量影响最小，从消解前、消解后微塑料质量变化角度宜作为最佳的消解方案。这也与

KARLSSON 等使用 H_2O_2 对 HDPE、PA、PET、PE 等微塑料聚合物消解后，微塑料颗粒仍保持原有的形状、颜色、质量的结论相吻合。

6.2.2　不同消解方法对微塑料识别的影响

本研究选取对微塑料消解前后质量无显著影响的 T5、T6、T7 方案消解后的微塑料颗粒作为研究对象，以未经消解处理的微塑料颗粒（T0）作为对照，进行 10 种常见微塑料颗粒的 ATR-FTIR 红外光谱扫描，如图 6-6 所示。由图 6-6 可知，与未经消解处理的微塑料颗粒（T0）相比，经消解处理后的微塑料颗粒光谱强度均或多或少发生了变化。经消解处理后，T5、T6、T7 方案消解后的 PA-12 微塑料颗粒在 $1300 \sim 1700 cm^{-1}$ 处峰强度变大，与 T0 相比特征峰更加明显；虽然 PE、LDPE、LLDPE、HDPE 等 4 种类型的微塑料颗粒在 $2700 \sim 3000 cm^{-1}$ 处特征峰仍然存在，但峰值强度也不同程度减弱；同时，PET 微塑料颗粒消解后峰强度也有所减弱，PS 微塑料颗粒消解后则在 $700 \sim 800 cm^{-1}$ 处峰强度增强，出峰比消解前更加明显；ePS、PP 和 PVC 等 3 种类型的微塑料颗粒消解前后红外光谱图几乎未发生变化，可见不同消解方法对上述 3 种类型的微塑料颗粒的红外光谱峰值变化影响最小。

本研究采用 ATR-FTIR 红外光谱对消解前后的微塑料颗粒光谱强度进行了比较鉴定，结果显示消解前、消解后微塑料光谱强度均发生改变，红外光谱强度的变化可能是由于激光的冲击点在被分析聚合物表面的位置发生变化而引起的，也可能是由于化学处理后聚合物分子的改变而产生的。作为新型合成有机物，本研究中消解前后微塑料的红外图谱均发生改变，还可能是由于微塑料颗粒中含有填料、颜料和染料等添加剂产生的，已有研究表明有机色素、染料在可见光下具有很强的荧光性，进而会阻碍光谱的获取，对微塑料光谱的测定产生干扰。尽管消解前后微塑料的红外光谱强度发生了改变，但由图 6-6 可知，各波段峰值的变化均不明显，并未改变各类型微塑料原有红外光谱的分布特征，故 T5、T6、T7 消解方案对微塑料颗粒的识别无显著影响。

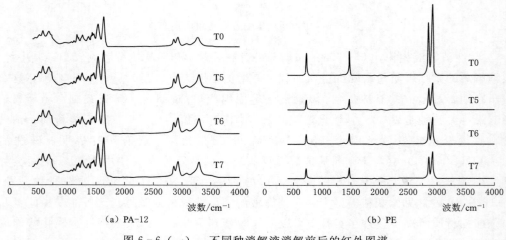

（a）PA-12　　　　　　　　　　（b）PE

图 6-6（一）　不同种消解液消解前后的红外图谱

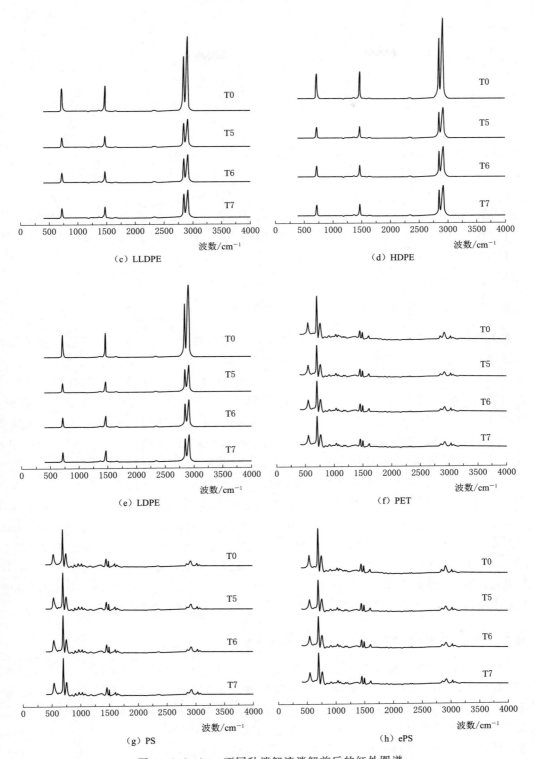

（c）LLDPE

（d）HDPE

（e）LDPE

（f）PET

（g）PS

（h）ePS

图 6-6（二） 不同种消解液消解前后的红外图谱

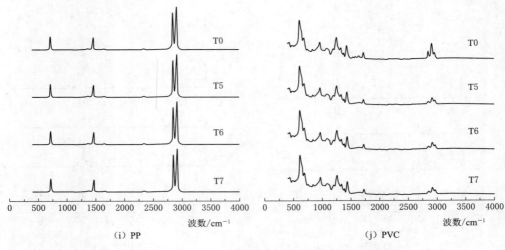

　　(i) PP　　　　　　　　　　　　　　　　　　　(j) PVC

图 6-6（三）　不同种消解液消解前后的红外图谱

6.2.3　不同消解方法对塑料荧光强度的影响

　　在上述研究的基础上，选取对消解液类型最为敏感的 PA-12 微塑料颗粒作为研究对象，通过 T5、T6、T7 消解方案进行荧光强度的影响研究，结果如图 6-7 所示。其中，图 6-7（a）H_2O_2 处理后的 PA-12 在浓度低于 5mg/L 时，消解后的微塑料颗粒与消解前的微塑料颗粒荧光强度十分相近，变化幅度低于 $(1 \pm 0.01)\%$；当 H_2O_2 浓度较高时，荧光强度也未产生显著变化。图 6-7（b）表明碱性 $K_2S_2O_8$ 消解后微塑料颗粒荧光强度仍与消解液浓度成正比关系，即随着浓度的增大微塑料颗粒荧光强度增大，但随着 $K_2S_2O_8$ 浓度的升高消解后微塑料颗粒的荧光强度较消解前降低更为明显，平均降低了 $(10 \pm 2)\% \sim (35 \pm 2)\%$。这主要是因为当温度超过 60℃，$K_2S_2O_8$ 会进行如下反应：$K_2S_2O_8 + H_2O \rightarrow 2KHSO_4 + [O]$，其中 HSO_4^- 是强酸根离子，完全电离会产生 H^+，故会对荧光强度产生明显的影响。图 6-7（c）则表明当浓度大于 4mg/L 时，KOH 处理后的微塑料颗粒荧光强度降低了 10%～12%，消解处理后荧光发生猝灭可能是由于 NBD—Cl 与胺类物质反应生成 C—N 键，而 C—N 键易受到强酸的作用发生断裂，造成荧光强度降低或猝灭，即 KOH 消解液对微塑料颗粒的荧光强度亦影响较大。综上所述，以 H_2O_2 作为消解液对微塑料颗粒的荧光强度影响最小，从消解前、消解后微塑料荧光强度变化角度宜为最佳的消解方案。

6.2.4　消解对微塑料颗粒表面形态的影响

　　以 PA-12 微塑料颗粒作为研究对象，通过扫描电镜（SEM）和能谱仪（EDS）对 H_2O_2 消解前、消解后微塑料的表面形态和元素组成进行了分析，如图 6-8 所示。由图 6-8（a）可知，未经消解处理的 PA-12 微塑料颗粒表面比较平整，光滑度较高，孔隙度较小，不利于吸附；经过消解处理后的微塑料颗粒［图 6-8（c）］表面则出现了不同程度的破坏，包括微塑料表面裂纹的增加（长度大约为 $120\mu m$），纵向深度变得较为复杂，粗糙且凹凸不平等现象。图 6-8（b）和图 6-8（d）为消解前后 PA-12 微塑料颗粒的能

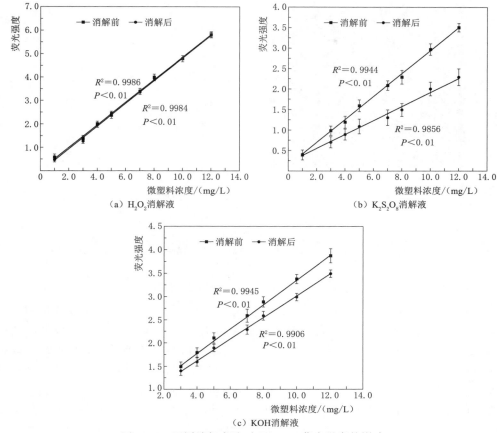

（a）H₂O₂消解液

（b）K₂S₂O₈消解液

（c）KOH消解液

图 6-7　不同消解方法对 PA-12 荧光强度的影响

谱图，PA-12 微塑料颗粒的分子主链上含有酰胺基团—NHCO，故 C、N 含量较高；而消解前后的能谱图中均出现 Au 元素，这是由于 PA-12 微塑料颗粒为电气绝缘体，在进行扫描电镜前需对其进行镀金处理，使其具有导电性，以便于更加清晰地观察微塑料表面形貌。本研究中采用了周情等使用的超声清洗的方法，即使用 2 mol/L 的 HCl 超声进行清洗，由于微塑料的多孔表面，使其镶嵌或附着一些环境物质（如金属离子、有机物），故在 EDS 中检测到较多的氯离子。

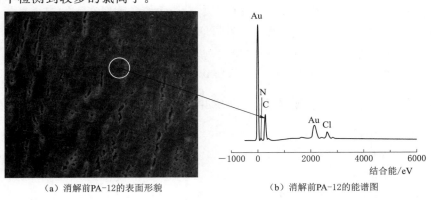

（a）消解前PA-12的表面形貌

（b）消解前PA-12的能谱图

图 6-8（一）　PA-12 的 SEM-EDS 图

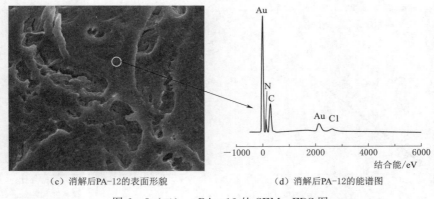

（c）消解后PA-12的表面形貌　　　　（d）消解后PA-12的能谱图

图 6-8（二）　　PA-12 的 SEM-EDS 图

6.3　黄河流域河套灌区土壤中微塑料污染特征研究

在 2016 年召开的第二届联合国环境大会上，微塑料污染被列入环境与生态科学研究领域的第二大科学问题，成为与全球气候变化、臭氧耗竭等并列的重大全球环境问题。目前关于微塑料的污染效应研究主要集中在海洋，而陆地土壤作为海洋中微塑料的"源"，其相关研究更应该受到重视，但目前国内外关于土壤中微塑料的丰度、赋存特征、危害等的研究尚不多见。目前，土壤中微塑料的主要来源有灌溉用水、污泥、施肥等。微塑料一旦进入土壤，会在土壤胶体的作用下形成有机—无机复合体，由此在土壤中得到积累。虽然土壤的覆盖作用能延缓塑料老化，但长时间的侵蚀，土壤中微塑料的物理形态还是会因为农作、生物运动等过程发生变化。微塑料在土壤中的存在会破坏土壤的物理性质，严重影响土壤中水和溶质的移动，更会造成作物减产。因此，明晰土壤中微塑料的累积特征是评估其危害土壤质量的重要环节。

内蒙古河套灌区北依阴山山脉的狼山、乌拉山南麓洪积扇，南临黄河，东至包头市郊，西接乌兰布和沙漠，是亚洲最大的一首制灌区和全国三个特大型灌区之一，也是国家和内蒙古自治区重要的商品粮、油生产基地。近 20 年来，由于内蒙古干旱、少雨等特点使覆膜技术得到广泛使用，且呈持续增长的趋势，同时由于回收机械不完备、回收机制不健全等原因导致大量的塑料制品长期残留在土壤中从而使微塑料在土壤中得到积累。

故本研究以河套灌区大规模地膜覆盖为背景，开展河套灌区土壤中微塑料的丰度、赋存特征等的研究，对于明晰微塑料在河套灌区土壤中的分布现状及危害具有重要意义，并可为河套灌区大规模覆膜种植的可持续发展提供指导。

6.3.1　不同覆膜年限及灌溉类型对土壤中微塑料丰度的影响

各采样点土壤中均检测出微塑料［图 6-9（a）］，并且随覆膜年限增加微塑料丰度值呈显著升高趋势（$P<0.05$），其中覆膜 5 年、10 年、20 年后河套灌区土壤中两种灌溉类型下微塑料平均丰度值分别为 2526.00 个/kg、4352.80 个/kg、6070.00 个/kg，最大丰度值为覆膜 20 年且处于滴灌条件下的 S6 点，丰度值达到 6262.50 个/kg，这是由于随覆膜

年限增加大量残留农膜风化、降解后变为微塑料，逐步积累于农田土壤中，且因残留农膜长期得不到有效治理，导致覆膜时间越长累积效应愈加明显；不同覆膜年限下 0～30cm 土层中微塑料丰度值的年平均增长速率也表现出显著差异（$P<0.05$），0～30cm 土层中覆膜 5～10 年、10～20 年微塑料丰度值的年平均增长速率分别为 14.46%、3.95%，故随覆膜年限的增加，0～30cm 土层中微塑料丰度值的增长速率呈降低趋势，产生这种现象的原因可能是随覆膜年限增加，部分微塑料颗粒通过农业耕种等农艺翻耕措施、土壤动物、农业灌溉等原因逐渐迁移到 30cm 以下土层。另由图 6-9 (a) 可知，灌溉类型也是影响微塑料丰度值的因素之一，在同等覆膜年限下，均表现出滴灌农田比畦灌农田微塑料丰度值高的特点，尽管该差异在同等覆膜年限下未呈显著性，但 S2 较 S1、S4 较 S3、S6 较 S5 微塑料丰度值分别增长了 5.74%、13.53% 和 6.55%，说明微塑料丰度值一定程度上在滴灌农田要高于畦灌农田；结合已有相关研究分析可知，造成这种现象的原因可能是滴灌覆膜下受滴灌带等因素的影响，残留农膜的破碎率显著高于畦灌，进而造成残膜回收率降低，使得农田中微塑料丰度值也随之升高。

对每个采样点不同土层深度微塑料丰度值进行分析［图 6-9 (b)］，结果显示，微塑料丰度值呈现在 0～10cm、10～20cm、20～30cm 土层中逐渐减小的趋势，0～10cm、10～20cm、20～30cm 土层微塑料丰度值占比分别为 35.07%、33.43% 和 31.50%。不同土层深度微塑料最大丰度值出现在 S6 样点（覆膜 20 年）的 0～10cm 土层，为 2133.50 个/kg，微塑料最小丰度值出现在 S1 样点（覆膜 5 年）的 20～30cm 土层，为 678.00 个/kg。此外，随着覆膜年限的增加，微塑料丰度值在不同土层深度间的差异逐渐减小，其中覆膜 5 年后 0～10cm、10～20cm、20～30cm 土层微塑料的丰度值分别占 37.13%、33.96%、28.91%，覆膜 10 年后该占比分别为 35.29%、33.45%、31.26%，覆膜 20 年后该占比分别为 34.05%、33.20%、32.75%。

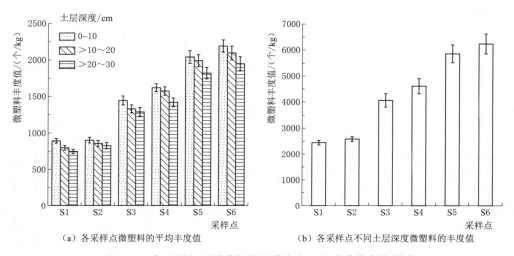

(a) 各采样点微塑料的平均丰度值　　　　(b) 各采样点不同土层深度微塑料的丰度值

图 6-9　典型研究区覆膜年限及灌水方法对残膜分布的影响

造成各土壤之间微塑料丰度值差异这种现象的原因是：①土壤中的残留农膜以 0～10cm 土层居多，故大块塑料降解后的微塑料也表现为上层土壤丰度值大，且受每年作物播种前土壤翻耕等因素影响，上层土壤中的微塑料逐渐由土壤表层向土壤深层移动，耕种时间越长微塑料向土壤深层迁移量越大，故各土壤之间的微塑料丰度值差异逐渐减小；②由于微塑料粒径较小，在雨水及灌水等作用影响下，随土壤中水分的运移在土壤孔隙中进行水平或竖直方向的迁移，进而由土壤表层向深层移动；③受蚯蚓等土壤动物的影响，因微塑料极易被蚯蚓等土壤动物误食或附着在土壤动物表面，随土壤动物在土壤中的活动，不仅增大了土壤的孔隙率，也扩大了微塑料的迁移范围，致使微塑料逐步向更深层土壤迁移。与大块塑料残膜在 0~10cm 土层内占总残膜量的 64.89% 相比，虽然在 0~10cm 土层内微塑料丰度值占比较多（35.07%），但与其他土层相比并不显著，这表明大量土壤表层的微塑料迁移到了土壤深层，故微塑料比大块塑料表现出了更强的迁移特性，其污染更应受到关注。

6.3.2　河套灌区农田土壤中微塑料的外形特性分析

1. 土壤中微塑料的类型及颜色

河套灌区农田土壤中微塑料的类型主要包括纤维类、碎片类、薄膜类和颗粒类，在 0~30cm 范围内 4 种类型微塑料的数量比例分别为 23.34%、26.31%、38.57% 和 11.78%（图 6-10）。

其中，薄膜类微塑料占比最大，在 0~10cm、10~20cm、20~30cm 土层内分别达到 42.25%、38.35% 和 35.12%，其次是碎片类微塑料，在 3 种土层内的占比分别为 24.13%、29.29% 和 25.52%，而颗粒类微塑料在 3 种土层内的占比则较小。这是由于河套灌区农田中的微塑料主要来自残留农膜的风化和降解，大量的大片残膜主要先降解为薄膜状和碎片状，进而再降解为纤维状和颗粒状，但因为塑料农膜大都由聚乙烯等材料制成，具有稳定的化学特性，这一过程往往需要几十年甚至几百年的时间，故薄膜类和碎片类微塑料整体占比较大。

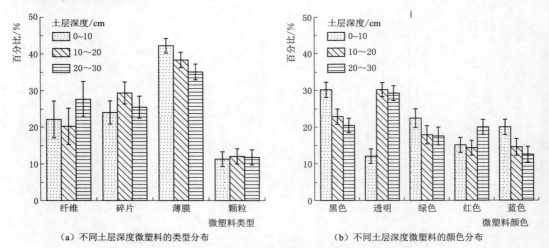

(a) 不同土层深度微塑料的类型分布　　(b) 不同土层深度微塑料的颜色分布

图 6-10　典型研究区不同土层深度微塑料的类型和颜色分布图

本研究共检出 5 种颜色微塑料，分别为黑色、透明、绿色、红色、蓝色，颜色分布如图 6-10（b）所示。由图 6-10（b）可知，河套灌区农田中微塑料的颜色主要以黑色和透明为主，在 5 种颜色微塑料中，0～30cm 土层范围内黑色和透明的微塑料分别占微塑料总数的 24.56％和 23.83％，这与河套灌区主要覆盖黑色和透明地膜的实际情况相符。在 0～10cm 土层范围内，黑色微塑料居多，占 30.25％，这可能是由于黑色残膜在土壤表层更易接受太阳光辐射，风化及降解速率更快造成的；在 10～20cm、20～30cm 土层范围内则以透明微塑料居多，分别占该层微塑料总数的 30.15％和 29.23％。另由微塑料的颜色分析可知，除黑色和透明微塑料外，河套灌区土壤中还检测出红色（16.52％）、绿色（19.34％）和蓝色（15.75％）微塑料，这表明河套灌区农田中的微塑料并不是全部来自残留农膜的风化和降解，其还有可能来源于地表径流灌溉、有机肥长期使用和大气沉降等。

2. 土壤中微塑料的粒径

各采样点微塑料的粒径分布特性如图 6-11 所示，由图可知，河套灌区土壤中微塑料的粒径主要在 3mm 以下，并且随覆膜年限增加，小粒径（<1mm）微塑料占比呈显著升高趋势（$P<0.05$），其中，覆膜 5 年时粒径<1mm、1～3mm、3～5mm 的微塑料比例分别为 33.49％、32.49％和 34.02％；覆膜 10 年时粒径<1mm、1～3mm、3～5mm 的微塑料比例分别为 42.49％、31.49％和 26.02％；覆膜 20 年时粒径<1mm、1～3mm、3～5mm 的微塑料比例分别为 52.13％、31.92％和 15.95％；另外，覆膜 5～20 年后 0～30cm 土层范围内粒径<1mm、1～3mm、3～5mm 的微塑料年均增长（或降低）速率分别为 0.04％、−0.10％、−3.53％，这表明因残膜回收机制不健全等原因，随覆膜年限增加大量残留农膜经长时间的风化、降解等作用，逐步降解为大粒径微塑料，而后又进一步降解为小粒径微塑料，从而使得小粒径微塑料占比逐渐增大，且其年均增长（或降低）速率的绝对值也随粒径增大而逐渐增大。

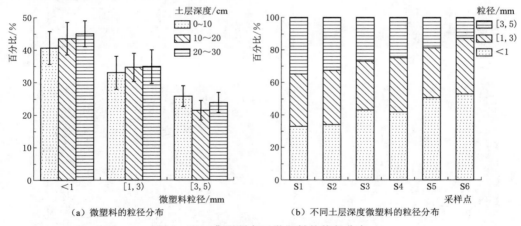

（a）微塑料的粒径分布　　　　（b）不同土层深度微塑料的粒径分布

图 6-11　典型研究区微塑料的粒径分布

由图 6-11（a）可知，灌溉类型对微塑料粒径的大小无显著影响，在同等覆膜年限下，滴灌农田和畦灌农田微塑料粒径差异不大。不同土层深度微塑料粒径分布不同［图 6-11（b）］，结果显示，微塑料粒径在 0～10cm、10～20cm、20～30cm 土层逐渐减小，在 0～10cm 土层范围内微塑料粒径<1mm、1～3mm、3～5mm 的含量分别为 40.78％、33.15％和 26.07％；在 10～20cm 范围内微塑料粒径<1mm、1～3mm、3～

5mm 的含量分别为 43.59％、34.92％和 21.49％；在 20～30cm 范围内微塑料粒径 <1mm、1～3mm、3～5mm 的含量分别为 45.12％、35.02％和 19.86％。另外，随着覆膜年限的增加，微塑料粒径在 0～10cm、10～20cm、20～30cm 土层间的差异逐渐减小，这主要与微塑料在不同土层间的迁移运动有关。

6.3.3　河套灌区农田土壤中微塑料的微观特性分析

1. 土壤中微塑料的表面特征

为进一步分析微塑料表面形貌及环境对其侵蚀、老化的影响，通过扫描电镜对不同类型的微塑料进行表面形貌特征分析，如图 6-12 所示。总体而言，微塑料的表面形貌特征错综复杂，各种类型微塑料表面特征均有差异，这与微塑料的化学成分复杂有密切关系。纤维类微塑料［图 6-12（a）］仍保持塑料原来的丝状结构，这可能是由于选取的样品在环境中暴露时间不长，表面风化现象不明显，经分析该类型微塑料可能为绳索、化肥袋等的遗留物；碎片类微塑料则边缘风化严重，表面有许多沿同一方向的划痕存在［图 6-12（b）］；

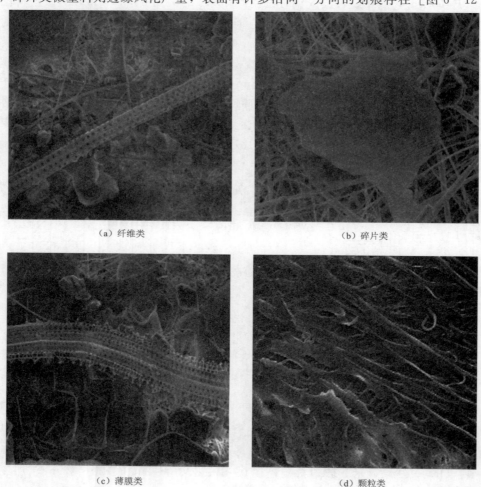

(a) 纤维类　　　　　　　　　　　　　(b) 碎片类

(c) 薄膜类　　　　　　　　　　　　　(d) 颗粒类

图 6-12　不同类型微塑料的扫描电镜图

薄膜类微塑料裂解成碎片状，边缘无固定形状且边缘破损比较明显［图6-12（c）］，其可能来源于农用薄膜、食品包装袋等塑料制品；颗粒类微塑料棱角突起，表面纵向撕裂较明显，且存在孔状结构［图6-12（d）］，其来源可能是滴灌带等长期暴露在环境中风化碎裂所遗留。环境中的微塑料表面结构粗糙、多孔，故表面孔隙也是微塑料表面特征的另一重要参数，4种微塑料类型都表现出不同性质的微孔特征。纤维类和薄膜类微塑料具有较多均匀裂解形成的微小孔隙［图6-12（a）、（c）］，测量发现微孔长度大于$70\mu m$，且裂孔结构复杂、粗糙；碎片类微塑料由于紫外线照射及风化的原因，其变得易断裂，且出现纵向撕裂形成的规则微孔，裂痕长度大于$50\mu m$，宽度约$10\mu m$；颗粒类微塑料表面则没有规则的裂化，但表现出凹凸不平的表面特性。综上可知，河套灌区农田土壤中微塑料均表现出表面多孔、风化明显等特点，而Corcoran等则认为微塑料表面与线性裂纹平行的边缘具有优先氧化的特性，故土壤中微塑料的多孔特性将造成微塑料比表面积增大，进而增加对土壤中其他污染物和微生物的吸附，造成更为严重的复合污染效应。

2. 土壤中微塑料表面的元素组分特征及其鉴别

为对微塑料多孔特性所带来的富集效应进行研究，本研究通过使用SEM-EDS能谱仪对微塑料表面的元素组成进行分析，结果如图6-13所示。图6-13表明，微塑料表面吸附有Si、Fe、Al、Ca等多种外来元素，由于O元素的存在，使得Si、Fe、Al等元素均以氧化物的形式存在（如SiO_2、Al_2O_3等），其中铁氧化物在环境中以水铁矿（Si元素的一部分来源）、赤铁矿等多种形态存在，这说明土壤中微塑料多孔的表面特性使其吸附了土壤中的其他物质，使得微塑料表面特征更加复杂。另外，图6-13中还发现了稀土元素La、Ce的存在，这表明微塑料除了对常见元素表现出吸附作用外，还会造成稀土元素的聚集，这可能与内蒙古自治区稀土储量丰富有关，在自然环境的作用下，研究区土壤中也含有相关稀土元素，进而镶嵌或吸附于多孔的微塑料上。

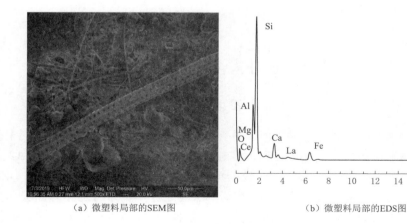

（a）微塑料局部的SEM图　　　　　（b）微塑料局部的EDS图

图6-13　微塑料局部的SEM-EDS图

傅里叶变换红外光谱仪能测出样品的化学键，而不同的化学键能产生特有的光谱，以碳为主体的聚合物能被检测出。傅里叶变换红外光谱仪有自带的谱库，不但可以确定样品是否为塑料，还能确定其聚合物类型。对土壤中分离出来的样品进行鉴定，发现其中 90％ 的颗粒鉴定为微塑料，将所得红外光谱图（图 6-14）与相对应聚合物成分的标准红外光 谱图进行对比，得到主要微塑料类型为 PE、PP 和 PS 三种。

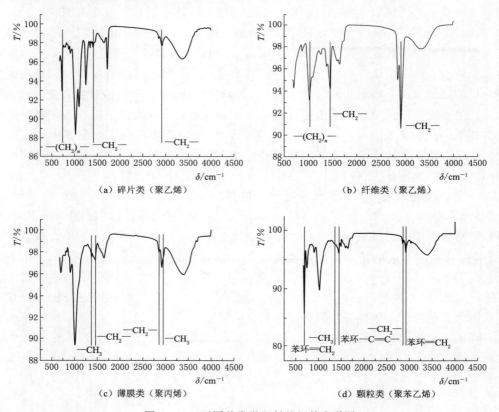

图 6-14　不同种类微塑料的红外光谱图

6.4　微塑料对土壤水分入渗和蒸发的影响研究

6.4.1　不同微塑料丰度及类型对累积入渗时间、土壤含水率的影响

不同丰度和类型微塑料对累积入渗时间有显著影响（图 6-15）。同种类型不同丰度微 塑料赋存条件下，随着微塑料丰度增大累积入渗时间显著增加（$P<0.05$），其中 A2、A3 较 A1 分别增长了 2.7％和 5.4％，Q2、Q3 较 Q1 分别增长了 2.0％和 7.4％，Z2、Z3 较 Z1 分别增长了 5.1％和 6.5％，表明微塑料丰度增加会延长土壤内水分的运移路径，进而 增大累积入渗时间。而类型不同丰度相同微塑料赋存条件下，PP 实验组累积入渗时间＞ PVC 实验组累积入渗时间＞PE 实验组累积入渗时间＞空白实验组累积入渗时间，其中无 微塑料赋存的空白实验组用时最少（72min），丰度 2％的 PP 实验组用时最多（82min）； 而丰度 0.5％条件下，Q1、Z1 累积入渗时间较 A1 分别增长了 0.7％和 4.1％，丰度 1％条 件下，Q2、Z2 累积入渗时间较 A2 分别增长 7.3％、0.4％，丰度 2％条件下，Q3、Z3 累

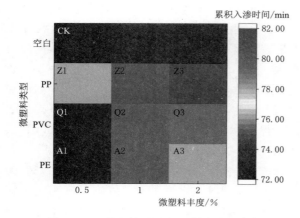

图 6-15 微塑料对累积入渗时间的影响

积入渗时间较 A3 分别增长 6.5%、2.6%。上述研究结果表明土壤中微塑料赋存对累积入渗时间的影响，不仅受微塑料丰度的影响，也与微塑料类型密不可分；其中 PP 微塑料对其影响最大，PE 微塑料对其影响最小。造成这种结果的原因可能是不同类型的微塑料具有不同的表面能，表面能越低，疏水性越大，疏水性越大的微塑料，则水分在土壤中的运移速度越慢；此外，根据相关研究，微塑料表面的粗糙程度也会对疏水性产生影响，一般来说提高粗糙度则使疏水性变大，故对不同类型微塑料在土壤中的累积入渗时间产生了较大差异。

不同特征微塑料赋存对土壤含水率的影响如图 6-16 所示。由图 6-16 可知，3 种类型微塑料赋存土壤含水率在不同土层深度上均随着微塑料丰度增大而增加，在土壤深度

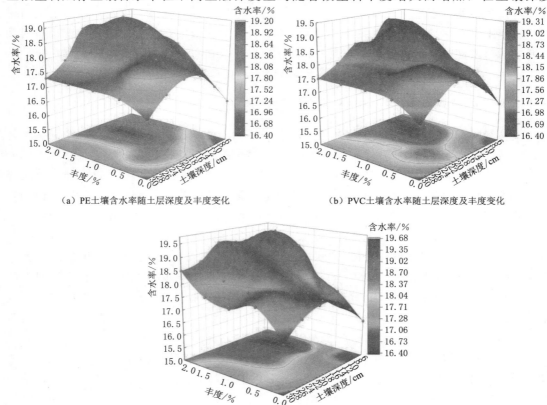

（a）PE土壤含水率随土层深度及丰度变化　　　　（b）PVC土壤含水率随土层深度及丰度变化

（c）PP土壤含水率随土层深度变化

图 6-16 微塑料对土壤含水率的影响

15cm 处，0.5％、1.0％、2.0％丰度情况下 PP 微塑料含水率分别为 17.70％、18.50％和 19.23％，说明在相同深度土层上土壤含水率随微塑料的丰度增加而增大，产生这种现象的原因可能是土壤中赋存的微塑料对土壤孔隙造成阻塞而使水分积蓄在该区域，从而使得土壤含水率升高。此外，微塑料赋存土壤含水率在不同土层深度上也呈现出差异性，主要表现为在土壤赋存相同丰度微塑料时，实验组中含水率随土壤深度增加均呈现先升高后降低的趋势。以赋存微塑料丰度 1％时为例，A2 随土壤深度增加分别在 0～5cm、5～10cm、10～15cm、15～20cm、20～25cm 处的含水率为：18.15％、18.39％、19.01％、18.06％、17.61％和 17.30％；Q2 随土壤深度增加的含水率为：17.72％、18.74％、18.91％、17.92％、17.83％和 17.51％；Z2 随土壤深度增加的含水率为：17.82％、19.23％、18.59％、18.54％、17.91％和 17.55％，同时含水率最大值基本呈现于土层深度 10～25cm 处，其中有微塑料赋存的实验组在 0.5％、1％、2％丰度下，最大值分别出现在 15～20cm、10～15cm、15～20cm 处，而土层深度 0～5cm、5～10cm 和 25～30cm 处含水率则相对较低，CK 的最大值则出现在 20～25cm 处，最小值出现在 0～5cm 和 25～30cm，且赋存微塑料的实验组含水率最大值皆大于空白实验组的最大含水率。这可能是由于在水分入渗结束后，土柱没有入渗水源，处于土柱表层的水分入渗进入深层土壤，此时微塑料的存在使水分迁移速度变得缓慢，从而更多的水分驻留在土柱的中部，而在取样过程中处于土柱中下部位置的水分未及时入渗到土柱最底部，故在相同丰度微塑料的实验组中含水率呈现随土壤深度增加含水率先升高后降低的趋势。同时，由于微塑料具有一定的疏水性，减缓了水分在土壤中的下渗速度，故在实验结束后取土时还有水分贮留在土柱中下部，从而导致所测量处的含水率较高。

6.4.2　不同微塑料丰度及类型对湿润锋的影响

微塑料赋存显著减缓了湿润锋的运移速度，不同丰度微塑料赋存土壤湿润锋到达土柱底部的时间皆大于空白对照实验。在入渗初期，微塑料对湿润锋运移的影响很小，不同处理湿润锋曲线几乎重合；随着入渗的进行，不同丰度微塑料赋存土壤湿润锋表现出差异性，基本呈现出在相同入渗时间内微塑料丰度越大湿润锋运移距离越小的规律。当湿润锋运移到土壤中下层时，以入渗时间为 60min 为例，A1、A2、A3，Q1、Q2、Q3，Z1、Z2、Z3 湿润锋运移距离较 CK 分别减少 4.38％、8.76％、10.58％、7.30％、10.22％、14.60％、10.95％、13.14％、15.33％。微塑料类型亦对湿润锋的运移产生影响，其中 PP 微塑料的影响最为显著，PVC 与 PE 微塑料的影响均小于 PP 微塑料，当入渗时间为 60min 时，即微塑料赋存土壤的湿润锋运移距离均小于 CK（27.4cm），在丰度相同情况下，湿润锋的平均运移距离为 PP 实验组＜PVC 实验组＜PE 实验组。在微塑料丰度为 0.5％条件下，湿润锋运移距离为 PP（24.4cm）＜PVC（25.4cm）＜PE（26.2cm）＜CK（27.4cm）；丰度 1％条件下，PE 与 PVC 微塑料对于湿润锋运移的影响相似，湿润锋运移距离为 PP（23.8cm）＜PVC（24.6cm）＜PE（25.0cm）＜CK（27.4cm）；丰度 2％条件下，湿润锋运移距离为 PP（23.2cm）＜PVC（23.4cm）＜PE（24.5cm）＜CK（27.4cm）。微塑料对湿润锋运移距离的影响如图 6-17 所示。

微塑料对湿润锋运移速率的影响如图 6-18 所示，其中湿润锋运移速率由湿润锋运移

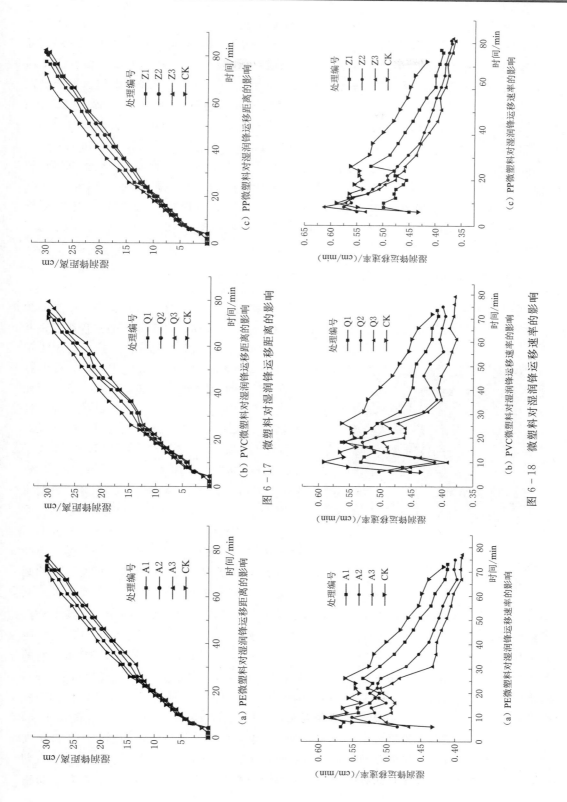

距离及所用时间计算而得。由图 6-18 可知，不同处理湿润锋运移速率都表现为先急剧上升，而后在运移 10～25min 时上下波动，从 25min 后开始逐渐下降；但不同处理间湿润锋运移速率的降低程度有所差异，具体表现为与未赋存微塑料的 CK 处理相比，赋存微塑料的实验组湿润锋运移速率降低更为剧烈，且基本表现出湿润锋降低速率与微塑料丰度呈正相关。当湿润锋运移到土壤中下层，以入渗时间 45min 为例，CK、A1、A2、A3、Q1、Q2、Q3，Z1、Z2、Z3 湿润锋的运移速率分别为 0.4804cm/min、0.4609cm/min、0.4304cm/min、0.4220cm/min、0.4478cm/min、0.4282cm/min、0.4100cm/min 和 0.4434cm/min、0.4130cm/min、0.3956cm/min。在同丰度不同类型微塑料条件下，3 种微塑料对湿润锋运移速率的影响亦不相同，运移速率基本表现为 CK＞PE＞PVC＞PP。同样在入渗开始 45min 时，同丰度不同类型微塑料实验组中，A1、Q1、Z1 湿润锋运移速率分别比 CK 低 4.06％、6.78％、7.72％，A2、Q2、Z2 湿润锋运移速率较 CK 低 10.41％、10.87％、14.03％，A3、Q2、Z3 湿润锋运移速率分别比 CK 低 12.16％、14.65％、17.65％。

6.4.3 不同微塑料丰度及类型对土壤蒸发特性的影响

实验结果表明，连续蒸发 27h 后各处理间的累积蒸发量有显著差异，其中 CK 组的累积蒸发量显著大于赋存微塑料的处理（图 6-19）。在蒸发前期，各个处理的累积蒸发量基本一致，没有显著的规律性。这是由于土壤的蒸发会从表层土壤向大气中扩散，此时存在于土壤中的微塑料对其作用并不显著，而在整个观测期，丰度为 0.5％、1％、2％情况下，Z1、A1、Q1，Z2、A2、Q2，Z3、A3、Q3 累积蒸发量分别比 CK 组降低了 2.01％、9.02％、10.55％、7.57％、15.35％、18.74％、13.3％、22.96％、19.41％，表明土壤水分累计蒸发量随土壤中微塑料丰度增大而减小，微塑料的加入减缓了土壤中水分的蒸发速率，且随着丰度的增大减缓程度也逐渐增大。微塑料类型对土壤水分蒸发的影响则与其丰度大小相关，在中低丰度（0.5％、

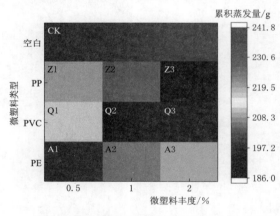

图 6-19　微塑料对累积蒸发量的影响

1％）条件下，PVC 微塑料对土壤水分蒸发影响最大，其次是 PP 微塑料，对土壤水分蒸发影响最小的是 PE 微塑料；而在高丰度（2％）条件下，PE 微塑料对土壤水分蒸发影响最大，其次是 PVC 微塑料，影响最小的是 PP 微塑料，此时赋存 PP、PVC、PE 微塑料的土壤累积蒸发量分别比空白实验组减少了 13.3％，19.4％，22.9％。这与实验结果不同，其结果显示小粒径高浓度（2mm、1％）的微塑料可以增大土壤水分蒸发速率，使其蒸发速率提高 25.90％～30.20％；造成这种结果可能是因为实验采用烘箱进行蒸发模拟实验，赋存微塑料的实验组在蒸发过程中土壤表面出现干裂等情况，使蒸发作用加快，累计蒸发量增加；也有可能是因为土壤质地的不同，造成了实验结果出现较大差异。土壤在蒸发期的初期，表层水分含量较高，同时土壤中的孔隙中含有大量水分，从而使得土壤颗粒紧密

地黏结在一起。由于微塑料是渗透性较差的介质，会阻塞土壤中的大孔隙结构，因此，微塑性材料的出现会使土壤中的孔隙体积和孔隙度减小。而孔隙在保持水分、通气等方面发挥着重要作用，由于赋存微塑料后土壤中大孔隙的减少，使得阻塞了水分上升的通道，减小了蒸发面积，从而抑制了蒸发过程。

通过 Black 和 Rose 蒸发模型进行拟合，拟合结果见表 6-6，由 Black 和 Rose 模型模拟可知，两者 $RMSE$ 均值皆随微塑料浓度增加而增大，同时两者在 0.5%、1%、2% 实验组中的 R^2 均值为 0.9546、0.9544、0.9537 和 0.9850、0.9828、0.9824，表明随着微塑料浓度的增加，两个模型的拟合精度都呈降低趋势。在赋存微塑料的情况下，Rose 蒸发模型拟合后的 $RMSE$ 均小于 Black 蒸发模型，决定系数 R^2 均大于 Black 蒸发模型，表明在赋存同类型同丰度的微塑料后，Rose 蒸发模型的拟合精度要优于 Black 蒸发模型。故 Rose 蒸发模型更能较真实地反映微塑料赋存情况下土壤累积蒸发量随时间的变化情况。

表 6-6　　　　　　　不同微塑料条件下 Black 与 Rose 蒸发模型拟合效果

处理编号	Black 蒸发模型				Rose 蒸发模型			
	F	B	$RMSE$	R^2	C	D	$RMSE$	R^2
CK	47.4647	6.8367	272.3690	0.9637	0.1143	1.4283	29.0005	0.9961
A1	27.7901	6.3268	251.3642	0.9482	0.0701	3.0505	22.1572	0.9647
A2	28.7822	5.8081	270.3889	0.9330	0.0749	2.3788	35.0871	0.9552
A3	23.5376	5.1371	281.0869	0.9453	0.0599	2.3779	45.4992	0.9621
Q1	43.1531	6.2180	213.8848	0.9654	0.1015	1.3814	155002	0.9936
Q2	44.4190	5.6723	243.7141	0.9633	0.1083	0.5671	15.3040	0.9970
Q3	44.4690	9.2607	252.7668	0.9508	0.1094	0.4770	39.1946	0.9931
Z1	45.7116	6.6290	259.5098	0.9632	0.1110	1.3891	22.7991	0.9967
Z2	41.4667	6.2607	220.1876	0.9669	0.0998	1.5379	22.1541	0.9964
Z3	39.2439	5.9489	282.9169	0.9651	0.0935	1.5119	27.0923	0.9922

注　F、B 为蒸发系数；C 为稳定蒸发系数；D 为水分扩散参数；$RMSE$ 为均方根误差；R^2 为决定系数。

6.5　PVC 微塑料对土壤水分特征曲线的影响研究

6.5.1　不同 PVC 微塑料丰度及粒径对土壤水分特征曲线的影响

从图 6-20 可以看出，在同一微塑料粒径下，随着微塑料丰度从 0.5% 增加到 2% 的过程中，土壤含水率表现为降低趋势，即随着赋存于土壤中的微塑料丰度增加，土壤的持水性能受到了影响。在压力较小段，各条曲线高度重合，此时土壤中加入微塑料看似对特征曲线的变化效果不大；但随着压力慢慢增大，各条曲线显现差异。当微塑料粒径为 150μm、压力为 200kPa 时，三种丰度对应的三组土壤含水率分别是对照组的 86.15%、78.81%、67.25%，而分别将该压力值分别提升 500kPa 以及 1300kPa 时，又分别降低了

13.81％、26.03％、35.72％以及 7.63％、28.16％、37.66％；而将加入的微塑料丰度改为更大的 1％和 2％时，随着压力的升高，对应的不同土壤含水率下降趋势更加明显，这说明在一定程度上，土壤中加入的微塑料越多，对土壤水分特征曲线的制约效果越明显。而在微塑料粒径为 550μm 以及 950μm 的条件下，特征曲线也基本呈相同情况。因此，在同一压力，随着微塑料在土壤中的数量越多，饱和含水率越小，即在一定程度上随着微塑料在土壤中的数量增多，土壤的保水效果减弱，且加入的微塑料越多，对土壤保水效果的影响越大。

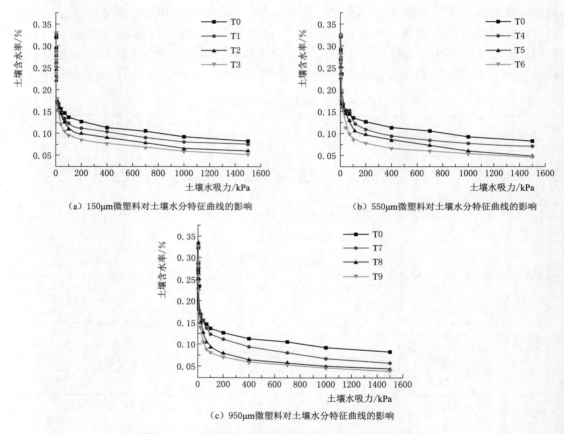

（a）150μm微塑料对土壤水分特征曲线的影响　　　　（b）550μm微塑料对土壤水分特征曲线的影响

（c）950μm微塑料对土壤水分特征曲线的影响

图 6-20　不同特征微塑料对土壤水分特征曲线的影响

在同一微塑料丰度下，随着微塑料粒径从 150μm 增大到 950μm 的过程中，饱和导水率逐渐减小。在压力较小段，各特征曲线与高度重合，但随着压力慢慢增大，各处理显现差异，当压力值为 200kPa，微塑料丰度为 0.5％时，粒径为 150μm、550μm、950μm 三组处理对应的含水率分别是对照组的 86.15％、86.83％、86.68％，这说明丰度较小时，微塑料粒径从 150μm 增大到 950μm 对土壤含水率的变化效果并不明显；而在压力为 200kPa 下，微塑料丰度为 1％的三组处理及丰度为 2％的三组处理对应的含水率分别为对照组的 78.81％、77.97％、62.84％及 67.25％、62.07％、55.35％。可知微塑料丰度为 2.0％时，微塑料粒径从 150μm 增大到 950μm 的过程中，特征曲线下降变化最为明显，尤其当压力达到 1500kPa 时，微塑料粒径为 $950\mu m$，丰度为 2% 的处理含水率减小变化最明显，是对照组的 49.71%。

6.5.2　不同 PVC 微塑料丰度及粒径对土壤孔隙特征的影响

目前已知土壤本身内部结构体不尽相同，使得对应的孔隙形状也不完全一样，这导致了科学研究通过数学方法计算出土壤本身真实孔径极其不易，当前采用的大部分方法是以当量孔径代替真实孔径。为了能够更清晰地确定微塑料对土壤保水能力的效果，通过 6.5.1 节中分析土壤水分特征曲线受微塑料的影响效果，进而对土壤当量孔径进行研究。目前已知，当土壤当中的进气值达到饱和后，土壤本身开始排水，在低吸力段，土壤主要排出大孔隙中的水，在高吸力段，土壤主要排中小孔隙中的水。根据图 6-20 中对应的各组数据进行计算，高吸力段对应的孔隙当量孔径范围在 $0.0002\sim0.0030mm$，而低吸力段对应的孔隙当量孔径范围在 $0.0030\sim0.1500mm$。设两个土壤水吸力分别为 S_1、S_2（$S_1<S_2$），对应的两个土壤当量孔径为 D_1、D_2（$D_2<D_1$），则对应的两个土壤含水率为 θ_1、θ_2（$\theta_1>\theta_2$）。土壤当量孔径介于 $D_2\sim D_1$ 之间土壤孔隙所占的体积与孔隙总体积之比为 $\theta_1-\theta_2$，即两个数值相差的部分，定义该差值为当量孔隙体积占比 e，即 $e=\theta_1-\theta_2$。

不同处理当量孔隙体积占比见表 6-7，由表可知，在同一变量下，随着微塑料粒径的增大以及丰度的增加都会使得土壤大孔隙比例增大的同时，中小孔隙比例降低。在低吸力段，对照组大孔隙占比最小，仅为 14.89%，而丰度为 2%、粒径为 $950\mu m$ 的实验组大孔隙占比最大，达到了 19.76%，比对照组增大了 32.71%。微塑料粒径为 $150\mu m$ 时，丰度分别为 0.5%、1%、2% 的 3 组处理大孔隙占比分别为 15.67%、17.40%、18.68%；而微塑料粒径为 $550\mu m$ 以及 $950\mu m$ 条件下，随着丰度增加，各处理也基本呈现相同趋势，即在同一粒径下，随着微塑料丰度从 0.5% 增加到 2% 的过程中，大孔隙占比逐渐增大。而微塑料丰度为 0.5% 时，粒径分别为 $150\mu m$、$550\mu m$、$950\mu m$ 的 3 组处理大孔隙占比分别为 15.67%、16.58%、16.66%，微塑料丰度为 1% 和 2% 时，粒径分别为 $150\mu m$、$550\mu m$、$950\mu m$ 对应的各处理大孔隙占比分别为 17.40%、18.05%、18.17% 和 18.68%、18.73%、19.76%，这表明在同一丰度条件下，大孔隙占比会随着微塑料粒径的增大而增大。而在高吸力段，随着微塑料丰度的增加，中小孔隙比例基本上呈下降的趋势。

表 6-7　　　　　　　　　　　不同处理当量孔隙体积占比

处理编号	低吸力段 $e/\%$	高吸力段 $e/\%$	处理编号	低吸力段 $e/\%$	高吸力段 $e/\%$
T0	14.89	5.42	T5	18.05	5.41
T1	15.67	4.73	T6	18.73	3.85
T2	17.40	4.60	T7	16.66	6.52
T3	18.68	4.31	T8	18.17	4.91
T4	16.58	4.90	T9	19.76	3.87

6.5.3　PVC 微塑料赋存土壤水分特征曲线模型适应性分析

通过 RETC 软件对 VG 模型、BC 模型进行拟合，结果见表 6-8。经过分析比较，不同特征的微塑料赋存于土壤当中，VG 模型及 BC 模型拟合得到的特征曲线效果都较好，两个模型的决定系数 R^2 都接近 1，R^2 最小值为 0.9672，$MAPE$ 稳定于 4.66%～7.27% 之间，$MAPE$ 的最大值为 7.27%，$RMSE$ 都接近于 0，$RMSE$ 最大值为 0.0149。可见 VG 模型及 BC 模型均能较好地适用于土壤微塑料水分特征曲线的模拟。而相比于 BC 模型，VG 模型的拟合结果无论在低吸力段还是高吸力段均能更好地反映土壤含水率在不同吸力下的变化特征，这是由于应用 VG 模型拟合不同处理得到的 $RMSE$、$MAPE$ 及 R^2 平均值分别为 0.0122、5.66% 和 0.9806，均优于应用 BC 模型拟合得到的 $RMSE$、$MAPE$ 及 R^2 平均值。VG 模型拟合得到的土壤水分特征曲线与实测曲线基本重合，拟合效果更优，即微塑料赋存下的土壤水分特征曲线 VG 模型拟合的效果优于 BC 模型。

表 6-8　　　　　　　　　　　各处理模型拟合误差比较

处理编号	$RMSE/(cm^3/cm^3)$		$MAPE/\%$		R^2	
	VG	BC	VG	BC	VG	BC
T0	0.0134	0.0138	6.10	6.45	0.9693	0.9672
T1	0.0137	0.0137	5.29	5.73	0.9764	0.9712
T2	0.0107	0.0125	6.08	6.44	0.9843	0.9788
T3	0.0112	0.0130	5.84	5.79	0.9854	0.9806
T4	0.0115	0.0122	4.79	4.81	0.9814	0.9790
T5	0.0140	0.0149	7.27	6.97	0.9756	0.9723
T6	0.0105	0.0125	4.81	5.10	0.9873	0.9819
T7	0.0137	0.0146	6.05	5.78	0.9757	0.9727
T8	0.0121	0.0142	4.66	4.97	0.9832	0.9769
T9	0.0109	0.0128	5.73	5.58	0.9873	0.9823
平均值	0.0122	0.0134	5.66	5.76	0.9806	0.9763

利用 VG 模型对土壤水分特征曲线进行参数初值和范围的确定，其中模型拟合得到的 θ_r、θ_s、α、n 的初值分别为 0.067、0.45、0.02、1.41，基于数学算法对 VG 模型进行参数估算，拟合参数值见表 6-9。分析表 6-9 可知，当微塑料粒径较小时，对各个模型拟合参数值影响较小，而大粒径微塑料对参数值影响较大。在粒径 150μm 以及 550μm 条件下，随着微塑料丰度从 0.5% 增加到 2% 的过程中，θ_r、α 及 n 变化趋势较小，θ_s 逐渐减小；而在粒径 950μm 条件下，微塑料丰度从 0.5% 增加到 2% 的过程中，各参数产生较大变化，θ_r 和 n 逐渐增大，其中 n 从 1.3221 增大到 1.6722，是对照组的 116.46%，θ_s 和 α 逐渐减小，其中 α 从 0.3539 减小到 0.2074，而进气值 α 的增大对应着饱和含水率 θ_s 的减小，这说明大粒径下的微塑料丰度变化可能更容易引起中小孔隙及团聚体的数量减少，从而使得土壤的饱和含水率减小，进而影响土壤的结构。

表 6-9		模型拟合参数值		
处理编号	$\theta_r/(cm^3/cm^3)$	$\theta_s/(cm^3/cm^3)$	α	n
T0	0.0799	0.3178	0.3670	1.4359
T1	0.0614	0.3188	0.3727	1.4059
T2	0.0411	0.3184	0.3756	1.3831
T3	0.0513	0.3136	0.2123	1.5984
T4	0.0489	0.3166	0.2790	1.3843
T5	0.0311	0.3189	0.3246	1.3736
T6	0.0441	0.3048	0.1942	1.5998
T7	0.0268	0.3250	0.3539	1.3221
T8	0.0268	0.3163	0.2992	1.4353
T9	0.0419	0.3084	0.2074	1.6722

6.6 基于 CT 扫描的微塑料对砂壤土孔隙结构的影响研究

6.6.1 聚丙烯微塑料对砂壤土孔隙结构的影响

赋存聚丙烯微塑料对 0～3cm 深度的砂壤土孔隙二维结构的影响如图 6-21 所示。选择 3 个研究对象的切片图并挑选中心位置观察各土样的二维孔隙结构特征。由图 6-21 可知（图中深黑色代表土壤孔隙，浅黑部分代表土壤基质），与 CK 处理相比，赋存聚丙烯微塑料的 M 处理分别在不同程度上降低了在 1cm、2cm 和 3cm 处土壤深度下的土壤孔隙数量和孔隙大小。二维灰度图像表明，M 处理比 CK 处理土壤内部结构更为致密，而孔隙相对较少，在不同土层中含有独立的小孔隙，孔隙间的连通性不强，只有在某些区域有细长孔隙。而 CK 处理的土体内部孔隙分布相对较广，数量较多，土壤结构较为疏松，在不同土层中含有大量细小孔隙的同时也存在明显的细长孔隙，呈横向连通状，且孔隙形状大小均匀、规律，这说明聚丙烯微塑料的赋存不仅能在一定程度上减少土壤孔隙数量，也能改变土壤孔隙分布。

选取土柱中心的 1000×1000×300 部分的方形区域进行三维重建，以更直观地展现聚丙烯微塑料赋存对土壤孔隙的形态、连通性和分布特征的影响。不同处理中砂壤土三维结构可视化图像如图 6-22 所示（图中有色部分代表不同粒径大小的土壤孔隙）。从三维孔隙结构图中可以看出，CK 与 M 处理砂壤土孔隙形态特征清晰且存在明显的差异性。其中 CK 处理中土壤小型孤立孔隙分布较为均匀，孔隙连通度较高，在三维图中（图 6-22），灰白色的地区代表土壤孔隙，其中，CK 处理存在狭长的连通孔，具有较强的横向和纵向连通能力，孔隙的空间结构相对复杂，而 M 处理的孔隙多为单层片状，且存在许多孤立的粉末状小孔。而赋存聚丙烯微塑料的 M 处理中土壤孔隙破碎化程度明显高于 CK 处理，许多细小孤立孔隙呈粉末状，而土壤的狭长连通孔几乎看不见，多数较大的孔隙呈薄片状，故三维可视化图像表明土壤整体孔隙体积、孔隙个数相较于 CK 处理要小很多。通过对 CT 图像的定量分析可计算得到不同处理的土壤孔隙度，其中未加微塑料 CK 处理中土

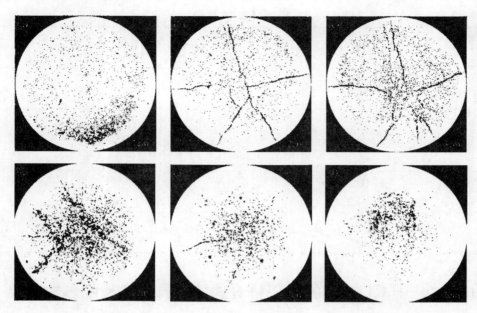

图 6 - 21 CK 和 M 处理土柱在 1cm、2cm 和 3cm 土层的土壤孔隙结构二维灰度图像
[其中（a），（b），（c）代表 CK 处理；（d），（e），（f）代表 M 处理]

壤孔隙度为 4.98%，而在赋存聚丙烯微塑料的 M 处理中土壤孔隙度只有 3.79%，呈显著性差异。由此可以看出定量分析结果同定性观察趋势一致，说明聚丙烯微塑料的赋存显著降低了砂壤土的孔隙度。

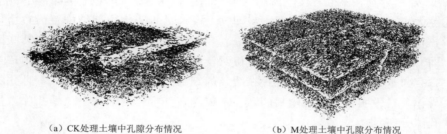

（a）CK处理土壤中孔隙分布情况　　　　　（b）M处理土壤中孔隙分布情况

图 6 - 22 CK 和 M 处理中土壤孔隙结构三维可视化图像

6.6.2 聚丙烯微塑料对土壤孔隙数量与孔隙体积分布的影响

将不同处理下每个重复的孔隙数量沿土壤深度的变化绘制在坐标系内，如图 6 - 23 所示。在土柱 0~4cm 深度范围内，两个处理在三维尺度下的土壤孔隙数量均随着土壤深度的增加而增多，土壤整体孔隙总数量表现为 CK>M，其中孔隙量以体素计：CK 处理中土壤孔隙总体素为 15013167 个，M 处理中土壤孔隙总体素为 11437641 个；以 LabelAnalysis 模块中的 Index 计（真实孔隙个数）：分别是 141398 个和 38149 个，M 处理中土壤孔隙总数较 CK 处理降低了 73.02%。此外，CK 处理中孔隙数量随土壤深度增加几乎呈现线性增加的趋势（R^2>0.99），而 M 处理中则表现出幂函数增长的趋势，随着土壤深度的增加，两

个处理的孔隙数量差异逐渐增大，其中在第 1cm、2cm、3cm、4cm 处，M 处理中土壤孔隙数量较 CK 处理分别降低了 62.82％、62.24％、66.40％、73.02％。

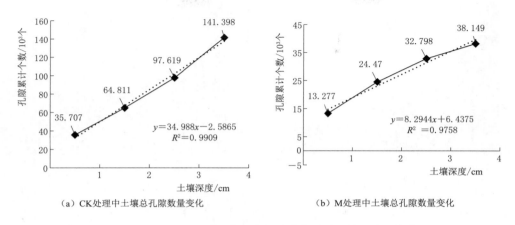

（a）CK处理中土壤总孔隙数量变化　　　　　　（b）M处理中土壤总孔隙数量变化

图 6-23　CK 和 M 处理中土壤总孔隙数量随土壤深度的变化

在表述土壤孔隙尺寸时，单个孔隙体积大小也常被用于描述孔隙尺寸，该参数综合了孔隙的长度和直径的变化，因此经常被用于描述土壤孔隙的空间尺寸变化。相较于当量直径，土壤孔隙的体积与孔隙过水能力、气体交换以及化学物质沿孔隙的运移有着更为直接的联系。因此，计算不同体积尺寸大小的孔隙分布特征可以更加全面地描述不同处理对土壤孔隙空间尺寸变化的影响。选取土柱中心的 $1000\times1000\times300$ 的方形区域作为研究对象，结果如图 6-24 所示。M 处理土样的孔隙总体积明显的下降，未添加微塑料的处理土壤孔隙的总体积为 15010mm³，而添加微塑料的 M 处理土壤孔隙体积下降为 11440mm³；同时孔隙大小的分布结构也出现了明显的变化，CK 处理的总孔隙有 65479 个，M 处理的总孔隙有 22641 个。由于本实验土样体积大于 0.5mm³ 的孔隙体积占体积总量的主导地位，故以 0.5mm³ 作为分割大小孔隙的水准。对于体积大于 0.5mm³ 的较大孔隙部分，由 CK 处理的 1690 个下降至 M 处理的 1430 个，体积由 11805mm³ 下降至 9843mm³，但较大孔隙个数占全部孔隙个数的比重却出现了相反的情况，由 CK 处理的 2.58％，提升至 M 处理的 6.32％，从图中也不难看出，孔隙体积范围逐渐变大的时候，对照组和实验组两者的孔隙数量已经相当。两个处理中不同体积土壤孔隙数量百分比存在不同程度差异的原因可能与微塑料的赋存破坏土壤中连通的孔隙结构有关，粒径较小的微塑料在下渗过程中进入土壤孔隙，由于其自身的疏水性，会直接堵塞原来的土壤孔隙。王志超等研究发现土壤中赋存微塑料明显降低了土壤的过水能力，使水分下渗速率较快与微塑料的疏水性及对土壤孔隙的堵塞有关。这些也表明未添加微塑料的土壤很有可能由少量但单个体积较大的孔隙所充斥，并且由三维图可知，未添加微塑料的土样存在的大孔隙多为连通孔隙，其他小孔隙为孤立孔隙，通过这些现象可以大致猜测，很有可能微塑料会优先堵塞最小的孔隙，并将较大的孔隙适当分割成薄片状，从而出现大孔隙的体积稍微变小，但中小型孔隙的数量占比反而增多的现象。

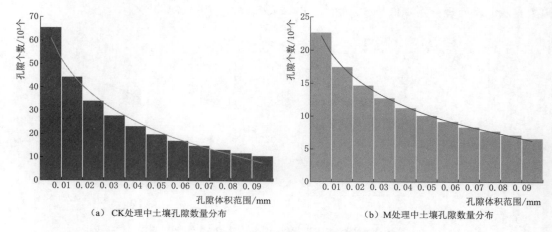

（a）CK处理中土壤孔隙数量分布　　　　　　　　（b）M处理中土壤孔隙数量分布

图 6-24　CK 和 M 处理中土壤孔隙数量分布

6.6.3　聚丙烯微塑料对土壤孔隙形态特征的影响

应用 CT 扫描技术可以定量描述土壤中当量直径和孔隙成圆率等孔隙形态特征，不同处理土壤中孔隙的成圆率随土壤深度的变化如图 6-25（a）、（b）所示。孔隙成圆率是表征孔隙形态特征的参数之一，孔隙成圆率以 Label Analysis 模块中的 Shape_VA3d 计，其数值越接近于 1，表示孔隙形态越接近于圆，一般认为数值处于 0.8～1.1 之间，即可表示为圆形孔隙。大量研究认为成圆率可以判断土壤孔隙的大小，孔隙越趋于规则，越利于水分在土壤中的运输、保存及作物吸收和利用。在 0～4cm 土壤深度范围内，CK 处理的 Shape_VA3d 值在 1.20～1.31 之间，M 处理的 Shape_VA3d 值在 1.32～1.63 之间，虽然 CK 处理的成圆率波动范围更大，但 CK 处理的平均成圆率更接近 1，不仅如此，Shape_VA3d 值在 0.8～1.1 范围内的孔隙在 CK 处理土壤中的数量和占比均多于 M 处理，且随着土层深度的增加，CK 处理的土壤成圆率趋于平稳，但 M 处理的土壤成圆率忽高忽低，这表明相较于赋存微塑料的 M 处理，CK 处理中的土壤孔隙形态更接近于圆形，土壤中以形状规则的大孔隙居多，土壤的孔隙圆度更稳定，这也与图 6-22 的三维结构图像和图 6-25 中结果相符。微塑料的赋存可能在一定程度上破坏了原有的土壤孔隙结构进而形成了更小的孔隙，使孔隙形态变得破碎且不完整，故 CK 相较 M 处理更容易形成接近圆形的孔隙。

比较两种不同处理下的土壤大孔隙当量直径随土壤深度的变化［图 6-25（c）]可知，CK 处理中孔隙平均当量直径略微小于 M 处理。在 0～4cm 土壤深度范围内，CK 处理中土壤孔隙当量直径在 163.8～174.4μm 之间，M 处理孔隙当量直径在 212.4～224.1μm 之间，随着土壤深度的增加，CK 处理的孔隙当量直径趋于平稳，M 处理的孔隙当量直径呈缓慢下降趋势，但仍大于 CK 处理，这与图 6-22 中大型孔隙数量规律类似。

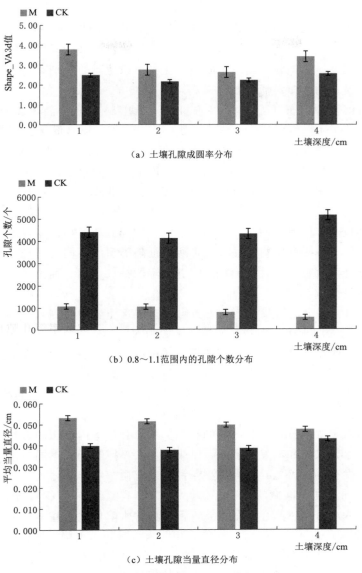

（a）土壤孔隙成圆率分布

（b）0.8～1.1范围内的孔隙个数分布

（c）土壤孔隙当量直径分布

图6-25　CK和M处理在不同土壤深度时的土层孔隙形态特征

6.7　本　章　小　结

　　本章研究了采用7种常见的消解液对10种不同类型的微塑料颗粒进行了消解，探究了每种消解液对微塑料颗粒质量和表面形态等的影响，筛选出对微塑料影响最小的消解方法，可为后续微塑料的计数、识别等提供重要的数据支撑；研究了内蒙古河套灌区农田土壤中微塑料的丰度、类型、颜色、粒径等赋存特征及其与覆膜年限和灌溉类型的响应，并通过扫描电镜、能谱仪等对微塑料表面特征及表面附着物进行观察与分析，主要结论如下：

（1）微塑料被强酸性消解液 HNO_3、$HNO_3/HClO_4$、HNO_3/H_2O_2 等消解后微塑料颗粒质量发生显著改变，经 H_2O_2 消解之微塑料质量变化（2%～5%）较小，且消解后特征峰位置、荧光强度、微塑料表面形态略微变化，对微塑料的识别和鉴定无显著影响，故推荐 H_2O_2 作为最佳的微塑料消解方案。

（2）内蒙古河套灌区典型研究区（磴口县）微塑料丰度值随覆膜年限的增加而增加（$P<0.05$），且不同覆膜年限下（5 年、10 年、20 年）河套灌区土壤中微塑料平均丰度值分别为 2526.00 个/kg、4352.80 个/kg、6070.00 个/kg，不同灌溉类型下微塑料丰度表现为滴灌＞畦灌，微塑料丰度值在不同土层深度上呈现随土层深度增加逐渐减小趋势。

（3）河套灌区微塑料类型主要有纤维类、碎片类、薄膜类和颗粒类 4 种，且薄膜类微塑料在各土层间占比最高；土壤中微塑料的颜色包括黑色、透明、绿色、红色、蓝色等，且微塑料粒径随覆膜年限增加而减少，随土层深度增加微塑料粒径呈现逐渐减小趋势。

（4）河套灌区土壤中微塑料样品表面形貌特征随类型的不同而呈现差异，主要表现为表面粗糙度、不规则孔隙等，且表面孔隙附着稳定的铁氧化物、稀土元素，容易与微塑料复合形成复合污染效应。

（5）经傅里叶变换红外显微光谱仪鉴定，河套灌区土壤中检测到的微塑料主要是 PE、PP 和 PS 三种，这表明土壤中微塑料的主要来源为农膜。

本章选用不同类型的微塑料利用室内模拟实验的方法，研究微塑料对土壤水分入渗和蒸发的影响，阐明了不同丰度及类型的微塑料对累积入渗时间和土壤含水率的影响，揭示了微塑料赋存对土壤水分入渗湿润锋和土壤蒸发特性的影响并探明不同特征 PVC 微塑料对土壤水分特征曲线的影响效应，主要结论如下：

（1）微塑料对土壤水分入渗和蒸发的影响。本章利用室内模拟的方法，研究了不同类型微塑料对土壤水分入渗和蒸发的影响，结果表明：不同类型和不同丰度下的微塑料对土壤水分入渗和蒸发存在显著差异，同类型条件下随着微塑料丰度增大，累积入渗时间显著增加，而类型不同丰度相同微塑料赋存条件下，PP 实验组＞PVC 实验组＞PE 实验组＞空白实验组累积入渗时间；赋存微塑料条件下土壤含水率最大值基本呈现于土层深度 10～25cm 处，空白组 CK 出现在 20～25cm 处；相同入渗时间内土壤湿润锋运移距离和湿润锋运移速率随微塑料丰度增加而减小，其中 PP 微塑料的影响最为显著；微塑料赋存对土壤水分蒸发产生抑制作用，同类型微塑料下土壤的累积蒸发量随丰度的增加而减小，在蒸发 27h 时，赋存 2% 丰度下 PP、PVC、PE 微塑料的实验土柱累积蒸发量比 CK 组分别减小 13.3%、19.4%、22.9%，Rose 蒸发模型更能较真实地反映微塑料赋存情况下土壤累积蒸发量随时间的变化情况。本研究可为微塑料赋存条件下土壤水分运移的变化研究提供理论基础。

（2）PVC 微塑料对土壤水分特征曲线的影响。本章以不同丰度及粒径的 PVC 微塑料赋存于土壤为研究对象，通过室内实验，测定了不同丰度及粒径 PVC 微塑料条件下的土壤水分特征曲线，分析了 PVC 微塑料对土壤水分特征曲线的影响。主要结论如下：不同丰度及粒径的 PVC 微塑料赋存于土壤中会影响土壤的保水能力。随着微塑料丰度的增加及粒径的增大，土壤保水能力减弱。在相同压力下，随着土壤中微塑料丰度增加、粒径的增大，都会使得对应的土壤含水率减小。在高吸力段各组间差异更大，当土壤水吸力值达到 1500kPa 时，微塑料粒径为 950μm、丰度为 2% 的实验组含水率变化趋势最大，仅为对照组的 49.71%。随着 PVC 微塑料丰度的增加及粒径的增大，土壤大孔隙比例增大，中小孔隙比例降低。在低吸力段，对照组的大孔隙占比最小，仅为 14.89%，而丰度和粒径最大的实验组大孔隙占比最大，达到了 19.76%，比对照组增大了 32.71%。VG 模型和 BC 模型均能较好模拟 PVC 微塑料赋存下土壤水分特征曲线，但 VG 模型拟合精度高于 BC 模型。950μm 粒径微塑料赋存于土壤的条件下，θ_r 和 n 随着丰度的增加而增大，θ_s 和 α 随着丰度的增加而减小。

（3）微塑料对砂壤土孔隙结构的影响。聚丙烯微塑料赋存影响了砂壤土孔隙结构，使得土壤内部结构更为致密且孔隙破碎化程度增加，连通孔隙减少，降低了土壤的孔隙率；聚丙烯微塑料赋存条件下土壤孔隙数量与孔隙体积分布随土壤深度发生了变化，孔隙数量随土壤深度的增加呈现幂函数增长趋势，土壤的孔隙总体积明显降低；聚丙烯微塑料对土壤孔隙形态特征产生了影响，孔隙成圆率在不同深度处均有下降，虽然当量直径的最大值低于原始土壤，但平均当量直径却略高，当量直径随土壤深度总体呈上升趋势。

参 考 文 献

[1] 龙邹霞. 厦门湾海洋塑料垃圾和微塑料时空分布及对人类活动响应研究 [D]. 武汉：中国地质大学，2019.

[2] 彭谷雨. 沉积环境中的微塑料 [D]. 上海：华东师范大学，2020.

[3] 王志超，孟青，于玲红，等. 内蒙古河套灌区农田土壤中微塑料的赋存特征 [J]. 农业工程学报，2020，36（3）：204-209.

[4] Machado A，Lau C W，Kloas W，et al. Microplastics Can Change Soil Properties and Affect Plant Performance [J]. Environmental Science and Technology，2019，53（10）：6044-6052.

[5] 廖苑辰，娜孜依古丽·加合甫别克，李梅，等. 微塑料对小麦生长及生理生化特性的影响 [J]. 环境科学，2019（10）：4661-4667.

[6] Bosker T，Bouwman L J，Brun N R，et al. Microplastics accumulate on pores in seed capsule and delay germination and root growth of the terrestrial vascular plant Lepidium sativum [J]. Chemosphere，2019（226）：774-781.

[7] Okoffo E D，O'brien S，Ribeiro F，et al. Plastic particles in soil：State of the knowledge on sources，occurrence and distribution，analytical methods and ecological impacts [J]. Environmental Science：Processes and Impacts，2021，23（2）：240-274.

[8] Chouchene K，Ksibi M. Microplastics as an emerging hazard to terrestrial and marine ecosystems：Sources，Occurrence and Analytical Methods [J]. E3S Web of Conferences，2021（265）：05003.

[9] 王志超，李仙岳，史海滨，等. 农膜残留对砂壤土和砂土水分入渗和蒸发的影响 [J]. 农业机械学报，2017，48（1）：198-205.

[10] Qi Y，Yang X，Amalia M，et al. Macro-and micro-plastics in soil-plant system：Effects of plastic mulch film residues on wheat（Triticum aestivum）growth [J]. The Science of the total environment，2018（645）：1048-1056.

[11] 刘旭. 典型黑土区耕地土壤微塑料空间分布特征 [D]. 哈尔滨：东北农业大学，2019.

[12] 王志超. 农膜残留对土壤水分运移的影响及模拟研究 [D]. 呼和浩特：内蒙古农业大学，2016.

[13]　Boots B，Russell C W，Green D S. Effects of Microplastics in Soil Ecosystems：Above and Below Ground [J]. Environmental Science and Technology，2019，53（19）：11496 – 11506.

[14]　Kolan P，Lei S，Li J，et al. Adherence of microplastics to soft tissue of mussels：A novel way to up-take microplastics beyond ingestion [J]. Science of the Total Environment，2018，610（1）：635 – 640.

[15]　刘力，万旭升，王智猛，等. 硫酸钠盐渍土渗透特性研究 [J]. 大连理工大学学报，2020，60（6）：628 – 634.

[16]　王志超，张博文，倪嘉轩，等. 微塑料对土壤水分入渗和蒸发的影响 [J]. 环境科学，2022，43（8）：4394 – 4401.

[17]　王志超，李嘉辰，张博文，等. 基于 CT 扫描的微塑料对砂壤土孔隙结构的影响研究 [J]. 灌溉排水学报，2023，42（9）：79 – 86.

第 7 章 微塑料对盐渍化土壤理化性质、养分及微生物群落的影响研究

为促进农业生产、提高作物产量，80％以上的农田需要利用农膜覆盖技术进行保墒，膜下滴灌技术是滴灌技术与覆膜种植有机结合的产物，与传统地面灌溉相比，具有显著的节水节肥、增产增效等效果。此外，膜下滴灌对土壤中的盐分有消散的作用，同时膜下滴灌通过少量、持续的作用方式对作物的根系淋洗以脱盐，利于作物后期生长，再加之覆膜作用，可有效阻止返盐现象，为目前盐渍化耕地治理的主要方法之一。但由于农用薄膜广泛使用、老化破碎和回收体制不健全等原因，造成大量农膜残留在土壤中，残膜经分解可以形成颗粒更小且分布更广的微塑料，从而加重土壤的微塑料污染，进而对土壤的理化性质、水盐运移和微生物群落也势必产生影响。

故本研究通过室内试验模拟农业中滴灌淋洗过程，研究微塑料赋存条件下不同盐度盐渍土盐分运移的变化特征，有助于分析微塑料赋存条件下盐渍土水分入渗机制，阐明不同盐度盐渍土水分入渗过程中对土壤水盐、含水率和 pH 带来的环境效应的影响。本研究可为田间试验提供必要的理论依据，为微塑料赋存条件下盐渍土改良治理提供新思路和技术支撑。并通过进行室内微塑料—盐渍化土壤培育试验，解析不同浓度的盐渍化土壤赋存不同丰度 PE 微塑料（土样干重质量的 1％、2％和 4％）条件下，土壤理化性质、养分和微生物群落的变化，揭示微塑料对盐渍化土壤理化性质影响与对微生物群落影响之间的相关性。提高微塑料对盐渍化土壤生态系统影响的认识，补充和扩展目前研究者对于土壤微塑料污染的研究一些涉及较少的研究方面，为盐渍化土壤中微塑料污染的生态风险评估提供科学依据。

7.1 研 究 方 法

7.1.1 实验材料

备试土壤采集于内蒙古自治区河套灌区，为尽量减小原状土壤中微塑料的本底值，选取未耕种过且人为扰动小的土壤样品进行采集，采集深度为地面以下 0～40cm，去除大粒径杂质后带回实验室，将土样风干、碾碎，过 2mm 筛，确保土质均质。利用纳米激光粒度仪（NANOPHOXTM，Symaptec 公司，德国）进行颗粒分析，其中黏粒（粒径小于 0.002mm）占比 1.3％，粉粒（0.01～0.50mm）占比 18.6％，砂粒（0.50～1.00mm）占比 80.1％，土质属于砂壤土。所使用微塑料由广东特塑朗化工有限公司制造，微塑料粒径为 150μm，密度为 0.9g/cm³，熔点为 176℃，形状为球状。

7.1.2　实验设计与方法

经查阅文献发现，中国西北地区盐渍土所含盐类主要有氯盐及硫酸盐，在盐渍土赋存条件下各种盐分对土壤水分入渗的影响很难研究，结果也很难分析，故本模拟实验采用其中一种盐类——氯盐（NaCl）进行模拟实验。为针对性地对各类氯盐渍土进行对比，根据王利莉等实验给出的盐渍土分类表（表 7 - 1），本实验参照其他实验中给出的人工配制盐渍土的方法进行配制，采用选用氯盐含量为：0.5%、4.0% 和 7.0%。其中 0.5% 含盐量的试样是制备用来模拟弱盐渍土；中盐渍土选用含盐量 4.0% 来模拟；含盐量 7.0% 用来模拟强盐渍土。

表 7 - 1　　　　　　　　　　　盐　渍　土　分　类

盐 渍 土 名 称	弱盐渍土	中盐渍土	强盐渍土	过盐渍土
氯化物和硫酸盐氯化物/%	0.3~1	1~5	5~8	>8

土样制备具体过程参照姚远等的制备方式，土样经标准筛（孔径 2mm），在室温下密封 7 天；根据一定的质量比（质量比＝盐质：干土质量），测量出一定质量的 NaCl，然后与土样混合，在室温下继续密封 24h，以便盐分可以与土样更加充分交换吸附并且均匀分布于土中；待土壤与 NaCl 吸附后在天然状态下干燥土壤，过 2mm 标准筛并研磨土样，即可制备完成氯盐渍土。

根据 Weiwei 等的研究发现，郊区农田土壤微塑料的种类以 PP 为主，且戚瑞敏等研究结果不同种植条件下农田土壤中 class1（50~100μm）和 class2（100~250μm）2 种小粒径等级的微塑料含量占较大比例，故本实验采用 150μm 的 PP 微塑料，又由王志超等的微塑料对土壤水分入渗和蒸发影响的实验结果表明，2% 丰度 PP 微塑料对土壤水分运移影响最为显著，因此本实验采用 2% 丰度（质量分数）PP 微塑料进行模拟。实验共设置 3 种含盐量和 3 个对照处理，共计 6 个处理，每个处理 3 次重复（表 7 - 2）。选用长宽高为 30cm×30cm×40cm 的透明有机玻璃箱进行实验，其箱壁贴软卷尺。为避免优势流对实验结果的影响，实验前在箱体内侧涂抹一层凡士林。根据同实验设置按比例将微塑料添加到盐渍土中，并用不锈钢勺分多次搅拌、混合均匀，按照 1.5g/cm³ 土壤容重装土，每 3cm 分层装入，层间打毛。

表 7 - 2　　　　　　　　　　　实　验　设　计　变　量

处理	盐渍土含盐量/%	微塑料丰度/%	处理	盐渍土含盐量/%	微塑料丰度/%
CK1	0.5	0	Q	4.0	2.0
A	0.5	2.0	CK3	7.0	0
CK2	4.0	0	Z	7.0	2.0

采用土槽模拟法模拟在滴灌条件下施加微塑料对盐碱土入渗及水盐分布影响。在进行实验前，测定土壤的含水率、电导率以及盐分含量，实验采用马氏瓶作为稳压滴灌水源，滴灌前使用转子流量计测定流量，流量为 0.36L/h。湿润锋运移至距土槽底部 6cm 处停止供水，测定马氏瓶出水量并计算累积入渗量，入渗结束 5min 后，用微型土钻从滴灌水源

处垂直方向的 3.3cm、6.6cm 和 9.9～27.7cm，水平方向的 4cm、8cm、12cm、16cm 和 20cm 处取土（图 7-2），分别测定入渗后土样的含水率（烘干法）、盐分含量和 pH。

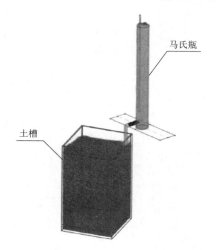

图 7-1 入渗装置示意图

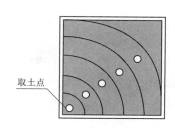

图 7-2 水平取土点及取土器示意图

采用室内模拟的方法探究微塑料对盐渍化土壤理化性质、养分及微生物群落的影响。按照盐渍土类型和浓度，设置 6 组实验组，每组进行不同丰度聚乙烯（PE）微塑料赋存处理，共 4 种丰度处理（土样干重质量的 0%、1%、2% 和 4%），设置不添加盐类和微塑料的实验土样作为空白对照组 CK，共 25 种处理方式（表 7-3），每个处理方式重复 3 次。每个处理下取 5kg 供试土壤于花盆中培育，按比例将不同丰度的微塑料添加到供试土壤中，并用不锈钢勺将微塑料与土壤均匀混合。保持 27℃（恒温培育箱）和 60% 的含水率（称重补水法）进行培育，从添加 PE 微塑料 24h 后开始计，分别在第 0 天、3 天、10 天、20 天、30 天、40 天、50 天和 60 天，采用五点取样法采集 200g 土壤样品，其中 80g 新鲜土壤样品直接用于检测土壤含水率指标，剩余 120g 土壤样品进行自然风干，研磨后过 2mm 筛保存用于其余理化性质指标和养分的检测；在第 60 天对各处理采用五点取样法进行取样，用于高通量测序分析。

表 7-3　　　　　　　　　　　盐渍化土壤微塑料污染模拟实验设置

试 验 土 样	处理编号	盐类型	添加微塑料类型	添加微塑料丰度/%
空白	CK	—	—	—
弱氯盐类盐渍土（0.5%）	LC	NaCl	聚乙烯	0
	LC1	NaCl	聚乙烯	1
	LC2	NaCl	聚乙烯	2
	LC3	NaCl	聚乙烯	4
中氯盐类盐渍土（4%）	MC	NaCl	—	0
	MC1	NaCl	聚乙烯	1
	MC2	NaCl	聚乙烯	2
	MC3	NaCl	聚乙烯	4

试　验　土　样	处理编号	盐类型	添加微塑料类型	添加微塑料丰度/%
强氯盐类盐渍土（7%）	HC	NaCl	—	0
	HC1	NaCl	聚乙烯	1
	HC2	NaCl	聚乙烯	2
	HC3	NaCl	聚乙烯	4
弱硫酸盐类盐渍土（0.5%）	LS	Na_2SO_4	—	0
	LS1	Na_2SO_4	聚乙烯	1
	LS2	Na_2SO_4	聚乙烯	2
	LS3	Na_2SO_4	聚乙烯	4
中硫酸盐类盐渍土（4%）	MS	Na_2SO_4	—	0
	MS1	Na_2SO_4	聚乙烯	1
	MS2	Na_2SO_4	聚乙烯	2
	MS3	Na_2SO_4	聚乙烯	4
强硫酸盐类盐渍土（7%）	HS	Na_2SO_4	—	0
	HS1	Na_2SO_4	聚乙烯	1
	HS2	Na_2SO_4	聚乙烯	2
	HS3	Na_2SO_4	聚乙烯	4

7.1.3　土壤样品处理

1. 土壤含水率的测定

土壤取样结束后，在各取样点进行取样称其质量并记录，随后将样品放进烘箱内烘至恒质量，48h 后取出再次记录质量，利用称质量法测量入渗后土壤内的含水率。

2. 土壤盐分和 TDS 的测定

将各采样点烘干后的样品利用玛瑙材质研磨杵捣碎研磨，随后过 2mm 筛，将 20.0g 的土壤样品置于 250mL 振荡瓶中，加 100mL、20℃ 的去离子水，封好瓶盖，置于向复式水平恒温器中，在 20℃ 下振动 30min。取下振荡瓶静置 30min 以后，将上清液经 0.45μm 滤纸过滤，然后利用雷磁 DDBJ-350 电导率仪（可直接进行电导率、TDS、盐度和温度测量）测定土样中的盐分、TDS 含量。

3. 土壤 pH 的测定

土样研磨过 2mm 筛，称取 10g 土样置于 50mL 的高型烧杯中，加入 25mL 去离子水，采用水土比 2.5∶1 进行浸取，用封口薄膜将烧杯封好，然后用磁性搅拌机搅拌 2min，静置 30min 后，测定 pH 前先用至少两种的 pH 标准缓冲液对电极进行校准进行测定，校准过后方可测定。

7.1.4　检测内容及方法

1. 理化指标测定

（1）含水率。采用称重法检测含水率，提前将带盖容器在（105±5）℃下烘干并冷却，

测定容器初始质量 m_0。取采集的 40g 新鲜土壤样品，测定带该容器及新鲜土壤质量的总质量 m_1。最后将装入土样的容器放入烘箱，在（105±5）℃下烘至恒重，待冷却后取出测定此时容器与烘干土样的总质量 m_2。计算样品含水率公式为

$$W_{dm} = \frac{m_2 - m_0}{m_1 - m_0} \times 100 \tag{7-1}$$

$$W_{H_2O} = \frac{m_1 - m_2}{m_2 - m_0} \times 100 \tag{7-2}$$

式中　W_{dm}——土壤样品的干物质含量，%；

$\quad W_{H_2O}$——土壤样品的水分含量，%；

$\quad m_0$——带盖容器的质量，g；

$\quad m_1$——带盖容器及新鲜土壤的总质量，g；

$\quad m_2$——带盖容器及烘干土壤的总质量，g。

（2）pH。采用电位法检测 pH，取 10.0g 风干过筛后的土壤样品置于 50mL 的高型烧杯，按照土水比为 1:2.5 的比例加入 25mL 的超纯水。将烧杯用封口膜密封后，用磁力搅拌器剧烈搅拌 2min，静置 30min 后使用电极 pH 检测仪检测土壤 pH。

（3）电导率（EC）。采用电极法检测 EC，取 10.0g 风干过筛后的土壤样品置于 50mL 的高型烧杯，按照土水比为 1:5 的比例加入 50mL 的超纯水。将烧杯用封口膜密封后，用磁力搅拌器震荡提取后使用电导率仪检测土壤 EC。

2. 养分测定

（1）TOC 含量

采用重铬酸钾容量法—稀释热法检测 TOC 含量，取 10.0g 风干过筛的土壤样品，再次进行研磨过 0.074mm 的筛子，取 0.20g 过处理后土样置于消解瓶中，设置仅加入石英砂的空白组，分别加入 5mL 的 $K_2Cr_2O_7$（0.8mol/L）和 5mL 浓硫酸溶液，300℃下 5min。冷却加水至 50mL。加入 3～4 滴邻菲啰啉指示剂，用 0.2mol/L 的 $FeSO_4$ 溶液滴定，溶液由黄色变为绿色再变为红棕色停止滴定。有机碳、有机质含量计算公式为

$$W_{c,o} = \frac{\dfrac{c \times v}{v_0}(v_0 - v_1) \times M \times a}{m_1 \times K_2} \times 1000 \tag{7-3}$$

$$W_{om} = W_{c,o} \times b \tag{7-4}$$

式中　$W_{c,o}$——有机碳含量，g/kg；

$\quad W_{om}$——有机质含量，g/kg；

$\quad c$——重铬酸钾标液浓度，本文取 0.800，mol/L；

$\quad v$——重铬酸钾标液体积，本文取 5.0，mL；

$\quad v_0$——空白滴定使用的硫酸亚铁溶液体积，mL；

$\quad v_1$——滴定样品使用的硫酸亚铁溶液体积，mL；

$\quad M$——1/4 碳原子的摩尔质量，g/mmol；

$\quad a$——氧化校正系数；

$\quad b$——有机碳与有机质的换算系数；

m_1——风干土壤质量，g；

K_2——风干土壤换算为烘干的水分换算系数。

（2）TN 含量

采用重铬酸钾—硫酸硝化法检测 TN 含量，取 10g 风干过筛后的土壤样品，再次研磨至全部通过 60 目土壤筛，再经过消解、蒸馏和滴定等步骤，记录所用盐酸标准溶液体积（空白试样制作为解瓶中不加土样，按照上述步骤进行处理，滴定后记录使用标液体积）。TN 含量计算公式为

$$\omega_N = \frac{(v_1 - v_0) \times C_{HCl} \times M}{m \times W_{dm}} \times 1000 \qquad (7-5)$$

式中　ω_N——土壤中总氮的含量，mg/kg；

v_1——样品消耗盐酸标液的体积，mL；

v_0——空白消耗盐酸标液的体积，mL；

C_{HCl}——盐酸标液的浓度，mol/L；

M——氮的摩尔质量，本文取 14.0，g/mol；

W_{dm}——样品的干物质含量，%；

m——称取样品质量，g。

（3）无机氮。采用氯化钾溶液提取—分光光度法检测无机氮，在聚乙烯瓶（500mL）中加入 40.0g 风干过筛后的土壤样品，加入 200mL 氯化钾溶液于（20±2）℃条件下震荡 1h 进行提取，将提取液取出置于离心机，进行 10min 的离心分离，最后将上清液取出，作为待测溶液，分别检测各无机氮含量。

3. 高通量测序

在第 60 天对试验组采用五点取样法进行取样，将所取新鲜土壤用 50mL 离心管进行保存，用 PM996 封口膜密封，加干冰运输至深圳微科盟科技集团有限公司完成 PCR 扩增和 16SrDNA 测序。

（1）DNA 抽提和 PCR 扩增。采用 CTAB 对样本的基因组 DNA 进行提取，之后利用 1％琼脂糖凝胶电泳检测 DNA 的纯度和浓度，取适量的样品于离心管中，使用无菌水稀释样品至 1ng/μL。用 515F（5'—GTGCCAGCMGCCGCGGTAA—3'）和 907R（5'—CCGTCAATTCCTTTGAGTTT—3'）引物对 V4+V5 可变区进行 PCR 扩增。

（2）PCR 产物的纯化和混样。根据 PCR 产物浓度进行等量混样，充分混匀后使用 1xTAE2％浓度的琼脂糖凝胶电泳纯化 PCR 产物，对目的条带使用 UniversalDNA（天根生化科技，北京）纯化回收试剂盒进行回收。

（3）文库构建和上机测序。使用 NEB Next® Ultra DNA Library Prep Kit 建库试剂盒进行文库构建，将构建好的文库使用安捷伦 5400 进行检测和 Q-PCR 定量；待文库合格后，使用 NovaSeq 6000 进行上机测序。

7.1.5　数据分析与处理

本研究中的盐渍化土壤理化性质数据采用 Excel 2019 进行数据处理，Origin 2021 进行制图，SPSS17.0 进行方差分析。

　　高通量测序数据统计分析利用深圳微科盟科技集团有限公司的生科云平台进行。用 Qiime2 的 DADA2 插件对所有样品的全部原始序列（imput）进行质量控制（filtered），去噪（纠正测序错误的序列，denoised），拼接（merged），并且取嵌合体（non - chimeric），形成 ASV。接着，运用 QIIME2 feature - classifier 插件将 ASV 的代表序列比对到预先训练好的 13＿8 版本 99％相似度的 GREENGENES 数据库（根据 515F/907R 引物对将数据库修剪到 V4V5 的区域），得到了物种的分类信息表，并在各个水平上统计每个样品的群落组成，运用 Origin 2021 进行制图。

7.2　微塑料对盐渍土理化指标及水盐运移的影响研究

7.2.1　PP 微塑料对滴灌条件下盐渍土含水率分布的影响

　　实验表明，当不赋存 PP 微塑料时，盐渍土壤入渗后含水率随土壤中的盐分增大而显著提高，当盐渍土中赋存 PP 微塑料会同时增加水平与垂直方向入渗后的含水率，且呈现距入渗点源的距离增加含水率降低的趋势。入渗后各处理盐渍土实验组土壤的含水率如图 7 - 3 所示，通过数据比较发现，无 PP 微塑料的盐渍土实验组中，CK3 较 CK2 和 CK1 实验组平均含水率分别增加 9.35％和 11.2％（$P<0.05$）；赋存 PP 微塑料的盐渍土实验组中，Z 较 Q 和 A 实验组平均含水率增加 13.65％和 14.24％（$P<0.05$）。当赋存 PP 微塑料后，赋存 PP 微塑料的盐渍土入渗后同垂直、水平方向距离上 A、Q 和 Z 含水率分别较 CK1、CK2 和 CK3 显著性升高。以垂直距入渗点源 16.6 cm 为例，水平方向上 A 较 CK1 平均含水率增加 7.8％（$P<0.05$），Q 较 CK2 平均含水率增加 9.4％（$P<0.05$），Z 较 CK3 平均含水率增加 6.2％（$P<0.05$）；以水平距入渗点源 12 cm 为例，整个垂直方向上 A 较 CK1 平均含水率增加 7.9％（$P<0.05$），Q 较 CK2 平均含水率增加 7.7％（$P<0.05$），Z 较 CK3 平均含水率增加 6.2％（$P<0.05$）。

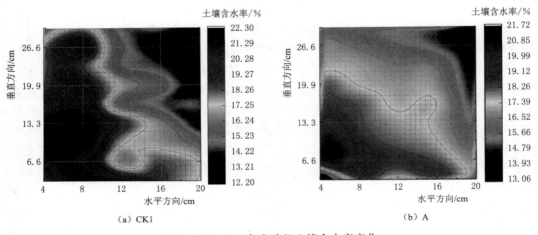

图 7 - 3（一）　各实验组土壤含水率变化

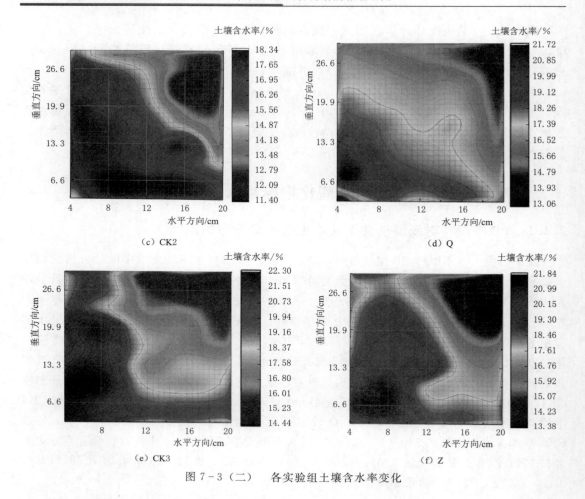

图 7 - 3（二）　各实验组土壤含水率变化

7.2.2　PP 微塑料对滴灌条件下盐渍土盐分分布的影响

在不同盐度的盐渍土中，赋存微塑料的实验组相较于未赋存微塑料的实验组，皆增大了取样点处土壤中的盐分含量。赋存 PP 微塑料对盐渍土入渗后的盐分的影响显著（图 7 - 4）。A 和 CK1 实验组在入渗垂直方向 6.6cm，水平方向 16cm 处盐分差值出现最大值，此点处 A 较 CK1 取样点土壤盐分升高 188.21%（$P < 0.05$）。Q 和 CK2 实验组盐分差值最大值位于入渗垂直方向 9.9cm，水平方向 16cm 处，此点处 Q 较 CK2 的盐分升高 326.9%（$P < 0.05$），而在 Z 和 CK3 实验组盐分差值最大值在垂直方向 16.6cm，水平方向 8cm 处，Z3 较 CK3 实验组盐分高 163.2%（$P < 0.05$）。在滴灌入渗垂直方向，盐分大小分布皆呈先升高后降低的趋势，主要原因是土壤中盐分在滴灌作用下向土壤深层运移，而土槽四周与外界隔离，盐分随垂直方向增加而逐渐积累，在垂直方向 9.9cm 以下由于土壤中盐分含量不断降低，所以盐分分布呈现随垂直方向增加而减小的趋势。

7.2.3　PP 微塑料对滴灌条件下盐渍土 pH 分布的影响

在入渗土壤表层，各实验组 pH 初始值相差不大，而在各实验组土壤表层出现 pH 最

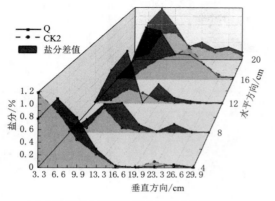

（a）0.5％盐渍土实验组入渗后土壤盐分浓度

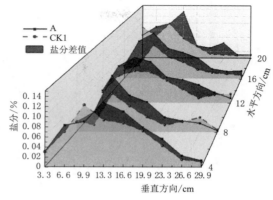

（b）4.0％盐渍土实验组入渗后土壤盐分浓度

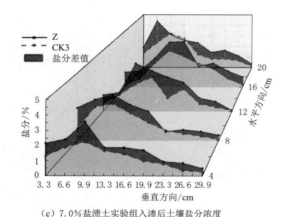

（c）7.0％盐渍土实验组入渗后土壤盐分浓度

图 7-4　入渗后各实验组土壤盐分浓度变化

大值，且随入渗垂直方向 pH 呈减小趋势。赋存 PP 微塑料的实验组在相同盐分盐渍土和垂直、水平方向距离相同条件下 pH 均呈现出大于未赋存 PP 微塑料的实验组的趋势。入渗后各实验组 pH 变化如图 7-5 所示，在入渗土壤表层，以水平距入渗点源 12cm 为例，CK1 实验组初始 pH 随土壤垂直入渗方向减小 7.1％、9.4％、11.8％、13.8％、13.9％、14.1％和 16.6％（$P<0.05$），A 实验组初始 pH 随土壤垂直入渗方向减小 9.5％、3.3％、11.6％、19.5％、18.5％、19.5％、和 20.5％（$P<0.05$），CK2 随土壤入渗方向较 pH 初始值减小 3.3％、13.1％、18.3％、21.2％、20.9％、23.2％、和 24.7％（$P<0.05$），对 Q、CK3 和 Z 实验组也出现了相同趋势，即 pH 皆随土壤垂直入渗方向减小。在相同盐分盐渍土和垂直、水平方向距离相同条件下，A 较 CK1 实验组随垂直方向增加 pH 分别增加 2.9％、6.8％、4.2％、4.9％、3.4％、2.7％、0.4％、3.8％和 2.0％（$P<0.05$），Q 较 CK2 实验组 pH 增加 5.9％、3.5％、12.0％、6.0％、0.7％、1.7％、1.1％、2.3％和 2.2％（$P<0.05$），Z 较 CK3 实验组 pH 增加 1.1％、-0.3％、4.4％、-0.7％、1.9％、3.0％、3.4％、2.4％和 4.7％（$P<0.05$）。

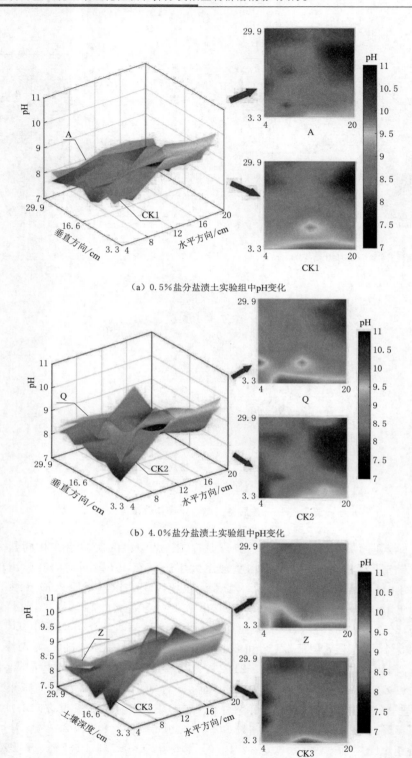

（a）0.5%盐分盐渍土实验组中pH变化

（b）4.0%盐分盐渍土实验组中pH变化

（c）7.0%盐分盐渍土实验组中pH变化

图 7-5　各实验组中 pH 变化

7.3 微塑料对盐渍化土壤理化性质的影响研究

7.3.1 微塑料对盐渍土壤含水率的影响

1. 微塑料对氯盐类盐渍土含水率的影响

本研究不同浓度氯盐类盐渍土赋存不同丰度 PE 微塑料含水率变化如图 7-6 所示，无 PE 微塑料赋存的不同浓度氯盐类盐渍土处理中，LC、MC、HC 处理较 CK 对照组初始含水率分别增加 3.12%、4.35% 和 4.61%（$P<0.05$）。随着培育时间的增加，LC、MC、HC 处理较 CK 对照组平均含水率分别增加 1.42%、2.05%、2.75%（$P<0.05$）。当赋存不同丰度 PE 微塑料后，LC1、LC2、LC3 处理较 LC 处理初始含水率分别降低 0.60%、1.04%、1.40%（$P<0.05$）；MC1、MC2、MC3 处理较 MC 处理初始含水率分别降低 0.70%、1.29%、1.66%（$P<0.05$）；HC1、HC2、HC3 处理较 HC 处理初始含水率分别降低 0.49%、0.89%、1.09%（$P<0.05$）。随培育时间增加，LC1、LC2、LC3 处理较 LC 处理平均含水率分别降低 0.97%、1.73%、2.23%（$P<0.05$）；MC1、MC2、MC3

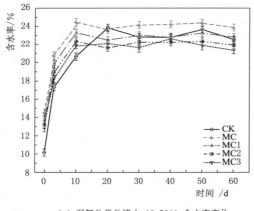

（a）弱氯盐类盐渍土（0.5%）含水率变化

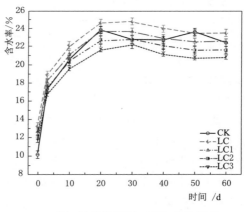

（b）中氯盐类盐渍土（4%）含水率变化

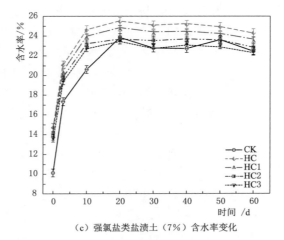

（c）强氯盐类盐渍土（7%）含水率变化

图 7-6 不同浓度氯盐类盐渍土赋存不同丰度 PE 微塑料含水率变化

处理较 MC 处理平均含水率分别降低 1.11％、1.93％、2.41％（$P<0.05$）；HC1、HC2、HC3 处理较 HC 处理平均含水率分别降低 0.82％、1.46％、1.74％（$P<0.05$）。

当不赋存 PE 微塑料时，土壤初始含水率随氯盐浓度增大而显著提高，随着培育时间的增加，土壤平均含水率与氯盐浓度呈正相关，这可能是因为土壤中的盐分可以形成晶体，阻塞水的水分迁移通道，降低土体渗透系数，从而减少水的输送。水分、盐分和盐水化合物发生相变时产生结晶现象对孔隙结构产生压力，孔隙结构的堵塞和变形会影响水分和盐分的运移。当赋存不同丰度 PE 微塑料后会降低各处理的初始含水率，且 PE 微塑料丰度越大其降低得越多。随着培育时间的增加，各处理平均含水率与 PE 微塑料丰度呈负相关。微塑料与土壤基质结合后能够建立水分通道，增大孔隙的体积，加速水分迁移，改善土壤的吸附性和反应性进而使土壤中的盐碱离子状态发生改变，促进土壤盐分运移，调节土体渗透系数，这也解释了土壤含水率增值都产生下降的趋势现象的原因。

2. 微塑料对硫酸盐类盐渍土含水率的影响

不同浓度硫酸盐类盐渍土赋存不同丰度 PE 微塑料含水率变化如图 7-7 所示。无 PE 微塑料赋存的不同浓度硫酸盐类盐渍土处理中，LS、MS、HS 处理较 CK 对照组初始含水率分别增加 2.95％、4.01％和 4.09％（$P<0.05$）。随着培育时间的增加，LS、MS、HS 处理较 CK 对照组平均含水率分别增加 1.13％、1.52％、1.93％（$P<0.05$）。当赋存不同丰度 PE 微塑料后，LS1、LS2、LS3 处理较 LS 处理初始含水率分别降低 0.59％、1.03％、1.38％（$P<0.05$）；MS1、MS2、MS3 处理较 MS 处理初始含水率分别降低 0.89％、1.37％、1.54％（$P<0.05$）；HS1、HS2、HS3 处理较 HS 处理初始含水率分别降低 0.43％、0.86％、1.02％（$P<0.05$）。随着培育时间的增加，LS1、LS2、LS3 处理较 LS 处理平均含水率分别降低 0.95％、1.77％、2.37％（$P<0.05$）；MS1、MS2、MS3 处理较 MS 处理平均含水率分别降低 1.13％、1.94％、2.35％（$P<0.05$）；HS1、HS2、HS3 处理较 HS 处理平均含水率分别降低 0.8％、1.43％、1.64％（$P<0.05$）。

不同浓度硫酸盐类盐渍土赋存不同丰度 PE 微塑料含水率变化规律与不同浓度氯盐类盐渍土赋存不同丰度 PE 微塑料含水率变化规律基本相似。在不赋存 PE 微塑料时，硫酸盐类对土壤含水率的提升程度低于氯盐类对土壤含水率的提升程度，赋存不同丰度 PE 微塑料后硫酸盐类对土壤含水率的提升低于氯盐类对土壤含水率的提升。存在于土壤中的盐分超过土壤水的溶解度，盐分会以晶体的形式出现在土壤表层形成表聚特征，阻碍水分的蒸发通道。而 NaCl 在水中的溶解度大于 Na_2SO_4 在水中的溶解度，硫酸盐类盐渍土更容易析出至土壤表层，形成芒硝覆盖。芒硝具有吸湿性，会推动土壤中水分向上运移，当芒硝吸湿潮解后，会形成粒径较小的颗粒状重结晶，细小的颗粒会填充入土壤孔隙，造成孔隙结构的堵塞。此时土壤水分运移又被抑制，会减缓硫酸盐类盐渍土对含水率的提升能力。硫酸盐具有腐蚀性，赋存的微塑料可能受到腐蚀效果导致粒径减小，从而进一步减少土壤的大孔隙比例，而氯盐不具备这种腐蚀性。赋存微塑料后土壤大孔隙比例高于硫酸盐类，孔隙率与土壤水分运移呈正相关，因此氯盐类盐渍土中赋存微塑料对于土壤水分运移的影响强于硫酸盐类盐渍土中赋存微塑料于土壤水分运移的影响，故实验出现赋存不同丰度 PE 微塑料后硫酸盐类对土壤含水率的抑制程度低于氯盐类对土壤含水率的抑制程度的结果。

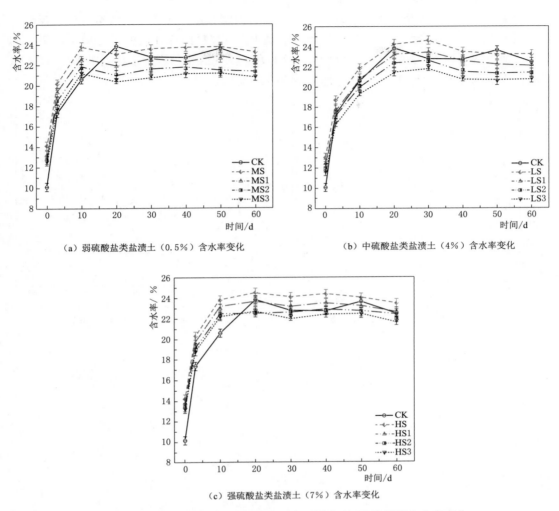

（a）弱硫酸盐类盐渍土（0.5%）含水率变化　　　　（b）中硫酸盐类盐渍土（4%）含水率变化

（c）强硫酸盐类盐渍土（7%）含水率变化

图 7-7　不同浓度硫酸盐类盐渍土赋存不同丰度 PE 微塑料含水率变化

7.3.2　微塑料对盐渍化土壤 pH 的影响

1. 微塑料对氯盐类盐渍土 pH 的影响

本研究中不同浓度氯盐类盐渍土赋存不同丰度 PE 微塑料 pH 变化如图 7-8 所示，无 PE 微塑料赋存的处理中，LC、MC、HC 处理较 CK 对照组的 pH 初始值分别增加 0.38、0.76 和 1.31（$P<0.05$）。经过 60 天培育后，LC、MC、HC 处理较 CK 对照组的 pH 分别增加 0.58、1.4 和 1.91（$P<0.05$）。各处理赋存不同丰度 PE 微塑料后，其对 pH 初始值基本无影响，经过 60 天培育后，各处理 pH 增量呈现减小趋势，LC1、LC2、LC3 处理较 LC 处理的 pH 增量分别减小 0.02、0.12、0.54（$P<0.05$）；MC1、MC2、MC3 处理较 MC 处理的 pH 增量分别减小 0.20、0.46、0.82（$P<0.05$）；HC1、HC2、HC3 处理较 HC 处理的 pH 增量分别减小 0.21、0.56、0.97（$P<0.05$）。

盐碱地的盐渍化程度与土壤 pH 呈正相关，故本实验中未赋存微塑料的不同浓度氯盐类盐渍土处理中，氯盐浓度大的处理其 pH 越高。当赋存不同丰度 PE 微塑料后，延缓了各处理 pH 的变化，产生这种结果的原因可能是 PE 微塑料的存在改变了土壤中阳离子的交换，加入 NaCl 后，土壤中 Na$^+$ 和 Cl$^-$ 含量上升，Ca^{2+} 含量相应增加，钠吸附比（SAR）下降，土壤碱化度（SEP）也下降，抑制 pH 的升高。

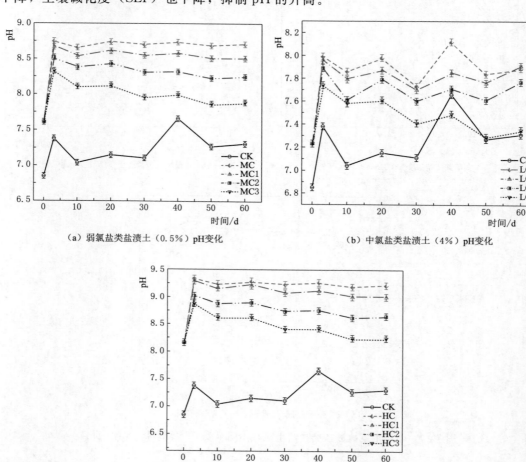

（a）弱氯盐类盐渍土（0.5%）pH变化　　　　（b）中氯盐类盐渍土（4%）pH变化

（c）强氯盐类盐渍土（7%）pH变化

图 7-8　不同浓度氯盐类盐渍土赋存不同丰度 PE 微塑料 pH 变化

2. 微塑料对硫酸盐类盐渍土 pH 的影响

图 7-9 表示不同浓度硫酸盐类盐渍土赋存不同丰度 PE 微塑料 pH 变化，无 PE 微塑料赋存的处理中，LS、MS、HS 处理较 CK 对照组的 pH 初始值分别增加 0.57、0.88 和 1.56（$P<0.05$）。经过 60 天培育后，LS、MS、HS 处理较 CK 对照组的 pH 分别增加 1.36、1.59 和 2.09（$P<0.05$）。各处理赋存不同丰度 PE 微塑料后，经过 60 天培育后，各处理 pH 增量呈现减小趋势，LS1、LS2、LS3 处理较 LS 处理的 pH 增量分别减小 0.32、0.53、0.96（$P<0.05$）；MS1、MS2、MS3 处理较 MS 处理的 pH 增量分别减小 0.29、0.44、0.90（$P<0.05$）；HS1、HS2、HS3 处理较 HS 处理的 pH 增量分别减小

0.26、0.46、0.88（$P<0.05$）。

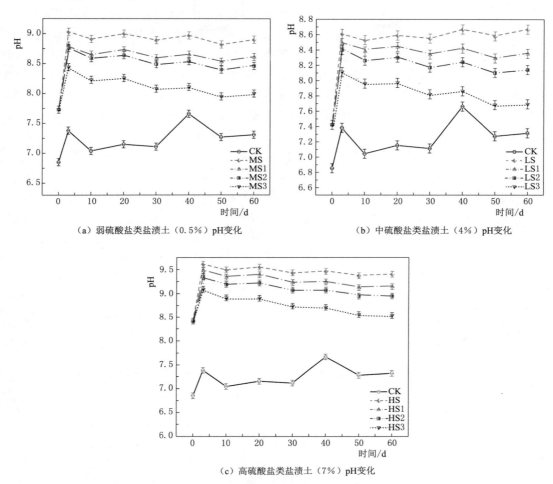

（a）弱硫酸盐类盐渍土（0.5%）pH变化　　（b）中硫酸盐类盐渍土（4%）pH变化

（c）高硫酸盐类盐渍土（7%）pH变化

图 7-9　不同浓度硫酸盐类盐渍土赋存不同丰度 PE 微塑料 pH 变化

不同浓度硫酸盐类盐渍土赋存不同丰度 PE 微塑料 pH 变化规律与不同浓度氯盐类盐渍土赋存不同丰度 PE 微塑料 pH 变化规律相似。但在赋存微塑料情况下，硫酸盐类对土壤 pH 的影响明显强于氯盐类。土壤 pH 与 NO_3^-、SO_4^{2-}、Cl^- 在全盐中的比例呈极显著负相关关系，而制备硫酸盐类盐渍土需要加入 Na_2SO_4，土壤中 SO_4^{2-} 离子含量上升，抑制了土壤 pH 的上升。硫酸盐盐渍土容易发生结晶盐胀，溶于土壤孔隙中的盐分浓缩并析出结晶，阻塞土壤孔隙中的离子交换通道。而赋存微塑料后土壤孔隙结构会被进一步的压迫甚至破坏，在微塑料和硫酸盐的双重作用下会显著抑制对土壤 pH 的上升。

7.3.3　微塑料对盐渍化土壤 EC 的影响

1. 微塑料对氯盐类盐渍土 EC 的影响

不同浓度氯盐类盐渍土赋存不同丰度 PE 微塑料 EC 变化如图 7-10 所示，无 PE 微塑料赋存的处理中，LC、MC 和 HC 处理较 CK 处理 EC 值显著升高。当赋存不同丰度 PE

微塑料后，LC1、LC2、LC3 处理较 LC 处理初始 EC 值分别降低 24.87%、32.41%、
−2.72%（$P<0.05$）；MC1、MC2、MC3 处理较 MC 处理初始 EC 值分别降低 22.34%、
25.35%、31.85%（$P<0.05$）；HC1、HC2、HC3 处理较 HC 处理初始 EC 值分别降低
16.87%、21.31%、28.01%（$P<0.05$）。随着培育时间的增加，LC1、LC2、LC3 处理
较 LC 处理平均 EC 值分别降低 25.57%、33.64%、−3.43%（$P<0.05$）；MC1、MC2、
MC3 处理较 MC 处理平均 EC 值分别降低 23.61%、26.79%、30.66%（$P<0.05$）；
HC1、HC2、HC3 处理较 HC 处理平均 EC 值分别降低 16.58%、21.50%、28.42%
（$P<0.05$）。

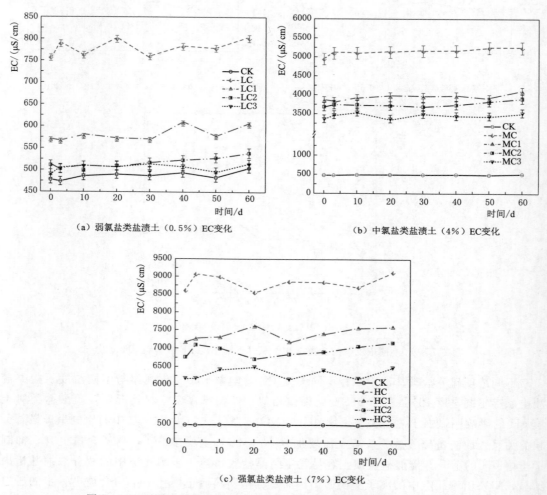

（a）弱氯盐类盐渍土（0.5%）EC变化　　　（b）中氯盐类盐渍土（4%）EC变化

（c）强氯盐类盐渍土（7%）EC变化

图 7-10　不同浓度氯盐类盐渍土赋存不同丰度 PE 微塑料 EC 含量变化

　　EC 值还可以用来表示土壤盐渍化程度，本研究中不赋存微塑料的各处理 EC 值均显
著上升，这也证明实验制作土样达到预想效果。土壤电导率受含水率、土壤质地和结构及
含盐量等多因素的综合影响。当赋存不同丰度 PE 微塑料后会改变土壤团聚体结构，进而
会改变土壤整体结构，使土壤各理化指标产生变化，这也是本研究中各处理初始和平均

EC 值呈现降低趋势的主要原因。

2. 微塑料对硫酸盐类盐渍土 EC 的影响

不同浓度硫酸盐类盐渍土赋存不同丰度 PE 微塑料 EC 变化如图 7-11 所示,无 PE 微塑料赋存的处理中,LS、MS 和 HS 处理较 CK 处理 EC 值也表现出显著提高。当赋存不同丰度 PE 微塑料后,LS1、LS2、LS3 处理较 LS 处理初始 EC 值分别降低 26.50%、27.13%、14.26%($P<0.05$);MS1、MS2、MS3 处理较 MS 处理初始 EC 值分别降低 25.44%、29.54%、16.87%($P<0.05$);HS1、HS2、HS3 处理较 HS 处理初始 EC 值分别降低 20.41%、26.51%、38.51%($P<0.05$)。随着培育时间的增加,LS1、LS2、LS3 处理较 LS 处理平均 EC 值分别降低 27.81%、27.35%、12.99%($P<0.05$);MS1、MS2、MS3 处理较 MS 处理平均 EC 值分别降低 25.69%、30.84%、35.37%($P<0.05$);HS1、HS2、HS3 处理较 HS 处理平均 EC 值分别降低 21.60%、27.43%、39.13%($P<0.05$)。

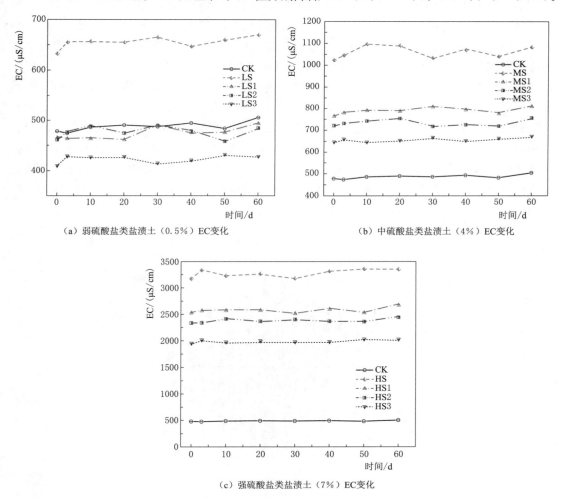

(a) 弱硫酸盐类盐渍土(0.5%)EC变化

(b) 中硫酸盐类盐渍土(4%)EC变化

(c) 强硫酸盐类盐渍土(7%)EC变化

图 7-11　不同浓度硫酸盐类盐渍土赋存不同丰度 PE 微塑料 EC 含量变化

有研究表明,硫酸盐类盐渍土 EC 值与水分、盐分成正相关,本实验结果与该结论相同。土壤离子交换量是决定 EC 值的重要因素之一。在相同浓度条件下，硫酸盐类盐渍土的盐胀规律强于氯盐类盐渍土，土壤盐胀会破坏土壤中离子交换通道，抑制土壤离子交换量，使土壤 EC 值降低。赋存微塑料后，由于其粒径较小且易随水分迁移，会加重土壤孔隙中的离子交换通道的阻塞程度，会使土壤 EC 值降低程度更大。故产生本研究中赋存不同丰度微塑料对硫酸盐类盐渍土 EC 值影响强于对氯盐类盐渍土 EC 值影响的结果。

7.4　微塑料对盐渍化土壤养分的影响研究

7.4.1　微塑料对盐渍化土壤 TOC 含量的影响

1. 微塑料对氯盐类盐渍土 TOC 含量的影响

本研究中不同浓度氯盐类盐渍土赋存不同丰度 PE 微塑料 TOC 含量变化如图 7-12 所示，当不赋存微塑料时，LC、MC、HC 处理较 CK 对照组的 TOC 初始含量分别减少 0.68g/kg、2.31g/kg 和 3.60g/kg。随着培养时间的增加，各处理中 TOC 的含量均呈现下降的趋势，CK、LC、MC 处理和 HC 处理的 TOC 含量分别下降 10.42%、17.19%、19.23% 和 25.31%（$P<0.05$）。赋存不同丰度 PE 微塑料后，各处理 TOC 初始含量增大，LC1、LC2、LC3 处理较 LC 处理的 TOC 初始含量分别提高 2.78%、4.96%、8.55%（$P<0.05$）；MC1、MC2、MC3 处理较 MC 处理的 TOC 初始含量分别提高 2.65%、3.70%、8.38%（$P<0.05$）；HC1、HC2、HC3 处理较 HC 处理的 TOC 初始含量分别提高 2.26%、3.38%、6.23%（$P<0.05$）。随着培养时间的增加，赋存越高丰度微塑料的处理组 TOC 含量下降的趋势越大，LC3、MC3 处理和 HC3 处理的 TOC 含量分别下降 41.44%、49.31% 和 63.39%（$P<0.05$）。

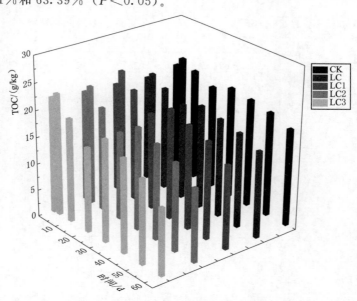

（a）弱氯盐类盐渍土（0.5%）TOC变化

图 7-12（一）　不同浓度氯盐类盐渍土赋存不同丰度 PE 微塑料 TOC 含量变化

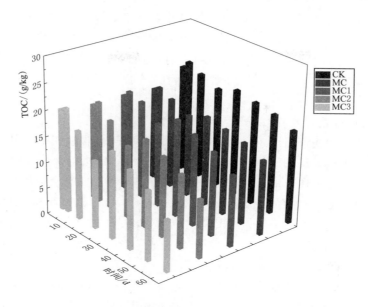

（b）中氯盐类盐渍土（4%）TOC变化

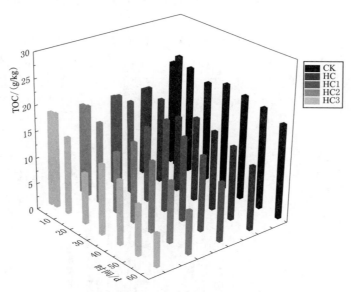

（c）强氯盐类盐渍土（7%）TOC变化

图 7-12（二）　不同浓度氯盐类盐渍土赋存不同丰度 PE 微塑料 TOC 含量变化

　　土壤 TOC 含量能反映出有机碳矿化分解和合成的最终结果，对比不同浓度氯盐类盐渍土赋存不同丰度 PE 微塑料下 TOC 含量的变化情况，表现为土壤盐渍化程度与土壤 TOC 含量呈负相关关系。随着培养时间的增加，盐渍化越严重的处理 TOC 含量下降的越快，该结果与肖颖等的研究结果相同。盐渍化程度会改变土壤的碳氮固持能力，这是土壤 TOC 含量下降的主要原因。当赋存不同丰度 PE 微塑料后，各处理初始 TOC 含量增加，且其增加量与微塑料含量成正比，这与 Moreno 等的研究结果一致。由于采用的 PE 微塑料含碳量在 90% 以上，赋存微塑料后这些微塑料会被伪装成土壤碳含量，影响土壤碳储存和转换，导致各处理 TOC 含量升高。而微塑料的存在会对土壤团聚体 TOC 的积累产生影响，且微塑料中含有的增塑剂会损害微生物活性，从而进一步影响土壤中活性有机碳含量。故产生本实验在赋存微塑料后随着培养时间的增加各处理 TOC 下降趋势逐渐变大的结果。

2. 微塑料对硫酸盐类盐渍土 TOC 含量的影响

不同浓度硫酸盐类盐渍土赋存不同丰度 PE 微塑料 TOC 含量变化如图 7-13 所示，当不赋存微塑料时，LS、MS、HS 处理较 CK 对照组的 TOC 初始含量分别减少 0.95g/kg、3.30g/kg 和 4.69g/kg。随着培养时间的增加，各处理中 TOC 的含量均呈现下降的趋势，LS、MS 处理和 HS 处理的 TOC 含量分别下降 21.09%、25.50% 和 30.48%（$P<0.05$）。赋存不同丰度 PE 微塑料后，各处理 TOC 初始含量增大，LS1、LS2、LS3 处理较 LS 处理的 TOC 初始含量分别提高 2.78%、4.96%、8.55%（$P<0.05$）；MS1、MS2、MS3 处理较 MS 处理的 TOC 初始含量分别提高 2.80%、3.73%、5.66%（$P<0.05$）；HS1、HS2、HS3 处理较 HS 处理的 TOC 初始含量分别提高 3.30%、4.38%、7.68%（$P<0.05$）。但是随着培养时间的增加，赋存越高丰度微塑料处理组的 TOC 含量下降的趋势越大，LS3、MS3 处理和 HS3 处理的 TOC 含量分别下降 50.48%、58.26% 和 72.82%（$P<0.05$）。

与本研究上述聚乙烯微塑料对氯盐类盐渍土 TOC 含量的影响对比，聚乙烯微塑料对硫酸盐类盐渍土 TOC 含量呈现出更强烈的影响。土壤团聚体是土壤养分的"贮藏库"，其数量的多少与土壤中碳含量有着密切的联系。硫酸盐的腐蚀性强于氯盐的腐蚀性，且硫酸盐类盐渍土具有盐胀性，在同等条件下，硫酸盐类盐渍土对土壤结构破坏程度要高于氯盐

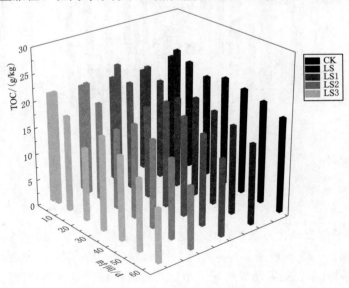

(a) 弱硫酸盐类盐渍土（0.5%）TOC变化

图 7-13 (一)　不同浓度硫酸盐类盐渍土赋存不同丰度 PE 微塑料 TOC 含量变化

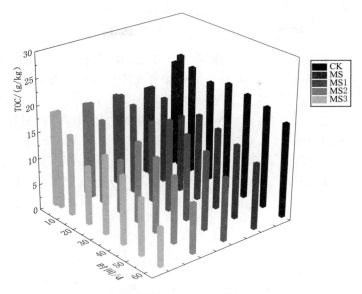

（b）中硫酸盐类盐渍土（4%）TOC变化

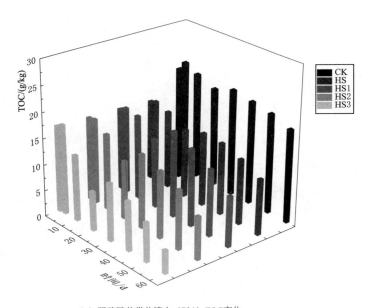

（c）强硫酸盐类盐渍土（7%）TOC变化

图 7-13（二） 不同浓度硫酸盐类盐渍土赋存不同丰度 PE 微塑料 TOC 含量变化

类盐渍土对土壤结构破坏程度。赋存不同丰度 PE 微塑料，随着培养时间的增加，硫酸盐类盐渍土各处理 TOC 下降趋势高于氯盐类盐渍土各处理 TOC 下降趋势。该结果的原因可能是硫酸盐盐渍土的盐胀性会使得土壤孔隙增大，当赋存微塑料后，微塑料会加大土壤孔隙所受压力，使得土壤结构受到更严重的破坏，弱化土壤的碳储存和转换能力。

7.4.2　微塑料对盐渍化土壤 TN 含量的影响

1. 微塑料对氯盐类盐渍土 TN 含量的影响

图 7-14 为不同浓度氯盐类盐渍土赋存不同丰度 PE 微塑料 TN 含量变化，当不赋存微塑料时，各处理 TN 含量随着培养时间的增加与盐渍化程度呈负相关关系，CK 对照组和 LC、MC、HC 处理的 TN 含量分别下降 1.96%、4.73%、9.70%、15.14%（$P <$ 0.05）。赋存不同丰度 PE 微塑料后，各处理 TN 含量损失量与赋存微塑料丰度呈正相关关系，随着培养时间的增加，LC1、LC2、LC3 处理的 TN 含量分别下降 8.35%、10.21%、16.35%（$P < 0.05$）；MC1、MC2、MC3 处理的 TN 含量分别下降 16.27%、15.41%、18.12%（$P < 0.05$）；HC1、HC2、HC3 处理的 TN 含量分别下降 11.52%、13.73%、21.74%（$P < 0.05$）。

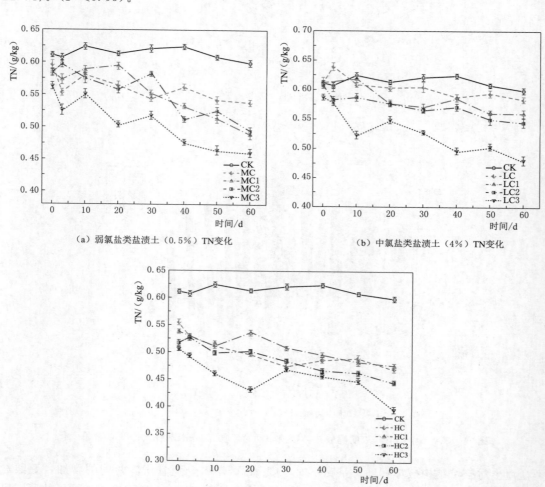

（a）弱氯盐类盐渍土（0.5%）TN变化　　　（b）中氯盐类盐渍土（4%）TN变化

（c）强氯盐类盐渍土（7%）TN变化

图 7-14　不同浓度氯盐类盐渍土赋存不同丰度 PE 微塑料 TN 含量变化

TN 含量是衡量土壤氮素供应状况的重要指标，在土壤氮素循环中同样具有重要的作用。盐渍化土壤中，盐分是氮素迁移转化和吸收利用的重要影响因素，本研究中各处理盐渍化程度与 TN 含量呈负相关关系，原因可能有两个方面：一方面基于本研究前述对土壤含水率的研究，氯盐类盐渍土中含水率会随着盐分浓度的增大而增大，土壤含水率的增大会造成氮淋洗损失，TN 含量降低；另一方面可能是盐渍化程度越高对土壤微生物产生毒理作用越大，将抑制微生物对土壤氮素进行吸收转换，减少有效氮含量，降低 TN 含量，进而影响土壤氮素循环。赋存不同丰度的微塑料后，赋存微塑料会加大 TN 含量的损失量，且损失量与赋存微塑料丰度呈正相关关系，造成这个结果的原因是 PE 微塑料可以通过影响土壤中脲酶的活性干扰土壤中有机氮的水解，破坏氮素循环，使土壤氮素流失。此外，微塑料释放的污染物添加剂（如邻苯二甲酸酯）会在土壤中扩散，加速土壤的污染，对关键土壤酶活性产生抑制作用，干扰氮素循环。

2. 微塑料对硫酸盐类盐渍土 TN 含量的影响

图 7-15 为不同浓度硫酸盐类盐渍土赋存不同丰度 PE 微塑料 TN 含量变化，当不赋

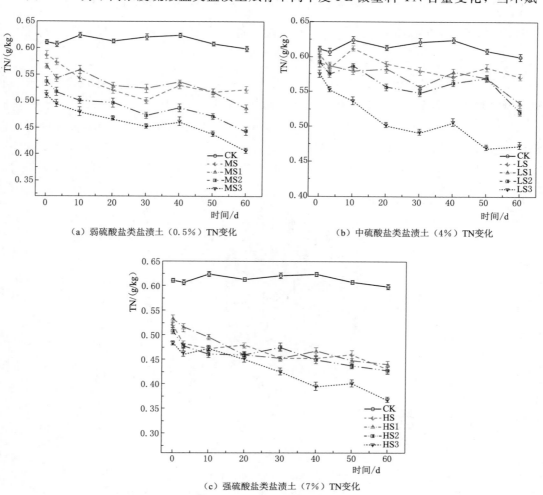

（a）弱硫酸盐类盐渍土（0.5%）TN 变化　　　（b）中硫酸盐类盐渍土（4%）TN 变化

（c）强硫酸盐类盐渍土（7%）TN 变化

图 7-15　不同浓度硫酸盐类盐渍土赋存不同丰度 PE 微塑料 TN 含量变化

存微塑料时，各处理 TN 含量随着培养时间的增加与盐渍化程度呈负相关关系，CK 对照组和 LS、MS、HS 处理的 TN 含量分别下降 1.96%、5.46%、9.98%、17.66%（$P<$ 0.05）。赋存不同丰度 PE 微塑料后，随着培养时间的增加，各处理 TN 含量基本呈现出随赋存微塑料丰度越大减少越多的趋势，LS1、LS2、LS3 处理的 TN 含量分别下降 9.98%、12.31%、17.74%（$P<0.05$）；MS1、MS2、MS3 处理的 TN 含量分别下降 14.13%、17.50%、20.70%（$P<0.05$）；HS1、HS2、HS3 处理的 TN 含量分别下降 17.64%、15.91%、23.76%（$P<0.05$）。

硫酸盐类盐渍土对土壤含水率的影响强于氯盐类盐渍土，所以其氮淋洗损失更多，同时硫酸盐腐蚀性较高，可能对微生物的抑制作用更强，故本实验中不同浓度硫酸盐类盐渍土中 TN 含量下降程度更大。土壤中的硫酸盐还原菌会将硫酸盐作为有机物异化的电子受体，将有机酸或碳酸氢根作为电子供体，产生 H_2S 与 CO_2，通过生物化学作用形成不溶性硫化物，胶结土壤颗粒。而微塑料对团聚体中的脲酶活性抑制作用随着团聚体粒径的增大而增强，所以赋存微塑料后硫酸盐类盐渍土 TN 含量减少量更多。

7.4.3　微塑料对盐渍化土壤无机氮含量的影响

1. 微塑料对氯盐类盐渍土无机氮含量的影响

不同浓度氯盐类盐渍土赋存不同丰度 PE 微塑料无机氮含量变化如图 7-16 所示。不赋存微塑料时，各处理 NH_4^+-N 含量降低，呈现出 LC>CK>MC>HC，分别降低 16.55%、15.92%、14.77% 和 12.50%（$P<0.05$）。对于 NO_3^--N 含量各处理均有一定程度的提高，呈现出 LC>CK>MC>HC，分别提高 18.09%、17.08%、8.74% 和 7.30%（$P<0.05$）。各处理 NO_2^--N 含量也较初始时升高，呈现出 MC>HC>LC>

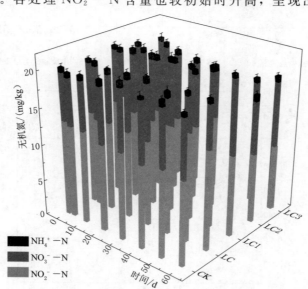

（a）弱氯盐类盐渍土（0.5%）无机氮变化

图 7-16（一）　不同浓度氯盐类盐渍土赋存不同丰度 PE 微塑料无机氮含量变化

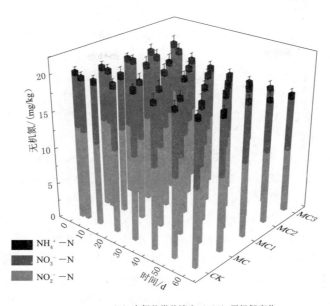

（b）中氯盐类盐渍土（4%）无机氮变化

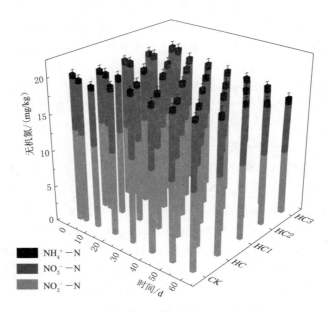

（c）强氯盐类盐渍土（7%）无机氮变化

图 7-16（二）　不同浓度氯盐类盐渍土赋存不同丰度 PE 微塑料无机氮含量变化

CK，分别提高 67.16%、50.82%、42.62%、17.39%（$P<0.05$）。当赋存不同丰度 PE 微塑料后，对于 NH_4^+-N 含量变化，赋存 1% PE 微塑料于各不同浓度氯盐类盐渍土 NH_4^+-N 含量均略微降低，LC1、MC1 和 HC1 较 HC 分别降低 1.78%、2.75%、9.62%（$P<0.05$）。赋存 2%、4% PE 微塑料于各不同浓度氯盐类盐渍土 NH_4^+-N 含量均略微升高，LC2、LC3 较 LC 升高 29.11% 和 49.30%（$P<0.05$），MC2、MC3 较 MC

升高 45.05％和 82.97％（$P<0.05$），HC2、HC3 较 HC 升高 61.54％和 101.92％（$P<0.05$）。对于 $NO_3^- - N$ 含量，各处理在赋存不通丰度微塑料后其含量基本呈现下降的趋势，LC1、LC2、LC3 较 LC 下降 $-3.22％$、27.10％、23.23％（$P<0.05$），MC1、MC2、MC3 较 MC 下降 13.85％、32.31％、35.38％（$P<0.05$），HC1、HC2、HC3 较 HC 下降 13.46％、32.69％、40.38％（$P<0.05$）。对于 $NO_2^- - N$ 含量，各处理在赋存不同丰度 PE 微塑料后其含量均呈现下降的趋势，LC1、LC2、LC3 较 LC 下降 15.38％、23.08％、34.62％（$P<0.05$），MC1、MC2、MC3 较 MC 下降 11.11％、24.45％、35.57％（$P<0.05$），HC1、HC2、HC3 较 HC 下降 29.03％、35.48％、45.16％（$P<0.05$）。

　　氮素矿化作用是指土壤中的有机氮在微生物作用下转化为无机氮的过程，土壤中 $NH_4^+ - N$ 含量主要受到土壤氮素矿化作用的影响。本研究弱盐渍化土壤有机氮的矿化作用受到抑制，随着盐度的升高这种抑制作用减弱。这是由于盐渍土的硝化作用受到抑制，培养土壤环境中氨的挥发量较少，氨氮积累在土壤中，造成矿化作用受到抑制，该结果在分析 $NO_3^- - N$ 含量时被证实。硝化作用在低浓度氯盐渍土条件下被促进，在高浓度氯盐渍土条件下表现为抑制。土壤硝化作用会影响土壤中 $NO_3^- - N$ 与 $NO_2^- - N$ 的含量比例，这也是本研究中各处理 $NO_2^- - N$ 含量较初始时升高的原因。当赋存微塑料后，各无机氮含量变化的原因有两个方面：一方面是由于土壤含水率与土壤矿化作用呈显著正相关关系，赋存高丰度微塑料较赋存低丰度微塑料，土壤中含水率增加明显增加，进而促进土壤矿化作用。土壤含水率小于 40％会明显抑制土壤硝化作用的进行，故本研究中赋存微塑料后，$NO_3^- - N$ 和 $NO_2^- - N$ 含量都呈现下降趋势。另一方面，赋存微塑料会影响土壤中氮循环相关酶和微生物活性，进而对土壤中无机氮含量产生影响，例如微塑料会影响脲酶活性进而影响土壤氮素矿化作用，PE 微塑料会降低土壤中氨氧化细菌和硝化细菌丰度，抑制土壤的硝化作用。

　　2. 微塑料对硫酸盐类盐渍土无机氮含量的影响

　　不同浓度硫酸盐类盐渍土赋存不同丰度 PE 微塑料无机氮含量变化如图 7-17 所示。当不赋存微塑料时，各处理 $NH_4^+ - N$ 含量降低，呈现出 LS>CK>MS>HS，分别降低 19.15％、15.92％、15.80％和 13.83％（$P<0.05$）；对于 $NO_3^- - N$ 含量各处理提高，呈现出 LS>CK>MS>HS，分别提高 22.46％、17.08％、12.02％和 6.94％（$P<0.05$）；各处理 $NO_2^- - N$ 含量也较初始时升高，呈现出 HS>MS>LS>CK，分别升高 75.93％、46.37％、44.44％、17.39％（$P<0.05$）。当赋存不同丰度 PE 微塑料后，赋存 1％PE 微塑料各处理 $NH_4^+ - N$ 含量均降低，LS1、MS1 和 HS1 较 LS 分别降低 4.05％、18.97％和 7.51％（$P<0.05$）。赋存 2％、4％PE 微塑料各处理 $NH_4^+ - N$ 含量升高，LS2、LS3 较 LS 升高 21.86％和 25.91％（$P<0.05$）、MS2、MS3 较 MS 升高 41.54％和 80.51％（$P<0.05$）、HS2、HS3 较 HS 升高 56.65％和 95.95％（$P<0.05$）。对于 $NO_3^- - N$ 含量，各处理含量基本呈下降的趋势，LS1、LS2、LS3 较 LS 下降 13.21％、32.08％、40.57％（$P<0.05$），MS1、MS2、MS3 较 MS 下降 12.77％、31.91％、40.43％（$P<0.05$），HS1、HS2、HS3 较 HS 下降 $-3.46％$、$-6.12％$、8.16％（$P<0.05$）。各处理 $NO_2^- - N$ 含量呈下降的趋势，LS1、LS2、LS3 较 LS 下降 $-1.36％$、6.14％、21.86％（$P<0.05$）；MS1、MS2、MS3 较 MS 下降 27.51％、30.77％、46.63％（$P<$

0.05）；HS1、HS2、HS3 较 HS 下降 29.27%、30.77%、46.6%（$P<0.05$）。

　　有研究发现在相同土壤盐分条件下，土壤盐分离子中 SO_4^{2-} 对硝化作用的抑制弱于 Cl^- 的抑制，因此硫酸盐类盐渍土处理中 $NO_3^- - N$ 和 $NO_2^- - N$ 含量升高量高于氯盐类盐渍土。而硝化作用会影响土壤氮素矿化作用，故硫酸盐类盐渍土 $NH_4^+ - N$ 的含量下降高于氯盐类盐渍土。无机硫化物（Na_2SO_4）分解流失会使硫含量增加，进而减少土壤氮素

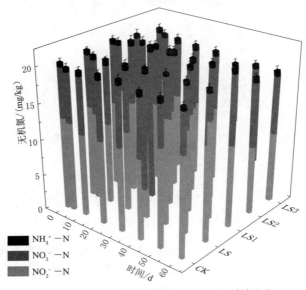

（a）弱硫酸盐类盐渍土（0.5%）无机氮变化

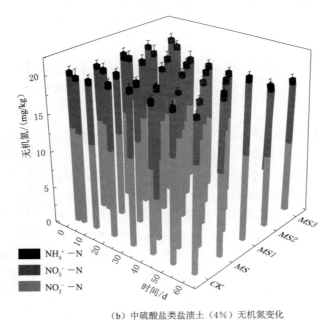

（b）中硫酸盐类盐渍土（4%）无机氮变化

图 7-17（一）　不同浓度硫酸盐类盐渍土赋存不同丰度 PE 微塑料无机氮含量变化

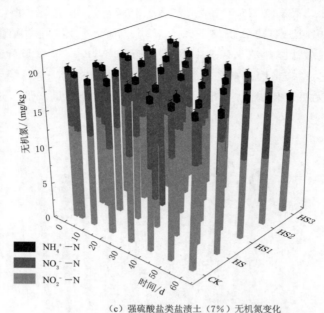

（c）强硫酸盐类盐渍土（7%）无机氮变化

图 7-17（二）　不同浓度硫酸盐类盐渍土赋存不同丰度 PE 微塑料无机氮含量变化

矿化，赋存微塑料后可能会通过影响微生物活性，加速无机硫化物的分解，增强对土壤氮素矿化的抑制作用。硫酸盐分解后产生的 S 元素抑制 $NH_4^+ - N$ 的硝化机理是 S 在土壤中氧化为 SO_4^{2-} 过程中形成的两种中间体 $S_2O_3^{2-}$ 和 $S_4O_6^{2-}$ 的作用。微塑料和 S 元素对硝化作用的共同抑制下，硫酸盐类盐渍土 $NO_3^- - N$ 和 $NO_2^- - N$ 含量下降要高于氯盐类盐渍土中。

7.5　微塑料对盐渍化土壤微生物群落的影响研究

7.5.1　ASV 聚类分析

根据前文对盐渍土壤理化性质的研究，发现对于赋存丰度为 1% 和 4% 的 PE 微塑料对理化性质的影响较为突出，故对该种处理进行高通量测序分析，研究其微生物群落组成和多样性的变化。在本实验中得到有效序列信息共包含过滤后高质量序列 1108972 条，平均每个样本 85306 条序列，样本序列数目最小的为 78936 条，最大序列数目为 91607 条。

检测结果 OTUs 数量足够用来支撑聚类分析，OTUs 数量统计如图 7-18 所示。CK 对照组为 1685 个，LC1 处理为 1454 个，LC3 处理为 1271 个，MC1 处理为 1299 个，MC3 处理为 920 个，HC1 处理为 860 个，HC3 处理为 611 个，LS1 处理为 1471 个，LS3 处理为 1253 个，MS1 处理为 1050 个，MS3 处理为 915 个，HS1 处理为 718 个，HS3 为 574 个。

7.5.2　微塑料对盐渍化土壤微生物群落 Alpha 多样性的影响

本实验高通量测序结果采用 DADA2 插件对所有样品的全部原始序列进行处理形成

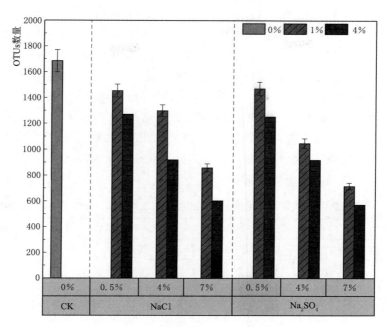

图 7-18 不同处理的 OTUs 数目统计

ASV，相当于 100％相似度聚类的 OTU，即所有样品 Coverage 指数为 1，说明样本中的细菌序列全部被检出，测序结果可以反映样本的真实性。Chao1 指数被用来反映微生物丰富度，其值越大表示微生物丰富度就越高；Simpson 指数和 Shannon 指数用来反映微生物群落多样性，Simpson 指数越大表示微生物群落多样性就越低，而 Shannon 指数越大表示微生物多样性就越高。不同浓度盐渍土赋存不同 PE 丰度微塑料后微生物 Alpha 多样性的影响见表 7-4。在丰富度方面，各处理 Chao1 指数与 CK 对照组 Chao1 指数呈现显著差异（$P<0.01$），Chao1 指数随盐分浓度和赋存 PE 微塑料丰度的增大呈下降趋势，对于氯盐类盐渍土的各处理（LC1、LC3、MC1、MC3、HC1、HC3）下降率分别为 13.73％、24.56％、22.91％、45.41％、48.98％、63.74％（$P<0.01$），而对于硫酸盐类盐渍土的各处理（LS1、LS3、MS1、MS3、HS1、HS3）下降率分别为 12.69％、25.63％、37.68％、45.67％、57.39％、65.90％（$P<0.01$）。在多样性方面，对于 Simpson 指数，各处理的 Simpson 指数与 CK 间无显著差异；对于 Shannon 指数，各处理 Shannon 指数与 CK 对照组 Shannon 指数均有显著性差异（$P<0.01$），表现为 LC1 和 LS1 处理略有上升，其余处理均呈现出下降趋势（Na_2SO_4 盐渍土处理 Shannon 指数下降值低于 NaCl 盐渍土处理）。

硫酸盐类盐渍土各处理 Chao1 指数下降率略大于氯盐类盐渍土各处理 Chao1 指数下降率，这与张慧敏等的研究一致，这可能是不同类型盐渍土对土壤环境的影响不同导致的。研究发现盐渍化土壤较其他非盐渍化土壤 Chao1 指数最低，即盐分浓度对 Chao1 指数与盐分浓度呈负相关，同时土壤中赋存 PE 微塑料后，土壤中 Chao1 指数与赋存微塑料丰度呈负相关，这与本研究结果一致，说明盐渍土在微塑料赋存条件下会加重对微生物丰富度的抑制。可能是土壤中脲酶、蛋白酶、脱氢酶等酶活性在盐渍化的影响下均会降低，从而影响土壤中微生物活性，减少微生物丰富度。而赋存不同丰度 PE 微塑料后，微塑料对酶活性也会产生影响，对微生物群落丰富度的恢复产生更强的抑制作用。本研究对于微生物多样性方面，LC1 和 LS1 处理与 CK 对照组 Shannon 指数略有上升，其余处理均呈现出下降趋势，这与 Yuan 等的研究结果略有不同。不同盐渍化程度土壤 Shannon 指数与土壤盐度呈负相关，LC1 和 LS1 处理 Shannon 指数较 CK 对照处理高的结果可能是由于低密度 PE 微塑料可以改变土壤中微生物群落，加快了土壤微生物群落多样性演替。由 7.4.1 小结可知，赋存 PE 微塑料后土壤中的 TOC 含量减少量与赋存 PE 微塑料丰度成正比，且硫酸盐类盐渍土的影响大于氯盐类盐渍土，土壤 TOC 的含量减少即意味着土壤有机物质减少，土壤有机质的减少会降低微生物活性，故本实验研究结果除 LC1 和 LS1 的其他处理较 CK 对照组 Shannon 指数呈现出下降趋势。

表 7-4　不同浓度盐渍土赋存不同丰度 PE 微塑料后微生物群落 Alpha 多样性的影响

样　本	Chao1 指数	Simpson 指数	Shannon 指数
CK	1685.7054	0.90062	8.9269
LC1	1454.2589	0.90031	8.9681
LC3	1271.7027	0.90200	8.7454
MC1	1299.4390	0.90338	8.5675
MC3	920.1875	0.90546	8.1406
HC1	860.0759	0.90738	7.8725
HC3	611.3146	0.91161	7.3209
LS1	1471.8053	0.89922	8.9388
LS3	1253.6791	0.90222	8.6721
MS1	1050.4556	0.90422	8.4145
MS3	915.7857	0.90669	8.0967
HS1	718.2828	0.90930	7.7592
HS3	574.8425	0.91356	7.2323

7.5.3　微塑料对盐渍化土壤微生物群落结构的影响

1. 门水平微生物群落结构组成

赋存不同丰度 PE 微塑料对不同浓度盐渍土细菌在门水平群落组成的影响不同，具体表现为不同处理优势菌门种类相同，但赋存不同丰度 PE 微塑料后会改变各菌门相对丰度。如图 7-19 所示，图中为不同处理中丰度排名前 12 的细菌门，最优势菌门为变形菌门（Proteobacteria，34.76%～63.62%），第二优势菌门为拟杆菌门（Bacter-oidota，12.60%～25.46%），其次是放线菌门（Actinobacteriota，7.69%～13.02%）、芽单胞菌门（Gemmatimonadetes，0.98%～8.07%）、绿弯菌门（Chloroflexi，4.58%～8.18%）、酸杆菌门（Acidobacteria，1.50%～6.09%）、厚壁菌门（Firmicutes，1.05%～5.11%）、硝化螺旋菌门（Nitrospirae，0.13%～2.87%）、浮霉菌门（Planctomy-cetes，0.19%～2.33%）、疣微菌门（Verrucomicrobia，0.18%～1.29%）、绿菌门（C-hlorobi，0.21%～0.34%）、广古菌门（Euryarchaeota，0.23%～0.38%）、其他菌门（Others，

0.59%～2.37%)。各处理中变形菌门的相对丰度水平随盐分浓度和赋存 PE 微塑料丰度的增大呈上升趋势，且硫酸盐处理上升的程度更大（HS3 处理相对于 CK 对照组上升28.87%)。拟杆菌门的相对丰度水平基本呈现出随盐分浓度和赋存 PE 微塑料丰度的增大呈下降趋势，硫酸盐处理下降的程度更大（HS3 处理相对于 CK 对照组下降12.86%)，但较为特殊的是赋存 1% PE 微塑料的中盐渍土拟杆菌门的相对丰度大于赋存 4% PE 微塑料的低盐渍土（MC1 处理较 LC3 处理高 1%、MS1 较 LS3 高 2.63%)。对于放线菌门的相对丰度水平，各处理放线菌门相对 CK 对照组基本呈现下降趋势，下降最为明显的为 HC3处理（较 CK 对照组下降 4.07%)。此外，酸杆菌门的相对丰度水平呈现出随盐分浓度和赋存 PE 微塑料丰度的增大呈下降趋势，硫酸盐处理下降的程度更大（HS3 处理相对于CK 对照组下降 4.59%)。

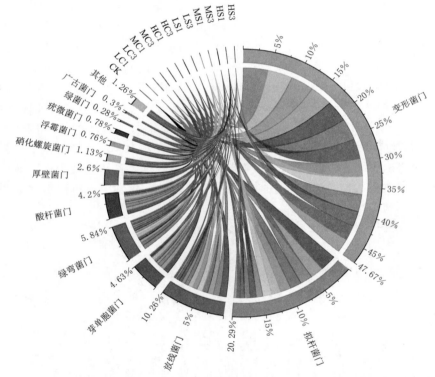

图 7-19　不同浓度盐渍土赋存不同丰度 PE 微塑料后门水平上的物种相对丰度的变化

　　土壤中不同门类的微生物在赋存微塑料条件下所表现出的变化不同。前人的研究表明氯盐类盐渍土中微生物丰度较高于硫酸盐类盐渍土微生物丰度，这与本研究结果相似。Huang 等研究发现土壤中赋存 PE 微塑料培养一段时间后变形菌门丰度显著上升。变形菌门是盐渍土中最常见的菌门，主要由许多耐盐细菌组成，赋存不同丰度 PE 微塑料后，微生物生长所需的营养条件可能受到影响，从而导致赋存微塑料实验组中变形菌门的相对丰度升高量更大。拟杆菌门对盐渍化环境具有较强的抗性，是盐渍化土壤中的优势种群。本研究中 MC1 处理中拟杆菌门的相对丰度大于 LC3 处理中拟杆菌门的相对丰度，这可能是由于拟杆菌门对于中盐渍化土壤的抗性强于低盐渍化，同时低盐渍土还受到赋存 4% PE 微塑料的影响。拟杆菌门丰度与 pH 呈显著负相关，而在研究中不同浓度盐渍土赋存不同丰度 PE 微塑料，土壤 pH 均显著增加，本研究中赋拟杆菌门相对丰度基本呈现出随盐分浓度和赋存 PE 微塑料丰度的增大呈下降趋势。Zhang 等认为微塑料表面定殖的微生物群落会富集一些具有降解塑料聚合物的微生物种群，例如放线菌门、酸杆菌门，故本研究中放线菌门与酸杆菌门相对丰度在赋存微塑料后基本呈现出下降趋势。因酸杆菌门具有嗜酸性，其生存受到环境中 pH 的影响，在本研究中酸杆菌门相对丰度的下降，也证实了前文中对不同浓度盐渍土中赋存不同丰度 PE 微塑料 pH 的变化规律的有效性。

2. 科水平微生物群落结构组成

图 7-20 为不同浓度盐渍土赋存不同丰度 PE 微塑料后科水平上的物种相对丰度的变化情况，各处理中微生物群落科水平中相对丰度大于 1% 的有 11 种，主要由黄杆菌科（Flavobacteriaceae，17.48% ～ 44.44%）、交替单胞菌科（Alteromonadaceae，4.27% ～ 15.63%）、食碱菌科（Alcanivoracaceae，12.31% ～ 3.86%）、Gaiellaceae科（1.07% ～ 3.51%）、假单胞菌科（Pseudomonadaceae，0.62% ～ 3.48%）、噬纤维菌科（Cytophagaceae，1.34% ～ 2.12%）、盐单胞菌科（Halomonadaceae，1.35% ～ 2.43%）、鞘脂单胞菌科（Sphingomonadaceae，1.32% ～ 2.59%）、红螺菌科（Rhodospirillaceae，0.21% ～ 2.26%）、Balneolaceae 科（0.39% ～ 1.87%）、0319_6A21 科（0.20% ～ 1.14%），另外还有其他菌科（Others，18.32% ～ 21.50%）和未分类科（unclassified，12.29% ～ 27.96%）。赋存不同丰度 PE 微塑料对不同浓度盐渍土细菌在科水平群落组成的影响不同，硫酸盐类处理影响略强于氯盐处理，具体表现为不同处理相对丰度大于 1% 的菌科种类相同，但赋存不同丰度 PE 微塑料后会改变各菌科相对丰度。相较于

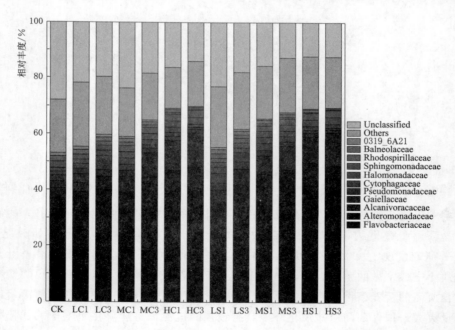

图 7-20　不同浓度盐渍土赋存不同丰度 PE 微塑料后科水平上的物种相对丰度的变化

CK 对照组来说，黄杆菌科、食碱菌科、盐单胞菌科和鞘脂单胞菌科的相对丰度在不同浓度盐渍土赋存不同丰度 PE 微塑料后呈上升趋势，而其余菌科基本呈现下降趋势。

黄杆菌科广泛存在于土壤和水中，Roager 等研究发现 PE 微塑料表面对黄杆菌科的定殖较强，故在本研究中黄杆菌科相对丰度在赋存不同丰度 PE 微塑料后呈现上升趋势。食碱菌科与鞘脂单胞菌科对多环芳香烃和芳香化合物等有降解作用，对土壤中污染物的降解体现出积极作用，微塑料对土壤污染物具有吸附作用，可促进食碱菌科与鞘脂单胞菌科的代谢作用。同时食碱菌科和鞘脂单胞菌科与 PE 微塑料呈现显著相关性，极易附着于微塑料的表面这也解释了本研究中食碱菌科相对丰度在赋存不同丰度 PE 微塑料后上升的原因。盐单胞杆菌科中所含菌属大部分为耐盐细菌，不同盐分浓度盐渍土对其活性影响较小，故其相对丰度会有一定程度的上升，而微塑料对盐单胞杆菌科也存在富集作用，故产生不同浓度盐渍土赋存不同丰度 PE 微塑料后呈上升趋势的结果。而在氯盐类盐渍土中以上三种菌科的上升趋势略小于硫酸盐类盐渍土，可能是由于硫酸盐类环境中离子分布更加适合菌科的生存。根据前文对不同浓度盐渍土赋存不同微塑料对理化性质的研究，微塑料对土壤有机质有一定抑制作用，这会增加微生物种间对底物的竞争关系，而盐渍化会使得这种竞争更加强烈。此外，土壤微生物对盐胁迫的反应极其敏感，对于一些耐盐性较差的微生物活性易形成抑制作用。这可能就是本研究中对于不同浓度盐渍土赋存不同丰度 PE 微塑料后，一部分菌科相对丰度呈现下降趋势的原因。目前盐渍化土壤赋存微塑料后微生物群落的影响仍处于现象研究阶段，缺乏对路径和机理的深入解析，未来需要进一步深入研究在盐渍化条件下微塑料污染对于土壤微生物群落的影响路径并明确其机理，这也可以为我国在解决利用盐渍化耕地时造成的微塑料污染问题时提供理论依据。

7.5.4 微生物群落优势菌群与土壤理化性质和养分相关性分析

土壤中环境因素的变化是影响土壤中微生物群落的重要原因，如土壤中含水率、盐度、pH、TOC 和 TN 含量等理化性质都会对土壤中微生物群落产生影响。本研究分析了赋存不同丰度 PE 微塑料的不同类型盐渍土中优势菌群（门水平）与 3 种土壤理化指标和 3 种养分之间的相关性，结果如图 7 - 21 所示。优势菌群与不同类型土壤的理化指标和养分之间显著相关（$P < 0.05$）。对于氯盐类盐渍土，含水率与绿弯菌门（Chloroflexi）呈显著正相关；EC 值与芽单胞菌门（Gemmatimonadetes）、酸杆菌门（Acidobacteria）和硝化螺旋菌门（Nitrospirae）呈显著负相关，与厚壁菌门（Firmicutes）呈显著负相关；pH 与绿弯菌门（Chloroflexi）呈显著正相关；土壤养分 TOC 和 TN 含量与大部分菌门呈显著正相关，但都与变形菌门（Proteobacteria）和厚壁菌门（Firmicutes）呈显著负相关；无机氮中 $NO_3^- - N$ 含量与芽孢杆菌门（Gemmatimonadetes）、酸杆菌门（Acidobacteria）、浮霉菌门（Planctomy - cetes）、硝化螺旋菌门（Nitrospirae）和疣微菌门（Verrucomicrobia）呈显著正相关，与厚壁菌门（Firmicutes）和广古菌门（Euryarchaeota）呈显著负相关。酸盐类盐渍土较氯盐类盐渍土，各土壤理化指标与优势菌群相关性存在一定的差异，EC 值与变形菌门（Proteobacteria）呈显著正相关；无机氮中 $NO_3^- - N$ 含量与变形菌门（Proteobacteria）呈显著负相关，$NO_2^- - N$ 含量与拟杆菌门（Bacter - oidota）和放线菌门（Actinobacteriota）呈显著正相关。

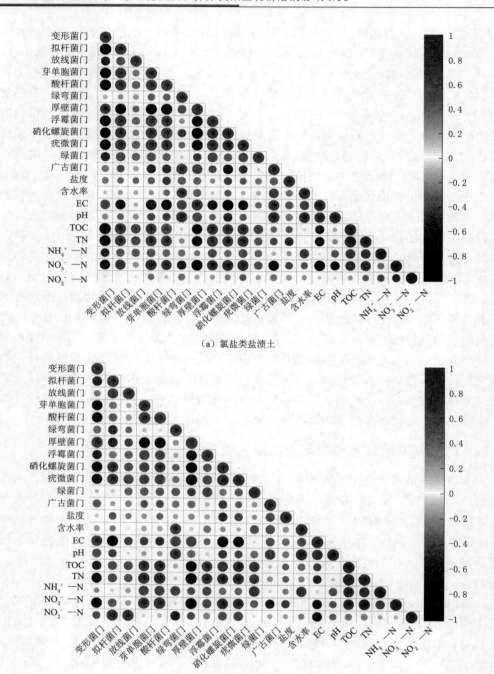

（a）氯盐类盐渍土

（b）硫酸盐类盐渍土

图 7-21　不同类型盐渍土处理中优势菌群（门水平）与土壤理化指标和养分之间的相关性

（*P＜0.05；颜色越深且圆形半径越大代表显著性越强）

微生物群落结构能够反映土壤理化性质的特征，同时土壤理化性质变化也影响着微生物群落结构。本研究中不同类型盐渍化土壤中各理化指标和养分与优势菌群之间存在显著相关性。前文研究中，添加不同丰度 PE 微塑料均会对理化指标产生显著影响，且会加快土壤养分流失。土壤理化性质和养分会直接或间接影响土壤微生物群落。研究不同类型盐渍土理化性质和养分与微生物群落之间的相关性对优化微生物群落结构，改善盐渍土污染补充有效途径。

7.5.5 微塑料对盐渍化土壤微生物功能的影响

1. 一级代谢通路

使用 PICRUST2 软件，对各处理进行功能预测，根据 KEGG 数据库中得到的代谢通路 Level 1 丰度进行分类分析（图 7 - 22），一级代谢通路分别是新陈代谢（Metabolism，70.22%～73.73%）、遗传信息（Genetic Information Processing，9.08%～10.75%）、细胞过程（Cellular Processes，6.19%～7.75%）、人类疾病（Human Diseases，3.82%～9.78%）、环境信息（Environmental Information Processing，2.36%～2.73%）和有机体系统（Organismal Systems，2.36%～2.39%）。不同浓度盐渍土中赋存不同丰度 PE 微塑料对微生物功能的影响不同。对于新陈代谢功能相对丰度，呈现出随盐分浓度与赋存微塑料丰度增大而下降的趋势，最为明显的是 HC3 处理较 CK 对照组下降 3.32%、HS3 处理较 CK 对照组下降 3.51%（硫酸盐类盐渍土的下降趋势大于氯盐类盐渍土）。对于遗传信息功能相对丰度，也呈现出随盐分浓度与微塑料丰度增大而下降的趋势，且氯盐类盐渍土的下降趋势大于硫酸盐类盐渍土，HC3 和 HS3 处理较 CK 对照组下降 1.76% 和 1.67%。对于细胞过程功能，在低浓度盐渍化和赋存 1% 微塑料条件下会略微提高其相对丰度，其他处理仍呈现出随盐分浓度与微塑料丰度增大而下降的趋势，LC1 和 HS1 处理较 CK 对

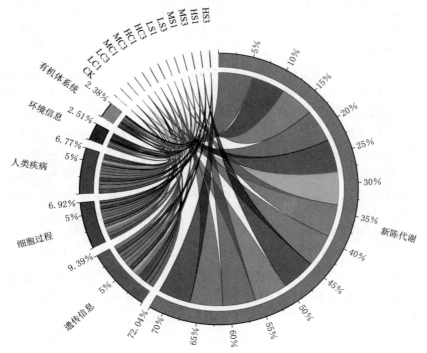

图 7 - 22 各处理 KEGG Level1 水平通路相对丰度

照组上升 0.79% 和 0.85%。人类疾病功能相对丰度与盐分浓度和赋存微塑料丰度呈正相关。

　　本研究中不同浓度盐渍土中赋存不同丰度 PE 微塑料对微生物新陈代谢功能产生影响的结果，可能是由于土壤盐渍化会导致土壤失去肥力出现板结现象，能够抑制微生物新陈代谢相关酶活性，进而降低微生物新陈代谢功能相对丰度。而赋存不同丰度的微塑料后，微生物环境中的营养成分会受到影响，也会对微生物新陈代谢功能相对丰度产生影响。根据前文研究，微塑料对微生物的丰富度和多样性产生抑制作用，便造成微生物代谢功能呈现出随盐分浓度与微塑料丰度增大而下降的趋势，而硫酸盐类盐渍土的下降趋势大于氯盐类盐渍土，可能是由于硫酸盐类盐渍土对土壤肥力的抑制作用强于氯盐类盐渍土的原因，这在本研究第 3 章部分已经得到证实。微生物遗传信息功能相对丰度在不同处理中呈现出随盐分浓度与微塑料丰度增大而下降的趋势。蛋白质是遗传物质 DNA 的复制、转录的主要参与对象，NaCl 会使蛋白质发生盐析且强度高于 N_2SO_4，故本研究中氯盐类盐渍土对遗传信息功能相对丰度的抑制效果大于硫酸盐类盐渍土。赋存不同丰度微塑料后，微塑料易与蛋白质发生相互作用，改变这些生物分子的二级结构，导致蛋白质变性，使蛋白质不能发挥出原有的作用，影响微生物遗传信息功能的运作，此外微塑料容易对环境中的重金属产生吸附作用，可能加重土壤重金属污染情况，使土壤中蛋白质变性甚至失活，这可能也是本研究中微生物遗传信息功能相对丰度下降的原因之一。对于细胞过程功能，盐分和离子都会对细胞进行渗透调节，对细胞原有生理过程造成影响，从而对细胞过程功能产生影响。当赋存低丰度微塑料，可能会吸收环境中的离子，减缓盐分对离子的渗透调节作用，产生细胞过程功能相对丰度略微上升的结果。微生物人类疾病功能主要涉及其癌症、传染病的携带情况。针对植物，盐分存在会促进植物吸收和积累重金属，人类通过摄入这些重金属植物会引起众多疾病，盐渍化土壤中微生物人类疾病功能的上升可能就是盐渍化会改变土壤中重金属含量或增加其他人类疾病的因素，使微生物人类疾病功能相对上升。赋存不同丰度微塑料后，微生物群落中某些致病菌可能依附于赋存微塑料的多糖生物膜上，以微塑料作为基质进行生长繁殖，增加环境中微生物人类疾病功能相对丰度。已有研究者发现弯曲杆菌能依附于微塑料上，而弯曲杆菌属中含有某些致病菌，会对人类健康产生不良的影响，并且微塑料表面会被微生物所定殖，形成生物膜结构，而微塑料能够通过表面形成的生物膜结构携带抗性基因，使微生物人类疾病功能相对上升对人体健康造成潜在风险。目前不同浓度盐渍化土壤赋存不同丰度 PE 微塑料后对微生物功能的影响研究仍十分匮乏，尤其是其产生影响机理并不明确，故盐渍化条件下微塑料污染对于土壤微生物功能的影响效应以及其产生影响的机理还有待深入研究。

　　2. 二级代谢通路

　　根据 KEGG 数据库中得到的代谢通路 Level 2 相对丰度（图 7-23），二级代谢通路相对丰度大于 1% 的代谢通路有 19 种。根据一级代谢通路进行分属，有 12 种二级代谢通路属于新陈代谢功能，分别为氨基酸代谢（Amino acid metabolism，10.87%～11.65%）、辅助因子和维生素代谢（Metabolism of cofactors and vitamins，9.39%～9.81%）、碳水化合物代谢（Carbohydrate metabolism，6.61%～8.84%）、其他氨基酸的代谢（Metabolism of other amino acids，6.08%～6.61%）、脂质代谢（Lipid metabolism，6.26%～

6.57%）、异生素的生物降解和代谢（Xenobiotics biodegradation and metabolism，5.45%～6.88%）、全局与概述图谱（Global and overview maps，5.63%～5.82%）、其他次生代谢物的生物合成（Biosynthesis of other secondary metabolites，5.11%～5.74%）、能量代谢（Energy metabolism，2.97%～4.09%）、萜类和聚酮类代谢（Metabolism of terpenoids and polyketides，3.94%～4.14%）、多糖合成和代谢（Glycan biosynthesis and metabolism，2.93%～2.05%）、核苷酸代谢（Nucleotide metabolism，1.34%～1.20%）；遗传信息功能有3种二级代谢通路，分别是复制和修复（Replication and repair，3.95%～4.42%）、折叠、分类和降解（Folding，sorting and degradation，2.63%～2.99%）、翻译（Translation，2.04%～2.45%）。细胞过程功能有2种二级代谢通路，分别是细胞运动（Cell motility，2.82%～3.47%）、细胞生长与死亡（Cell growth and death，1.84%～2.14%）；环境信息功能有1种二级代谢功能，为膜运输（Membrane transport，1.01%～1.34%）；人类疾病（Human Diseases）也有1种二级代谢功能，为耐药性：抗菌剂（Drug resistance：antimicrobial，1.49%～3.57%）；其他相对丰度其他1%的二级代谢通路用其他（Others，10.15%～13.51%）表示。

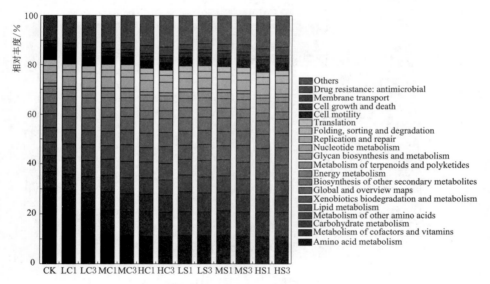

图 7-23　各处理 KEGG Level 2 水平通路相对丰度

新陈代谢功能的二级代谢通路中，氨基酸代谢、碳水化合物代谢、其他氨基酸的代谢、能量代谢、多糖合成和代谢相对丰度呈现出随盐分浓度和赋存微塑料丰度增大而下降的趋势，说明微塑料新陈代谢功能的降低可能主要是由于以上这些二级通路相对丰度降低引起的。异生素的生物降解和代谢相对丰度与盐分浓度和赋存微塑料丰度呈正相关关系，异生素的生物降解和代谢相对丰度提高可能会增加微生物细胞毒性，影响微生物活性。耐药抗菌性表达的功能相对丰度也与盐分浓度和赋存微塑料丰度呈正相关关系，抗菌剂是使微生物的生长繁殖保持在必要水平以下的化学物质。耐药抗菌性功能相对丰度的升高会让抗菌剂失去效果，可能无法抑制土壤中存在的携带人类疾病基因的有害菌的活性，造成菌群人类疾病功能相对丰度上升。其余翻译、细胞运动、膜运输等功能相对丰度也呈现出随盐分浓度和赋存微塑料丰度增大而下降的趋势。微生物群落功能预测是目前微生物研究中较为热门的研究方向，但是 PICRUST2 软件对微生物功能预测是建立在数据库的基础上，仍存在局限性，未来可与宏基因组技术相结合，对不同浓度盐渍土中赋存不同丰度微塑料对微生物群落功能的差异进行深入研究。

7.5.6　微生物功能酶丰度预测

土壤中功能酶参与土壤中全部生化过程，本研究中功能酶预测共 2328 种酶，本研究中各处理微生物功能酶丰度预测如图 7-24 所示，表 7-4 表示为微生物群落功能酶注释（top10）。

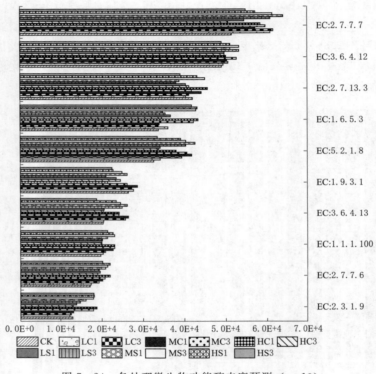

图 7-24　各处理微生物功能酶丰度预测（top10）

各处理微生物群落功能酶前 10 名主要由转移酶类、水解酶类、氧化还原酶类和异构酶类组成，盐渍化程度是影响功能酶丰度的主要原因，赋存不同丰度 PE 微塑料后酶丰度差异不同。丰度最高是 DNA 聚合酶（EC：2.7.7.7），DNA 聚合酶是一种通过脱氧核苷三磷酸为底物催化合成 DNA 的酶，其主要参与的能量代谢和细胞代谢，DNA 聚合酶的增加会促进代谢。DNA 聚合酶耐盐性较高，温度过高或过低时其活性会受到影响，而目前研究中没有发现微塑料赋存对 DNA 聚合酶活性会产生影响，本研究中 HC3 和 HS3 处理 DNA 聚合酶下降可能是由于土壤盐分含量过高超过 DNA 聚合酶的耐盐能力，影响其活性。排在第 2 位的酶是 DNA $5'-3'$ 解旋酶（EC：3.6.4.12），当在高盐胁迫下活性受到抑制，本研究中 HC1、HC3 处理和 HS1、HS3 处理 DNA $5'-3'$ 解旋酶均有所下降，产生这个结果的原因可能有两种：一是由于高盐环境下 DNA $5'-3'$ 解旋酶活性受到抑制；二是可能赋存的微塑料会对有毒物质富集和转移，而这些有毒物质降低了 DNA $5'-3'$ 解旋酶的活性。排在第 3 位的酶是组氨酸激酶（EC：2.7.13.3），其是一种膜蛋白，主要发生在双组分系统途径中负责含磷基团转移，其对于高盐环境有着抗逆反应，故排除研究中盐分含量的影响，而赋存低丰度微塑料后组氨酸激酶丰度升高，赋存低丰度微塑料后组氨酸激酶丰度降低，可能是微塑料对环境产生影响后，赋存低丰度微塑料的环境更适合组氨酸激酶发挥作用，而赋存高丰度微塑料的环境会抑制组氨酸激酶活性。对于排在第 10 位的乙酰辅酶 A（EC：2.3.1.9），该酶参与了脂肪酸降解、各种氨基酸的合成分解代谢、原核生物的碳固定等多个代谢途径，在细胞代谢中具有重要作用。Weng 等研究发现低盐处理后会促进乙酰辅酶 A 活性，本研究中 LC1 和 LS1 乙酰辅酶 A 丰度上升与 Weng 的研究结果相同。根据已有研究可知 PS 微塑料会降低乙酰辅酶 A 活性，本研究赋存高丰度微塑料后，各处理乙酰辅酶 A 丰度呈现出下降趋势，说明 PE 微塑料与 PS 微塑料对乙酰辅酶 A 活性的影响相同。除上述几种酶外，丰度较高的酶主要是氧化还原酶类、异构酶类水解酶类及转移酶类等（表 7-5）。

表 7-5　　　　　　　　　微生物群落功能酶注释（top10）

EC	分　类	酶功能信息	参与的代谢途径
EC：2.7.7.7	转移酶	DNA 聚合酶	嘌呤、嘧啶代谢
EC：3.6.4.12	水解酶	DNA $5'-3'$ 解旋酶	蛋白质水解
EC：2.7.13.3	转移酶	组氨酸激酶	含磷基团转移
EC：1.6.5.3	氧化还原酶	NADH 脱氢酶	淀粉和蔗糖代谢
EC：5.2.1.8	异构酶	肽基脯氨酰异构酶	脂质代谢
EC：1.9.3.1	氧化还原酶	细胞色素氧化酶	双组分系统
EC：3.6.4.13	水解酶	RNA 解旋酶	RNA 代谢
EC：1.1.1.100	氧化还原酶	β-酮酰基 ACP 还原酶	脂质代谢
EC：2.7.7.6	转移酶	RNA 聚合酶	嘌呤、嘧啶代谢
EC：2.3.1.9	转移酶	乙酰辅酶 A	氨基酸代谢

7.5.7　微生物功能与土壤理化性质和养分相关性分析

土壤微生物功能能够反映出土壤微生物群落的生态特征，对土壤微生物活性的产生影响的因素有很多，主要包括土壤自身理化性质，如含水率、盐度、pH、EC 值等理化指标的变化，以及 TOC、TN、无机氮含量等土壤养分都会直接或间接地影响土壤微生物的活性。本研究分析赋存不同丰度 PE 微塑料的不同类型盐渍土中主要微生物功能（Level 1）与 3 种土壤理化指标和 3 种养分之间的相关性，结果如图 7-25 所示。一级代谢通路的微生物功能与不同类型土壤理化指标和养分之间的相关性存在着显著相关（$P<0.05$）。对于氯盐类盐渍土，EC 值与细胞过程功能和环境信息功能呈显著负相关。TOC 含量与新陈代谢功能、遗传信息功能和环境信息功能呈显著正相关，与人类疾病功能呈显著负相关；TN 含量仅与人类疾病功能呈显著负相关，与其他微生物功能呈显著正相关；$NO_3^- - N$ 含

量与细胞过程和环境信息功能呈显著正相关，与人类疾病功能呈显著负相关。硫酸盐类盐渍土较氯盐类盐渍土，各土壤理化指标和养分与微生物功能相关性存在一定的差异性，体现在 EC 值与细胞过程功能和环境信息功能并不呈显著负相关；TN 含量与细胞过程功能并不呈现显著正相关，$NO_3^- - N$ 含量与环境信息功能无显著相关性。

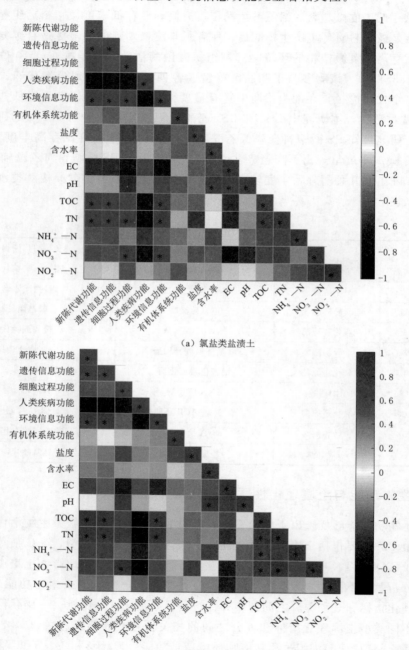

（a）氯盐类盐渍土

（b）硫酸盐类盐渍土

图 7 - 25　不同类型盐渍土处理中微生物功能（Level 1）与土壤理化指标和养分之间的相关性

（$^*P < 0.05$；颜色越深代表显著性越强）

本研究中不同类型盐渍化土壤中各理化指标和养分与微生物功能之间存在显著相关性，表明土壤中这些理化指标和养分的变化会对微生物功能产生影响。在前文研究发现，添加不同丰度 PE 微塑料均会对理化指标均产生显著影响，赋存微塑料后会对土壤性质产生影响，间接对土壤微生物群落施加一定的选择压力，从而引起微生物功能的变化。土壤养分是微生物活动的基础，研究土壤养分与微生物功能相关性对预测土壤对其潜力的敏感性，有助于为盐渍化土壤改良修复提供有效思路。但目前微塑料对土壤微生物功能的影响研究仍较为缺乏，特别是对于不同类型盐渍化土壤，未来需要继续加强微塑料对盐渍化土壤微生物功能的研究，并在此基础上深入研究微塑料对盐渍化土壤微生物群落结构和功能的影响机制。

7.6 本 章 小 结

本研究通过室内模拟盐渍化土壤环境中微塑料污染和室内土槽入渗模拟的方法，探究不同浓度的盐渍化土壤赋存不同丰度的聚乙烯（PE）微塑料条件（土样干重质量的 1％、2％和 4％）下，土壤理化性质、微生物组成和多样性、微生物功能的影响变化，进而揭示微塑料对盐渍化土壤理化性质影响与对微生物群落影响之间的相关性。并阐明了 2％丰度 PP 微塑料对不同含盐量盐渍土（0.5％、4％、7％）水平及垂直方向水分入渗后土壤水分、盐分运移及 pH 的影响。主要结论如下：

（1）盐渍土未赋存微塑料处理时，灌水入渗后含水率随土壤中的盐分增大而显著提高，CK3 较 CK2 和 CK1 平均含水率分别增加 9.4％和 11.2％（$P<0.05$）；当赋存 PP 微塑料则会同时增加水平与垂直方向入渗后的含水率，且随入渗点源的距离增加含水率降低，Z 处理较 Q 处理和 A 处理平均含水率分别增加 13.7％和 14.2％（$P<0.05$）。

（2）在不同盐度的盐渍土中，赋存 PP 微塑料的处理相较于未赋存微塑料的处理，皆增大了取样点处土壤中的含盐量；在赋存 PP 微塑料后 A 处理较 CK1 取样点土壤盐分升高 188.2％（$P<0.05$），Q 处理较 CK2 的盐分升高 326.9％（$P<0.05$），Z3 较 CK3 实验组盐分升高 163.2％（$P<0.05$）。

（3）在入渗土壤表层，各处理 pH 初始值相差不大，但在渗垂直方向随着深度增加 pH 呈减小趋势；赋存 PP 微塑料的处理在相同含盐量条件下，其在垂直、水平方向相同距离的 pH 均呈现出大于未赋存 PP 微塑料的处理的趋势。

（4）氯盐类和硫酸盐类盐渍土在 PE 微塑料赋存条件下，对土壤部分理化性质的影响存在不同效果。对于含水率，硫酸盐类盐渍土变化弱于氯盐类盐渍土变化，对于 pH 和 EC 值，硫酸盐类盐渍土变化均强于氯盐类盐渍土变化。对于含水率，各处理平均含水率与 PE 微塑料丰度呈负相关，变化最为明显的是 MC3 和 MS3 处理，相较 MC 和 MS 处理平均含水率分别降低 2.41％和 2.35％（$P<0.05$）。对于 pH，各处理 pH 的变化受到延缓，硫酸盐类盐渍土对土壤 pH 的影响明显强于氯盐类盐渍土，变化最为明显的是 MC3 和 MS3 处理，相较 MC 和 MS 处理 pH 增量分别减少 0.82 和 0.90（$P<0.05$）。对于 EC 值，各处理平均 EC 值与 PE 微塑料丰度呈负相关，变化最明显的是 HC3 和 HS3 处理较 HC 和 HS 处理平均 EC 值分别降低 28.42％和 39.13％（$P<0.05$）。

（5）赋存 PE 微塑料会加快盐渍化土壤养分流失。对于 TOC 含量，随着培养时间的增加，赋存微塑料丰度越大下降趋势越大。随着培养时间的增加，变化最为明显的是 HC3 和 HS3 处理较 HC 和 HS 处理的 TOC 含量分别下降 63.39% 和 72.82%（$P<0.05$）。对于 TN 含量，各处理 TN 含量损失量与赋存微塑料丰度呈正相关关系，变化最为明显的是 HC3 和 HS3 处理较 HC 和 HS 处理 TN 含量分别下降 21.74% 和 23.76%（$P<0.05$）。对于无机氮含量，赋存 1%PE 微塑料各处理 NH_4^+-N 含量降低，赋存 2%、4%PE 微塑料各处理 NH_4^+-N 含量升高，且硫酸盐类盐渍土的变化弱于氯盐类盐渍土，变化较为明显的是 HC1 和 HS1 处理较 HC 和 HS 处理 NH_4^+-N 含量分别降低 9.62% 和 7.51%，HC3 和 HS3 处理较 HC 和 HS 处理 NH_4^+-N 含量分别升高 101.92% 和 95.95%。NO_3^--N 含量和 NO_2^--N 含量在各处理在赋存不同丰度 PE 微塑料后其均呈现下降的趋势，硫酸盐类盐渍土的变化强于氯盐类盐渍土，表明微塑料主要是通过影响硝化和反硝化过程改变环境中无机氮含量。

（6）赋存 PE 微塑料会对盐渍化土壤微生物多样性和组成产生影响。Alpha 多样性分析显示，PE 微塑料会降低盐渍化土壤中微生物丰富度和多样性，且硫酸盐类盐渍土处理的下降程度更大。对于微生物群落组成，在门水平，赋存不同丰度 PE 微塑料后，各处理优势菌门种类相同，但其相对丰度产生变化，PE 微塑料对硫酸盐类盐渍土优势菌门相对丰度的影响程度要大于氯盐类盐渍土优势菌门相对丰度的影响程度。在科水平赋存不同丰度 PE 微塑料后黄杆菌科、食碱菌科、盐单胞菌科和鞘脂单胞菌科的相对丰度呈上升趋势。通过相关性分析发现优势菌门与土壤理化性质和养分存在显著相关（$P<0.05$）。对微生物群落多样性和群落的研究结果表明，地膜覆盖虽可以使盐渍化土壤环境得到改善，但其带来的塑料污染并不利于盐渍化土壤的修复利用，微生物修复仍是未来盐渍化改良治理的主要方面。

（7）盐渍化土壤微生物功能受赋存不同丰度 PE 微塑料影响。一级代谢通路中，PE 微塑料对氯盐类盐渍土的新陈代谢功能影响要弱于对硫酸盐类盐渍土的影响，呈现出随盐分浓度与赋存微塑料丰度增大而下降的趋势，最为明显的是 HC3 和 HS3 处理较 CK 对照组分别下降 3.32% 和 3.51%（$P<0.05$）。遗传信息功能相对丰度变化与新陈代谢功能相同，但氯盐类盐渍土的下降趋势大于硫酸盐类盐渍土，HC3 和 HS3 处理较 CK 对照组下降 1.76% 和 1.67%（$P<0.05$）。在二级代谢通路中，氨基酸代谢、碳水化合物代谢等相对丰度呈现出随盐分浓度和赋存微塑料丰度增大而下降的趋势，微塑料新陈代谢功能的降低可能主要是由于上述二级代谢通路相对丰度降低引起的。对土壤功能酶，预测共 2328 种酶，功能酶前 10 名主要由转移酶类、水解酶类、氧化还原酶类和异构酶类组成，盐渍化程度是影响功能酶丰度的主要原因。微生物功能（Level 1）与不同类型盐渍化土壤的理化性质和养分之间存在显著相关（$P<0.05$），说明微塑料对微生物功能的影响是通过改变其驱动因素进行的，故对盐渍化土壤的微生物修复可考虑恢复微生物功能，增强其活性这一角度进行。

参 考 文 献

［1］　王志超，张博文，倪嘉轩，等. 微塑料对土壤水分入渗和蒸发的影响 [J]. 环境科学，2022，

43（8）：4394 - 4401.

［2］ Wang Zhichao, Zhang Bowen, Ni Jiaxuan, et al. Effect of microplastics on soil water infiltration and evaporation ［J］. Environmental Science，2022，43（8）：4394 - 4401.

［3］ Wang Xu. Study on the relationship between the growth and development of halophytes and soil salinity and its improvement on saline soil ［D］. Beijing：University of Chinese Academy of Sciences，2016.

［4］ Yao Yuan, Xiang Wei. Analysis of settlement deformation of artificially prepared saline soil ［C］ Qingdao：National Engineering Geology Conference，2012：103 - 108.

［5］ Zhang Yunhai. The experimental study on coefficient of collapsibility and salt - frost heaving character about artificial preparation of saline soil in Xinjiang area ［D］. Urumqi：Xinjiang Agricultural University，2018.

［6］ LV W W, ZHOU W Z, LU S B, et al. Microplastic pollution in rice - fish co - culture system：A report of three farmland stations in Shanghai, China ［J］. Science of the Total Environment，2019（652）：1209 - 1218.

［7］ 戚瑞敏. 中国典型覆膜农区土壤微塑料特征及生态效应 ［D］. 北京：中国农业科学院，2021.

［8］ Qi Ruimin. Characteristics and ecological effects of soil microplastic in typical agricultural region with plastic film mulching in China ［D］. Beijing：Chinese Academy of Agricultural Sciences，2021.

［9］ Hou Junhua, Tan Wenbing, Yu Hong, et al. Microplastics in soil ecosystem：A review on sources, fate and ecological impact ［J］. Environmental Engineering，2020，38（2）：16 - 27，15.

［10］ 王志超，李仙岳，史海滨，等. 含残膜土壤水分特征曲线模型构建 ［J］. 农业工程学报，2016，32（14）：103 - 109.

［11］ Xiao Zean, Zhu Linze, Hou Zhenrong, et al. Study on water/salt phase transition temperature of saline soil containing sodium chloride and sodium sulfate ［J］. Journal of Glaciology and Geocryology，2021，43（4）：1121 - 1129.

［12］ 刘力，万旭升，王智猛，等. 硫酸钠盐渍土渗透特性研究 ［J］. 大连理工大学学报，2020，60（6）：628 - 634.

［13］ Liu Li, Wan Xusheng, Wang Zhimeng, et al. Study of permeability of sodium sulfate saline soil ［J］. Journal of Dalian University of Technology，2020，60（6）：628 - 634.

［14］ Yu Zehua, Zhang Weibing. Research progress on mechanism of soil water and salt transfer in saline soil in cold and arid regions ［J］. Building Technology Development，2021，48（18）：35 - 37.

［15］ 王志超，倪嘉轩，张博文，等. 聚氯乙烯微塑料对土壤水分特征曲线的影响及模拟研究 ［J］. 农业环境科学学报，2022，41（5）：983 - 989.

［16］ Wang Zhichao, Ni Jiaxuan, Zhang Bowen, et al. Simulation study to determine the influence of polyvinyl chloride microplastics on the soil water characteristic curve ［J］. Journal of Agro - Environment Science，2022，41（5）：983 - 989.